微纳尺度下的核壳结构

夏 缘 著

中国石化出版社

内 容 提 要

本书阐述了核壳结构微纳材料的合成制备及其主要应用方向，分别介绍了壳结构的分类、特性、合成技术和表征方法，并重点分析了不同结构参数的微纳结构在电池、电容器、光催化、水分解、二氧化碳还原及热电等热门领域的应用。

本书可供材料领域的研究人员参考，特别是从事纳米合成、微观结构表征以及构效关系研究的科研与技术人员参考。

图书在版编目(CIP)数据

微纳尺度下的核壳结构／夏缘著．—北京：中国石化出版社，2023.3
ISBN 978-7-5114-6847-5

Ⅰ．①微… Ⅱ．①夏… Ⅲ．①纳米材料-研究 Ⅳ．①TB383

中国国家版本馆 CIP 数据核字(2023)第 045596 号

中国石化出版社出版发行

地址:北京市东城区安定门外大街 58 号
邮编:100011　电话:(010)57512500
发行部电话:(010)57512575
http://www.sinopec-press.com
E-mail:press@sinopec.com
北京柏力行彩印有限公司印刷
全国各地新华书店经销

*

710×1000 毫米 16 开本 11.75 印张 208 千字
2023 年 5 月第 1 版　2023 年 5 月第 1 次印刷
定价:68.00 元

前言

如今，核壳结构纳米材料逐渐引起了研究者们越来越多的关注，已经出现在材料化学和许多其他前沿的研究领域。核壳结构纳米材料是具有特殊性质的高功能材料。在实际应用中，由核心材料和壳体材料产生的特性会产生协同效应，从而达到 1+1>2 的效果。也可以通过改变材料组成或核壳比例来调控核壳结构性能。例如，如果外壳层材料与核心材料的性能(如反应活性或热稳定性)是可以调控的，基于此构筑核壳结构可以很大程度上提高材料整体的稳定性和分散性。最终得到的核壳结构纳米材料可以展示出有别于混合材料的特性，其表面功能的调控也可以满足不同应用的需求。在核心材料外表面包覆其他材料的目的可以是多方面的，例如表面改性、增加功能性、稳定性和分散性的能力、核心材料的控制释放、减少贵重材料的消耗等。

除改善材料性能外，从经济角度来看，核壳结构材料也很重要。与制造相同尺寸的单一材料相比，贵金属材料可以包覆在廉价材料表面，从而减少贵金属材料的消耗。在通过溶解或煅烧去除核心后，核壳结构纳米颗粒也可用于制备空心球。纳米和微米空心材料可用于不同的用途，如微血管、催化载体、吸附剂、轻质结构材料以及热绝缘体和电绝缘体等。

核壳结构由于其独特的结构特性，整合了内外两种材料的性质，并互相弥补各自的不足，是近几年形貌决定性质的一个重要研究方向，且经久不衰。在过去 30 年中，研究人员不断合成并研究了各种核壳结构纳米材料的性质，并将其成功应用于电池、电容器、光催化、水分解、二氧化碳还原及热电等能源领域。

本书通过四个方面介绍了微纳尺度核壳结构，分别包括类别与性质、合成方法、表征技术以及核壳结构在能源领域的应用。考虑到这种先进材料在当今世界的重要性，希望本书能对核壳结构纳米材料的研究进行综合分析。

本书出版获得“西安石油大学优秀学术著作出版基金”的资助。在编撰过程中得到了中国兵器工业第二一三研究所皮正杰老师以及西北大学王惠教授的指导和大力支持，在此对两位导师表示由衷的感谢。

由于作者学识有限，书中难免出现疏漏之处，敬请各位读者海涵。

目录

1 核壳结构纳米材料的分类

核壳结构纳米材料种类繁多，而且用途也极其广泛。因此，对核壳结构纳米材料的分类是一项极具挑战的任务，这取决于它们的工业应用或其他的一些性质。本书试图根据核壳结构纳米材料的性质对其进行分类。从广义上讲，核壳结构纳米材料中的核心或壳层材料均是由无机或有机材料制成。根据其材料性质，核壳结构纳米材料可分为四大类：(1)无机@无机；(2)无机@有机；(3)有机@无机；(4)有机@有机。同时本书将碳基和多孔壳层的核壳结构纳米颗粒单独列出，以显示其特殊性。

1.1 无机@无机核壳结构纳米材料

无机/无机核壳结构纳米材料是所有不同类型核壳结构纳米材料中最重要的一类。这一类型的颗粒被广泛用于提高半导体效率、信息存储、光电子、催化、量子点、光学生物成像、生物标记等应用中。此外，在不同类型的无机@无机纳米颗粒中，一般来说核心和壳层都由金属、金属氧化物和其他无机化合物制成。根据壳层材料的性质，核壳结构颗粒可大致分为含硅或不含硅的无机材料组成的颗粒。

1.1.1 无机@无机(二氧化硅)核壳结构纳米材料

在核心颗粒上使用的二氧化硅包覆层与其他无机(金属或金属氧化物)或有机包覆层相比具有明显的优势，这主要是由于二氧化硅包覆层具有以下优点：降低了体积电导率，提高了核心材料的悬浮稳定性；二氧化硅是最具化学惰性的材料，可以在不干扰核心表面氧化还原反应的情况下保护核心的表面。二氧化硅包覆层是光学透明的，也可用于调节表面等离子体吸收带的位置和强度。因此，可以用光谱法研究核心表面的化学反应。与其他任何包覆层相比，研究人员会更多地关注和研究不同无机核心材料上的二氧化硅包覆层，如在金属、二元无机复合材料、金属氧化物和金属盐颗粒表面。

在金属核心中，研究最多的可能是贵金属核心，例如包覆二氧化硅的金和银。此外，对镍、钴和铁等金属以及铁、镍等二元金属复合材料的核心研究也较多。在以金模板为核心时，使用稍加改进的 Stöber(或溶胶-凝胶)工艺即可轻松合成二氧化硅包覆的金颗粒。而用于这些颗粒的表征技术主要包括 SEM、TEM、AFM、XPS 和 UV 光谱等，这些表征技术将在之后的章节里面详细介绍。根据研究报道，通过控制包覆层时间、反应物浓度、催化剂和其他前驱体等实验参数，可以将壳层厚度控制在 20~100nm。核壳结构纳米颗粒的光谱表征表明，随着壳厚度的增加，其紫外光吸收强度增加，而反射率则向波长更长的区域移动。为了控制纳米银(Ag)核心上二氧化硅的均匀厚度，须对 Stöber 法进行进一步改进。研究人员也将这种构筑核壳结构的方法进一步扩展到铂和硫化镉纳米颗粒的包覆上。在微乳液体系中合成颗粒时，发现随着水与表面活性剂摩尔比(R=[水]/[表面活性剂])的增加，核心颗粒的尺寸会相应增大[图 1-1(a)]。因为乳液液滴之间存在融合交换，其粒径分布也很宽。由于水分子对正硅酸乙酯的水解有增加作用，壳层厚度也随着 R 比值的增加而增加。另一方面，对于固定的 R 比值，如果水与正硅酸乙酯的摩尔体积比(H=[水]/[正硅酸乙酯])增加，则壳层厚度会因正硅酸乙酯浓度降低而减小[图 1-1(b)]。如图 1-2 所示，经调控后可在银颗粒表面获得均匀的二氧化硅包覆层。Ag@ SiO_2颗粒可用于荧光学成像，其荧光发射区域取决于二氧化硅包覆层的厚度。

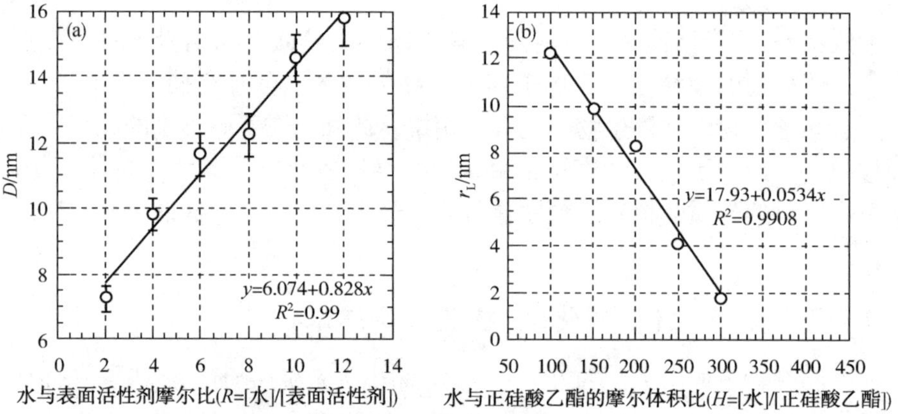

图 1-1 (a)二氧化硅(SiO_2)包覆银(Ag)颗粒的大小随 R 比值的变化曲线，(b)在 R=4 时，SiO_2包覆层厚度(r)随 H 比值的变化曲线

在外加磁场的作用下，可以对二氧化硅包覆磁性核心的磁性进行研究，如 Fe、Ni、Co、Fe_3O_4或 Fe-Ni 等带有磁性的合金或化合物都可进行此类研究。惰性材料包覆的磁性核壳结构纳米颗粒的饱和磁化强度(Saturation Magnetization，MS)相比于未包覆的磁性粒子略有降低，这可能是因为纳米颗粒表面的固有特性。在水溶液系统中使用湿化学过程合成磁性纳米颗粒很容易，但缺点是这些颗粒难以在此类水体系或相关生物体系中稳定的分散。而二氧化硅包覆的磁性氧化铁颗粒的分散性就非常好了，而且在用于生物应用时更具生物相容性。当包覆有

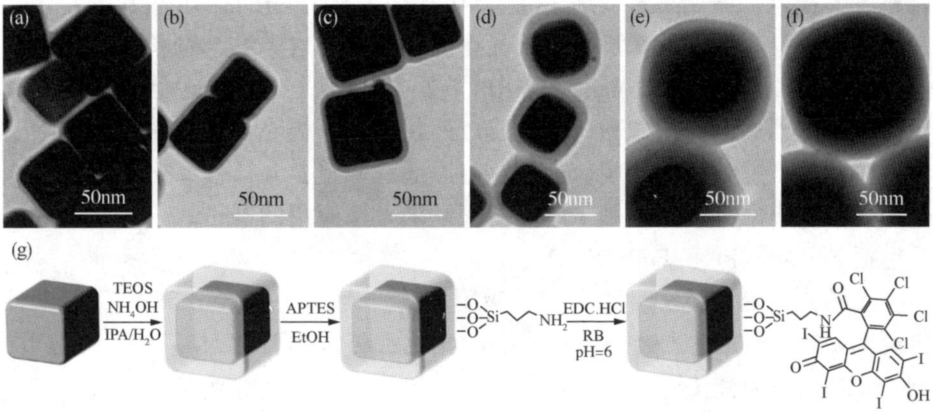

图 1-2　利用改进的 Stöber 法在 Ag 纳米立方体表面可控的包覆 SiO_2

惰性材料时，纳米颗粒的磁滞回线与无包覆时的路径不同。由于在 Fe_3O_4 纳米颗粒上存在二氧化硅包覆层，磁性各向异性常数(K)降低，温度相关的同相和异相磁化率降低。同样，在外加磁力的情况下，磁化率也可以降低近 10 倍。这有可能是因为磁性材料的表面原子被阻挡的缘故。其他非磁性材料也可被用作二氧化硅包覆构造核壳结构的核心材料。

1.1.2　无机/无机(非硅)核壳结构纳米材料

除二氧化硅外，各种金属和金属氧化物也可用作核壳结构的壳层材料。与将金作为核心的核壳结构纳米颗粒类似，许多研究人员也对以金为壳层材料的壳结构纳米材料进行了深入研究。几乎所有的纳米颗粒表面在包覆金壳层后都能大幅增强其物理特性，例如抗氧化和耐腐蚀性、生物相容性、光学特性等。其他壳金属，如镍、钴、钯、铂和铜，在催化、太阳能吸收、永磁性能等领域中也有相应的应用研究。与金、银或铜相比，钯金属壳层的表面增强拉曼散射活性较低。可以通过选择合适的核心(如 Au)来提高其表面增强拉曼散射活性。同样，这种表面增强拉曼散射活性也会随着壳层材料厚度的增加而降低。金属纳米复合壳层是近年来发展起来的一种新型表面改性策略。它们由一个电介质核心和纳米金属/二氧化硅的复合壳层组成，这种纳米金属通常采用的是金材料。与纯金纳米颗粒的尺寸-颜色相关性类似，金纳米壳层的核壳结构光学响应也取决于核心纳米颗粒的尺寸以及金壳层的厚度。通过改变核壳厚度，这种金纳米壳层的颜色可以在可见光及近红外区域范围内变化。这种金纳米壳层的包覆策略可能在未来的生物医学成像中发挥很大的作用。

磁性纳米材料在某些领域应用时存在一些缺点，主要包括：(1)纳米材料具有高度聚集倾向；(2)这些材料在直接暴露于生物系统中时会快速降解；(3)此类材料不够稳定，原始颗粒结构可能会在其他外部磁场的存在下发生变化。因此，为其构造具有惰性的无机包覆层显得尤为重要。这类纳米颗粒被用作磁共振成像(Magnetic Resonance Imaging，MRI)造影剂，寡核苷酸的磁分离，以及其他的生物应用，当然也可用作磁诱导的定点药物传递。核壳均具有磁性的生物磁性纳米颗粒可用于更高级的应用。由于它可以通过调整各向异性、磁化以及核壳尺寸来精确控制磁性，因此可用于制造新型纳米磁性应用的器件。一些常用的研究体系包括 $FePt/Fe_3Pt$ 和 $FePt/Fe_3O_4$。

核壳结构纳米颗粒还可用于增强吸附能力。例如，在 MgO 和 CaO 纳米颗粒上包覆 Fe_2O_3 包覆层，与纯 MgO 和 CaO 相比，可以增强对环境中有毒物质(如 SO_2 和 H_2S)的吸附能力。

1.1.3 半导体核壳结构纳米材料

半导体纳米颗粒也称为量子点。半导体颗粒的带隙通常大于导体材料的带隙，但小于绝缘材料中通常存在的带隙(4eV)。在早期的研究中，ⅣA 族(Si，Ge)元素被用作半导体材料，而后来，不同族元素组成的化合物，如ⅢA-ⅤA、ⅡB-ⅥA 和ⅠB-ⅥA，也被用作半导体材料。这些不同材料的晶格间距几乎相同，唯一不同的是，它们之间的键具有部分离子键性质。在元素周期表中，同一周期从左到右离子性质会逐渐增加。由于两种元素的价带和导带重叠，其带隙也会发生变化，相对于纯半导体而言其带隙也会相应地增加或减少。对于特定族的元素，可以看出，在元素周期表中从上到下移动时，其带隙依次减小。类似的，对于特定元素的化合物，如果组成化合物的另一种元素只在同族中变化，则其带隙在从上到下移动时逐渐减小。关于本节讨论的核壳结构纳米颗粒，主要包括核和壳都由半导体材料制成，或者一个是半导体、另一个是非半导体材料。因此，根据使用的材料性质，半导体核壳结构纳米材料可分为以下两种：(1)半导体@非半导体导管核壳结构纳米材料；(2)半导体@半导体核壳结构纳米材料。这两种类型的材料都可用于医疗或生物成像，增强光学性能，发光器件，非线性光学，生物标记，提高太阳能电池的效率或电子设备的存储容量，现代电子领域的应用以及催化等。

1.1.3.1 半导体@非半导体或非半导体@半导体核壳结构纳米材料

这类材料的核心或壳层由半导体材料制成，剩余层为金属、金属氧化物、二氧化硅或其他无机材料。半导体@非半导体核壳结构纳米材料在不同的无机@无机核壳结构纳米材料中也很重要，因为它们适用于从电子到生物医学等领域的更高级应用。纯半导体纳米颗粒或量子点也可直接应用于荧光标记，与其他荧光探针(有机染料或蛋白质)相比具有独特的优势。这些半导体材料也可用于光致发光(Photoluminescence，PL)，可以通过改变粒子大小来调节这些粒子的荧光发射光谱，而且单波长光可以同时激发所有不同大小的量子点。核壳结构纳米颗粒的主要优点是它们具有双重性质。在不同类型的非半导体@半导体纳米颗粒中，“带半导体壳的磁核心@壳层纳米颗粒”因其兼有磁性和荧光性质而用途更广。磁性核壳半导体颗粒的光催化效果高于纯半导体颗粒。Ta 等人研究了纯 TiO_2 和 Fe_2O_3/TiO_2 核壳颗粒在恶性肿瘤治疗中的光催化效应。他们使用宫颈癌 Hela 细胞作为模型，在不同的外部驱动力下检查颗粒对癌细胞凋亡的效果。结果表明，在磁场和蓝光照射下，核壳结构纳米颗粒对肿瘤细胞的存活能力最低。他们还研究了颗粒浓度对癌细胞凋亡的影响，结果表明，随着核壳结构纳米颗粒浓度的增加，凋亡效率也随之增加。然而，超过一定浓度时，凋亡效率再次降低。因此得出了一个结论，即为了达到效率最大化，需要一个最佳浓度。

1.1.3.2 半导体@半导体核壳结构纳米材料

在过去 20 年中，研究人员几乎不再使用单一半导体材料或半导体@非半导体核壳层材料，而是使用半导体@半导体核壳材料来提高效率和缩短响应时间。特别有趣的是，其核心和壳层都由半导体材料或半导体合金制成。这一类型的颗粒既可以是具有核壳的二元材料，也可以是具有双壳包覆层的三元材料。在大多数常见的核壳结构量子点中，核心和壳层主要由合金材料制成。这种粒子的主要优点是，由于具有另一种半导体材料的外部包覆层，可以增加光学活性和光氧化稳定性。根据其价带和导带的相对能级以及核心、壳层材料的带隙，这些半导体/半导体核壳纳米颗粒大致可分为三类。

(1) 具有更高带隙的外壳层(Ⅰ型)

在这一类型材料中，壳层材料的能带隙比核材料的能带隙宽，因为核心的传导和价带边缘都位于壳层的能隙内，电子和空穴被限制在核心区域内。因此，发射能量 $h_{\omega PL}$ 由核心材料的能隙(E_{g1})决定。图 1-3(a)给出了Ⅰ型结构能带示意图，其中外壳层材料的导带比核心材料的导带具有更高的能量(具有更高带隙的外壳层核壳结构材料)。壳层的价带能量也低于核心。为了将电子和空穴限制在核心材料内，这种能级的排列至关重要。外壳层主要用于钝化核心表面，改善颗粒整体的光学性能。外壳的另一个作用是将光学活性更强的核表面与其周围环境分离。更宽的带隙外壳层材料增加了核心光漂白的稳定性。然而，壳层厚度的增加会降低核心材料表面的活性，因此，量子产率也会随着降低。随着壳层厚度的增加，其紫外-可见吸收光谱和光致发光波长与未包覆的核相比会发生略微的红移(5~10nm)。这一类型的核壳结构半导体材料，尤其是 CdSe@CdS、CdSe@ZnS 和 CdTe@CdS 等，已被很多研究者研究过。Liu 和 Yu 曾研究了 CdTe 和 CdS 包覆的 CdTe 纳米颗粒的吸收和发射光谱，结果表明，随着反应时间的增加，其吸收和发射峰的位置会向长波移动，这是在低带隙材料 CdTe 上包覆高带隙材料 CdS 的必然结果。在这种情况下，量子产率反应最初时会增加，但随着反应的进行，量子产率会因为壳层厚度的增加而降低。当然，核壳结构纳米材料的量子产率也会受到反应介质 pH 值的影响。

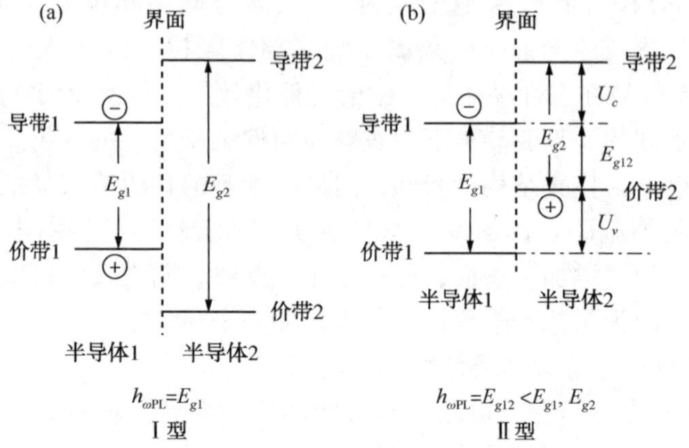

图 1-3 (a)具有更高带隙的外壳层(Ⅰ)和(b)核壳带隙交错型(Ⅱ)半导体@半导体核壳结构纳米颗粒

(2) 具有较低带隙的外壳层材料(反向Ⅰ型)

这一类型核壳结构与上面讨论Ⅰ型核壳结构材料的结构正好相反。在这组材料中，较窄带隙的外壳层材料生长在较宽带隙的核心材料之上。在这种情况下，空穴和电子电荷在壳层材料上都是部分离域的，发射波长可以通过改变壳层的厚度来调节。在这一类型核壳结构中，研究最广泛的是 CdS@ CdSe 和 ZnS@ CdSe 体系。这一类型的材料具有较低的量子产率和较高的抗光漂白性，而量子产率则可以通过包覆另一种更宽禁带的半导体材料来提高。例如，在水介质中，CdSe 包覆的 CdS 核壳结构纳米颗粒的量子产率为 20%。在其表面进一步构筑更高带隙的 CdS 包覆层则可以将量子产率提高到 40%。

(3) 核壳带隙交错型(Ⅱ型)

第三类型的核壳结构又被称为Ⅱ型核壳结构。与Ⅰ型量子点的结构不同，Ⅱ型量子点核心的价带和导带都低于或高于壳层中的价带和导带。因此，界面处的能量梯度倾向于在空间上将异质结不同侧面的电子和空穴分开。Ⅱ型量子点的示意图如图 1-3(b)所示。由于电子和空穴的空间分离，这类量子点具有许多新颖的特性，比Ⅰ类量子点相比具有更长的激子衰变时间，而且这些结构可以获得单一材料无法获得的波长。此外，Ⅱ型材料的纳米晶体更适合光伏或光电应用，因为在最低激发态下即可实现电荷分离。这种材料(E_{g12})的能隙由一个半导体的导带边缘和另一个半导体的价带边缘之间的能量带隙决定。E_{g12} 与界面处的传导(U_c)和价带(U_v)能量偏移有关：

$$E_{g12}=E_{g1}-U_v=E_{g2}-U_c$$

其中 E_{g1} 和 E_{g2} 分别是半导体 1 和半导体 2 的带隙。在这种情况下，发射低波能量于任一半导体的带隙。由于核壳结构纳米颗粒的有效带隙比相应的纯核心和壳层材料的要低，因此对于这一类型的颗粒，通过调节壳厚度来操纵光学性质变得更为容易。发射颜色向红色光谱范围移动，对于其他类型的颗粒来说是很难实现的。与Ⅰ型核壳结构半导体材料相比，这一类型核壳结构的光致发光衰减时间更长。常见的这一类型颗粒包括：CdTe@ CdSe、CdTe@ CdS、ZnTe@ CdTe、ZnTe@ ZnSe、CdSe@ ZnSe、PbSe@ CdSe、ZnSe@ CdSe 和 CdS@ ZnSe 等。可以发现，在大多数常见体系中，均含有碲(Te)的化合物。一般来说，含碲化合物大都存在氧化倾向的问题，这会降低其化学稳定性。Suleiman Kerimov 等人合成了具有宽能隙(300K 时，E_g = 2.74eV)的核壳纳米晶体，其结构为较窄能隙(300K 时，E_g = 1.73eV)的(CdSe)壳层包裹较宽能隙半导体材料(ZnSe)核心。ZnSe@ CdSe 本属于一种反向Ⅰ型核壳结构纳米颗粒，但根据研究，可以通过控制壳厚度来调节核、壳之间的转变：随着壳层厚度的增加，量子点先从Ⅰ型(电子和空穴都分布在整个纳米核心上)转变到Ⅱ型(电子和空穴在壳层和核之间空间隔离，但在核心中发现空穴的概率比在壳中发现空穴的概率更高)，然后再返回到反向Ⅰ型(电子和空穴都主要位于壳层中)。这种材料还具有高达 80%~90%的量子产率。

半导体纳米材料的效率主要取决于两个重要参数，即量子产率(Quantum Yield)和响应时间。量子产率定义为半导体材料吸附发射光子的比率。通常，对于在水相中合成的单个半导体颗粒，其量子产率非常低，但当特定材料被具有高能带隙半导体材料的半导体材料包覆时，量子产率会大幅增加。例如，CdS 纳米晶体的量子产率为 3%~6%，但在包覆 ZnS 后，核壳结构 CdS@ ZnS 纳米晶体的量子产率可以升高至 20%~30%。；另一方面，对于核壳结构半导体颗粒，如果响应时间减少，则其总体效率也会增加，发射光谱即向可见光区域移动。因此，对其检测也会变得更为容易。一般来说，Ⅰ型和反向Ⅰ型核壳结构半导体材料的量子产率较低，Ⅱ型核壳材料的光氧化稳定性较低。为了改善这两个缺陷，可将其核壳结构颗粒再次包覆第三种半导体材料，形成新的多层核壳结构半导体材料。

1.1.3.3 核@多壳层半导核壳结构体纳米材料

多层半导体纳米材料的主要优点是具有更高的量子产率，更高的光致发光效率，优良的光学性能，更长的半导体材料的半衰期，易于检测发射光谱(因为在可见光范围内向更高的波长移动)，抗光氧化性等，而且与单纯的核壳结构材料相比，还具有更好的晶格适配性。“晶格适配”的定义是两种具有不同晶格常数的材料通过一种材料在另一种材料上的沉积而结合在一起的情况。核壳材料的核心与壳层之间的晶格适配可以保证壳层生长到相当大的厚度而不失去其发光特性。在过去十几年中，研究人员研究了很多这一类型材料的应用。多层半导体核壳结构的概念首先由 Eychm Euruller 等人提出。后来，这一研究小组以及许多其他研究小组在该领域发表了多篇文章。在多层半导体颗粒中，例如核、双壳材料，如果较小的带隙半导体材料嵌入具有较大带隙的材料的核和外壳之间，则该粒子称为半导体量子阱。核壳材料的选择主要考虑到用于形成多层核壳半导体颗粒的材料的带隙和晶格结构。例如 CdSe@ CdTe@ ZnSe、$InAs_xP_{1-x}$@ InP@ ZnSe、InAs@ CdSe@ ZnSe、CdSe@ HgTe@ CdTe、CdS@ HgS@ CdS、CdSe@ ZnS@ CdSe 和 CdS@ CdS@ ZnSCdS@ CdSe@ CdS。交替多层 CdS@ HgS@ CdS 是许多研究人员研究的半导体量子阱。由于高禁带化合物 CdS 的包覆，这种多层粒子的光学稳定性和光化学稳定性与 CdS@ HgS 相当。同样，其量子产率也会增加。这里，由于低带隙化合物 HgS($\Delta E=2.1$eV)的材料夹在高带隙化合物 CdS($\Delta E=2.42$eV)之间，电子被限制在 HgS 层内并形成量子阱。随后，类似的多层量子阱，如 ZnS@ CdS @ ZnS 和 CdS@ CdSe@ CdS 等多层核壳结构纳米材料也被相继报道出来。这些材料主要是通过连续离子层吸附和反应技术合成的。研究者们还研究了“半导体的反转”现象，即夹在低带隙半导体材料之间的高带隙材料。例如 CdSe@ ZnS@ CdSe 核壳结构纳米材料，即是采用多壳层结构的半导体颗粒，由于内层 ZnS 材料的更高带隙，核心和外部 CdSe 层可发射两种不同波长的光。这种类型的现象可用于在一定范围内通过多色发射产生白光发光二极管。在这一类型核壳结构的理论研究中，Nizamoglu 和 Demir 等人还研究了洋葱状(CdSe/ZnS)@ CdSe@ ZnS 结构多层异质核壳结构纳米晶体的自激发多色光发射现象。Li 等人甚至以掺杂镧系元素作为基础，构筑了 $NaGdF_4$：Yb，Er@ $NaYF_4$：Yb@ $NaGdF_4$：Yb，Nd@ $NaYF_4$@ -$NaGdF_4$：Yb，Tm@ $NaYF_4$五重壳层核壳结构的上转换发光材料，实现了多维安全设计和成像引导的联合光动力治疗和化疗，如图 1-4 所示。

1.1.4 稀土纳米核壳材料

半导体纳米材料存在包括氧化和猝灭在内的一系列问题，而且一般这类材料对人体是有毒性的，这在一定程度上阻碍了在一些特定环境中的应用。而且半导体纳米颗粒的发光效应也取决于其颗粒尺寸的大小。此外，半导体纳米颗粒对于大多数商业应用来说都非常昂贵。除了半导体量子点材料和有机发光材料外，掺杂镧系元素的介电纳米颗粒，例如 TiO_2：Eu^{3+}、$NaYF_4$：Yb、Er/$LaPO_4$：Er/Yb，也具有发光效应。因此，用稀土掺杂的无机@ 无机核壳结构纳米颗粒代替半导体材料进行生物标记是一种新的选择。研究人员一直在尝试将稀土材料掺杂到介电材料上，以实现发光的目的。含稀土离子的无机@ 无机核壳结构纳米颗粒的研究是当前一个重要的研究领域。各个研究小组也研究了这类颗粒的光学性质和稳定性。这一类型颗粒的核心由一种或多种镧系元素构成，外壳由二氧化硅或其他镧系元素构成。这些粒子的优点是发射效率极高，几乎相当于块状材料，易于分散在普通溶剂中，能够附着在聚合物基体上。

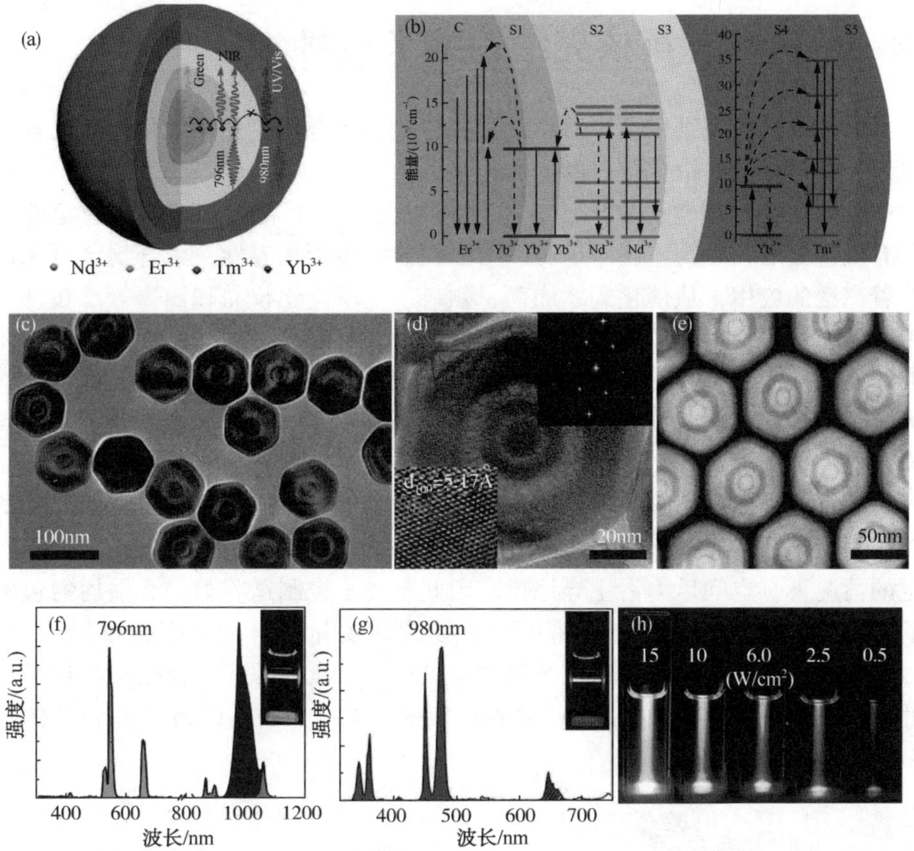

图 1-4　正交激发发射上转换发光材料的(a)结构示意图；(b)能量传递机制；(c)TEM；(d)HRTEM 和相应的(e)HAADF-STEM；在(f)796nm 和(g)980nm 激发下，上转换颗粒的转换光谱；(h)不同功率密度的 980nm 激发下上转换颗粒的光学照片

此外，这一类型的颗粒也具有荧光活性，可以在可见光范围内发光，易于检测，与半导体量子点粒子相比毒性较小，并且表面是亲水的。因此，它们更适合生物应用。在镧基盐颗粒中掺杂镧系金属离子也可以提高光致发光强度。Xi 等人研究了镧系核壳结构纳米颗粒，其中 LaF_3是核心和壳层的基体材料，在核心中采用 Ce^{3+}离子掺杂，而在壳层中采用 Tb^{3+}离子掺杂，其发射强度可以升高至少 2 倍。光致发光强度也取决于掺杂材料的浓度。通常，随着掺杂浓度的增加，光致发光强度也会增加。例如，在 Eu 浓度高达 20%的 TiO_2上继续掺杂 Eu 时，光的光致发光强度先增加，然后随着 Eu 浓度的进一步增加将会降低。由被镱(Yb)和铒(Er)共掺杂的氟化钇钠(NaYF4：Yb，Er)包覆的磁芯氧化铁组成的纳米颗粒具有磁性、强荧光特性以及良好的生物相容性。这种纳米颗粒具有很高的发光性能，在电子和生物成像领域具有潜在的应用前景。

1.2 无机@有机核壳结构纳米材料

无机@有机核壳结构纳米材料由金属、金属化合物、金属氧化物和聚合物壳制成。无机材料上有机包覆层的优点很多。例如，当金属核心的表面原子在正常环境中被氧化为金属氧化物时，有机包覆层会提高金属核心的氧化稳定性。此外，有机包覆层在生物应用中也可以增强颗粒的生物相容性。聚合物包覆无机材料有着广泛的应用，从催化到添加剂、颜料、油漆、化妆品和油墨等。在许多应用中，颗粒被包覆后可以使其悬浮在介质中，并具有很好的稳定性。这种胶体悬浮液的稳定性主要取决于颗粒之间的吸引力和斥力。颗粒之间具有四种不同类型的力：(1)范德华力；(2)诱导的短程各向同性吸引；(3)静电斥力；(4)空间斥力。

根据合成介质的不同，可以控制颗粒之间的静电和空间斥力，从而防止纳米颗粒的团聚，其示意图如图1-5所示。对于水介质静电和有机介质，在涉及颗粒稳定的情况下，空间斥力占主导地位。因此，为了控制这些力，必须均匀包覆合适的材料。Advincula对具有高密度聚合物或超支化聚合物外壳包覆层的金属、半导体或金属或类金属氧化物核纳米颗粒进行了广泛的综述。根据核心粒子的材料性质，可以大致分为两类：(1)磁性@有机；(2)非磁性@有机核壳结构纳米颗粒。

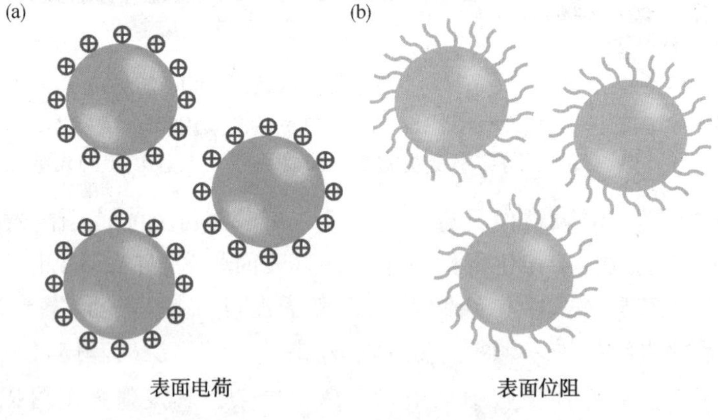

图1-5 防止纳米颗粒团聚的两种策略示意图

(a)颗粒表面带有同种电荷；(b)颗粒表面具有空间位阻

1.2.1 磁性@有机核壳结构纳米材料

具有聚合物包覆层的磁性纳米颗粒主要用于磁记录、磁密封、电磁屏蔽和核磁共振成像，以及在生物领域特定药物靶向、磁细胞分离等。由于具有良好的结晶度和磁化的优势，使用液相化学工艺合成磁性纳米颗粒非常常见。这种合成方法中存在主要问题是会形成更大尺寸的颗粒(微米级)。磁性纳米颗粒在外加强磁场下的稳定性对于体内生物应用以及其他领域都非常重要。因此，为了通过减少团聚来获得更高的悬浮体系的稳定性，磁性纳米颗粒被包覆了不同的有机材料。其中采用亲水性聚合物和多糖作为包覆层是常用的方法。Laurent 等人对磁性纳米颗粒的稳定性进行了深入的研究。聚乙二醇(PEG)是一种水溶性生物相容性聚合物，将其作为磁性颗粒包覆层进行检测具有很好的生物应用前景。Balakrishnan 等人在水介质中通过硼氢化钠对 $FeCl_2$进行化学还原合成磁性纳米核心，再进一步利用端胺聚乙二醇(aPEG)对其进行包覆，合成磁性@有机核壳结构纳米颗粒。他们主要研究了反应物浓度对颗粒大小、结晶度和磁性的影响。根据他们的结果，随着反应物浓度的增加，颗粒结晶度会变差。这些类型的颗粒可用于生物化学化合物、细胞的磁分离，也可用于生物体内药物的控制释放。在包覆过程中，磁铁矿纳米颗粒的晶体结构和成分有时会发生变化。例如，磁性 Fe_3O_4颗粒在包覆非常薄的聚乙二醇外壳后，其表面层会部分转变为 α-Fe_2O_3。

右旋糖酐是一种多糖聚合物，由 R-D-吡喃葡糖基单元组成，具有不同程度的链长和分支，也被广泛用作外壳包覆层。葡聚糖因其高度的生物相容性也可被用作聚合物外壳，这可以提高非生物相容的磁性纳米颗粒的生物相容性，使其可用于生物体内。侧链功能化葡聚糖包覆的超小型超顺磁性氧化铁具有更长的血液停留时间，这使得颗粒能够接触位于深层病理组织(如淋巴结、肾脏、大脑、骨关节组织等)中的巨噬细胞。葡聚糖包覆的铁纳米颗粒也可用于标记红细胞，再使用高梯度磁色谱(High Gradient Magnetic Chromatography，HGMC)进行细胞分离研究。近年来，超顺磁性氧化铁纳米颗粒因其高生物相容性和残留量少而引起了人们的关注。事实上，这些粒子的磁性在去除外部磁场后就消失了。在没有外部磁场的作用下，其颗粒之间的相互作用非常小，聚集趋势也相对较少，因此这种小颗粒更容易从血液循环系统中清除。同时，与其他金属或金属氧化物纳米颗粒相比，这磁性@有机核壳结构纳米颗粒的毒性更小。Mikhaylova 等人合成了具有三种不同生物相容性包覆层的超顺磁性氧化铁纳米颗粒：淀粉、甲氧基聚乙二醇(MPEG)和金。根据他们的研究结果，不同壳层对核心颗粒粒径没有显著影响，但其结晶度在很大程度上取决于壳层材料。在有金包覆层的情况下，与有机包覆层或甚至没有包覆层的颗粒相比，颗粒的结晶度会更好。两种有机包覆层的比较表明，采用甲氧基聚乙二醇包覆层的颗粒比采用淀粉包覆层的结晶度更好。

1.2.2 非磁性@有机核壳结构纳米材料

这些特殊类型的纳米颗粒对有机包覆层磁性纳米颗粒同样重要。非磁性无机材料可进一步细分为金属、金属氧化物和涂有不同有机材料的金属盐颗粒。下面将讨论这些问题。

1.2.2.1 金属@有机核壳结构纳米材料

不同的金属/有机复合颗粒在生物应用中发挥着重要作用。因为它们的表面含有丰富的官能团，可以很容易地进行生物结合。金和银等纳米贵金属因其独特的光学特性也引起了人们的广泛关注。以纳米颗粒由金或银为核心，包覆氰化物染料，即3,3′-二硫丙基-5,5′-二氯硫氰酸钠的J-聚集体，外场可以在这种纳米颗粒中产生拉曼散射或表面荧光。这些颗粒已被用于传感器和生物成像材料的应用研究。J-聚集体是一种染料，当它在外场(如溶剂或添加剂)的影响下聚集时，具有特定的吸收带，随着锐度的增加(更高的吸收系数)会移动到更长的波长，并且由于具有高强度光的超分子自组织，该染料会发光。结果表明，对于核壳结构纳米颗粒，当核尺寸减小(7~10nm)时，其两个吸收峰都会出现4nm的红移。聚苯胺包覆金是一种很好的生物传感器材料，主要用于检测生命系统中的葡萄糖。聚合物包覆金金属具有二次谐波(Second Harmonic Generation，SHG)的特性。二次谐波产生是一种非线性光学过程，其中单色光照射在缺乏对称性的表面上，可导致以两倍于入射光(即二次谐波)和一半初始光子波长的频率产生光。

1.2.2.2 金属或类金属氧化物/有机核壳结构纳米材料

利用化学反应形成金属氧化物纳米颗粒是一个简单的化学过程。然而，在分散介质中保持较小尺寸的颗粒是困难的，因为超高的表面能使它们很容易继续生长和团聚。解决这个问题的最佳方法是在颗粒上包覆一层聚合物包覆层，应用需要时还可以很容易地去除。有机材料包覆不同金属氧化物，尤其是过渡金属氧化物，在催化、光学、控释、材料添加剂(填料)等领域均有应用，效果良好。无机核心粒子上有机单层包覆层的示意图如图1-6(a)所示。用作包覆二氧化硅核心最常见的有机包覆包括聚甲基丙烯酸甲酯(PMMA)、聚苯乙烯(PS)、聚3-氨基苯硼酸和聚氯乙烯(PVC)等。聚合物包覆的二氧化硅纳米颗粒可以提高胶体的稳定性，现已被广泛应用于光学器件、传感器、催化、控释、材料添加剂(填料)和电气设备。二氧化硅核心上聚合物包覆层的示意图如图1-6(b)所示。

纤维素等天然聚合物可用作TiO_2纳米颗粒的包覆层，以改善其性能。聚苯乙烯包覆层的TiO_2常用于制造用于柔性电子应用的高电容(K)栅极电介质。聚合物包覆的无机颗粒，如磷酸钙，在牙科中用作支撑材料和填充剂。在TX-100微乳液体系中，可以用不同的金属盐合成不同的无机金属氧化物(Fe、Ti、Zr)@有机壳层材料。

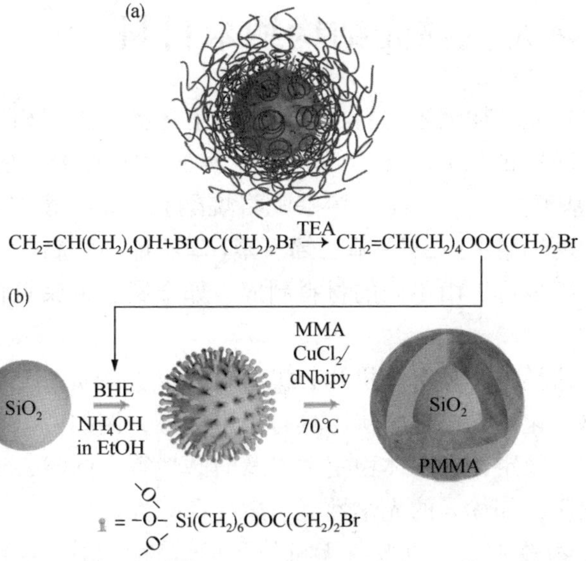

图 1-6 (a)功能化壳(Ag/Au)@ZrO_2@硬脂酸盐核壳纳米复合材料的示意图；
(b)表面引发原子转移自由基聚合合成聚合物包覆二氧化硅颗粒的示意图

1.2.2.3 金属硫化物或金属盐/有机核壳结构纳米材料

聚苯胺(Polyaniline，PANI)、聚吡咯(Polypyrrole，PPy)和聚噻吩(Polythiophene，PTh)等导电聚合物作为抗静电包覆的金属盐在发光器件、电子器件和化学传感器中的应用引起了研究者们的兴趣。然而，由于这些聚合物的可加工性差，这些颗粒很难商业化。与单一的半导体纳米颗粒相比，在 CdSe 上包覆聚合物可以大幅提高其发光性能。与更高电流水平下的半导体相比，有机聚合物包覆层对光谱的贡献更大。而且，由于其具有透明性，CdSe 上的甲基丙烯酸甲酯包覆层不会影响核心的光学性能。此外，它还可以保护颗粒的光学特性免受环境干扰。

聚合物包覆的 AgCl 纳米颗粒可应用于传感器。聚合物包覆的碳酸钙可以表现出更好的机械性能，使得机械性能不稳定的碳酸钙也可用于不同的应用。聚苯乙烯包覆碳酸钙被广泛用于制造涂料、纸张、橡胶、塑料等。人们发现，在硬脂酸改性碳酸钙上再包覆聚对苯二甲酸丁二醇酯包覆层，可以代替纯碳酸钙，从而可以进一步提高碳酸钙的机械、热性能和结构性能。例如，聚对苯二甲酸丁二酯(Polybutylene Terephthalate，PBT)包覆可以使硬脂酸改性 $CaCO_3$ 的拉伸强度从 56MPa 增加到 58.9MPa；这相当于材料总质量的 80%。

1.3 有机@无机核壳结构纳米材料

有机@无机核壳结构纳米材料在结构上与上述类型正好相反。这种特殊类型的核壳结构纳米颗粒的核心由聚合物制成，例如聚苯乙烯、聚(环氧乙烷)、聚氨酯、聚(乙烯基苄基氯)、聚(乙烯基吡咯烷酮)、葡萄糖、表面活性剂和不同的共聚物，包括丙烯腈-丁二烯-苯乙烯、聚(苯乙烯-丙烯酸)和苯乙烯-甲基丙烯酸甲酯等。外壳也可以由不同的材料制成，如金属、金属氧化物、金属硫化物或二氧化硅。

一般来说，这类粒子具有无机和有机材料的双重性质。无机材料，尤其是有机材料上的金属氧化物无机包覆层，具有很多优势，例如可以提高整体材料的强度、抗氧化性、热稳定性和胶体稳定性以及耐磨性等。同时，这些颗粒还表现出一定的聚合物性质，如优异的光学性能、柔性和韧性。

此外，聚合物核心还可以改善无机粒子的脆性。这一类型的纳米颗粒在材料科学的不同领域也有着广泛的应用，包括涂料、磁性流体、催化、微电子和生物技术等，因此也有很多研究者对其具有极大的兴趣。在高分子材料上包覆金、银等贵金属，可以提高蛋白质的固定化性能，因此这些颗粒可用于生物技术、免疫传感和生物医学应用等不同领域。Phadtare 等人合成了镀金聚氨酯纳米核壳颗粒，用于胃蛋白酶消化等需要生物催化活性的应用。在纳米生物技术中，有机@无机核壳结构纳米颗粒包覆具有荧光性质的二氧化硅壳是非常有趣的操作。

图 1-7(a)显示了具有不同染料芯和二氧化硅壳的核壳颗粒的颜色。这一类材料由染料@二氧化硅核壳结构纳米颗粒组成，具有类似于量子点的荧光亮度。Ow 等人报道了 20~30nm 大小范围内不同有机染料@二氧化硅核壳结构纳米颗粒的合成方法。四甲基罗丹明异硫氰酸盐(TRITC)有机染料包覆前和包覆后的结果如图 1-7(b)所示。可以清楚地看到，纳米四甲基罗丹明异硫氰酸盐核心的发光亮度实际上低于游离的四甲基罗丹明异硫氰酸盐，这表明与游离的染料相比，密集的染料核心会发生严重的淬火。有趣的是，在内核上包覆无染料二氧化硅外壳后，发光亮度增加了 30 倍。这种增强归因于有机染料发光性能的变化，因为外部二氧化硅包覆层保护有机染料不受溶剂的影响。这一类型颗粒的另一个有趣应用是可以通过使用有机材料作为牺牲核心来合成空心核壳结构无机材料。图 1-8 给出了通过牺牲有机核合成两种不同方式的空心纳米颗粒的示意图。可以采用这种方法合成空心结构的牺牲模板，从而再次合成多重壳层的空心核壳结构[图 1-8(b)]。

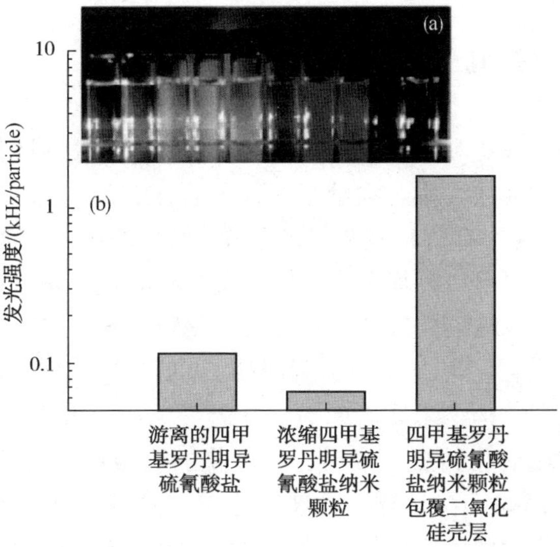

图 1-7　在核中使用不同种类的染料的核壳结构荧光二氧化硅纳米颗粒

(a)从左到右：Alexa Fluor 350、*N*-(7-二甲氨基-4-甲基香豆素-3-基)马来酰亚胺、异硫氰酸荧光素、异硫氰酸四甲基罗丹明、Alexa Fluor 555、Alexa Fluor 568、得克萨斯红、Alexa Fluor 680 和 Alexa Fluor750；(b)在相同光密度下，相同尺寸的有机染料和水中游离的四甲基罗丹明异硫氰酸盐(TRITC)染料亮度的比较

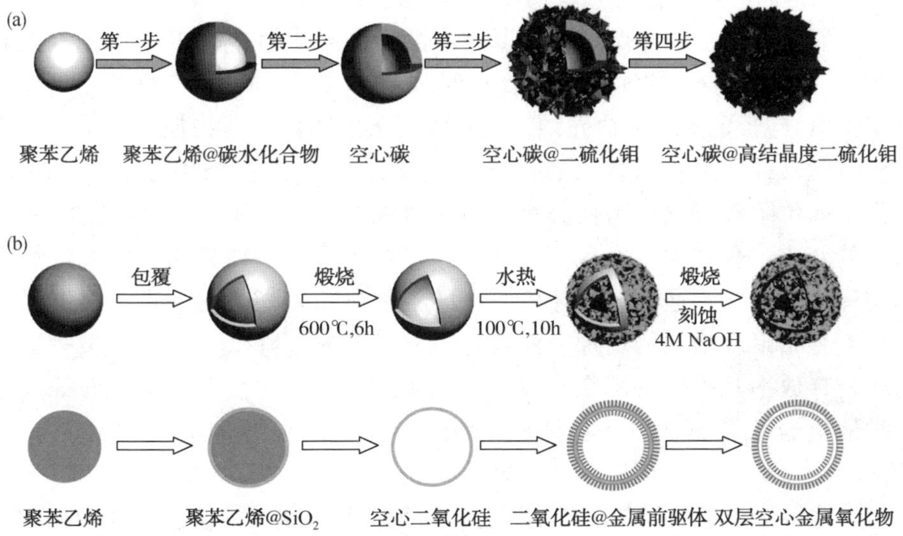

图 1-8　使用聚苯乙烯和二氧化硅构筑核壳结构，应用再去除有机核的策略制备空心结构示意图

(a)利用聚苯乙烯微球为牺牲模板包覆碳水化合物构筑核壳结构，从而获得空心材料；(b)利用聚苯乙烯微球为牺牲模板构筑空心二氧化硅，再将其作为牺牲模板进一步获得双层空心材料

1.4 有机@有机核壳结构纳米材料

在这一类型中，核心和壳层都由聚合物或其他有机材料制成。Ballauff 和 Lu 曾经综述了不同热敏性核壳聚合物纳米颗粒的合成路线。这类颗粒也被称为“智能粒子”，在不同领域均有着广泛的应用，如药物输送、生物传感、化学分离、生物材料和催化等。以另一种聚合物上包覆聚合物的优点是可以改变整个材料的物理性能，例如韧性或玻璃化转变温度。玻璃化转变温度(T_g)是聚合物的一个重要特征，因为低于此温度聚合物处于所谓的“玻璃态”。研究者们一般会根据聚合物@聚合物型核壳结构纳米颗粒的玻璃化转变温度，开发其潜在的应用价值。当材料的温度超过玻璃化转变温度时，聚合物的机械性能会从玻璃(脆性)变为橡胶(弹性)材料。例如，在具有不同玻璃化转变温度的聚合物上构筑其他聚合物包覆层，可用于改性乳胶基涂料。玻璃化转变温度较高的核心材料具有改善机械稳定性的作用，而玻璃化转变温度较低壳层材料则可以改善其成膜能力。Kirsch 等人就曾经合成并表征了聚苯乙烯@聚(丙烯酸叔丁酯)核壳和反核壳纳米颗粒用于类似的研究。

聚合物@聚合物核壳颗粒由于其良好的生物降解性和药物封存作用，也被广泛用于生物体内的药物控释。聚(D，L-乳酸-乙交酯)(PLGA)是一种可生物降解的有机聚合物，它具有很高的包裹疏水性药物的能力。例如，Chan 等人研究了 1,2-二硬脂酰-sn-甘油-3-磷酸乙醇胺-*N*-羧基[聚(乙二醇)]$_{2000}$(DSPE-PEG-COOH)包覆的 PLGA 核壳颗粒，并应用于生物体内药物控释系统。使用大豆磷脂酰胆碱或卵磷脂对核心表面进行改性，外壳层的 DSPE-PEG-COOH 主要提供空间位阻和静电斥力使整个颗粒保持稳定。结果显示，随着脂质和 PEG 摩尔比的变化，颗粒大小发生变化。其作者主要研究了核壳颗粒的稳定性因子和药物释放动力学，通过改变体外系统的各种参数来做到这一点。根据研究结果，随着总脂聚合物比的增加，药物释放率最初显著降低，但在很长一段时间后，药物释放率几乎保持不变。聚苯乙烯是这类颗粒的核心材料。Ni 等人还研究了乳液聚合法形成 PLGA@SPE-PEG-COOH 核壳结构纳米颗粒的反应动力学。

无机材料作为添加剂与聚合物混合后可增加聚合物@聚合物核壳结构纳米颗粒中两种聚合物之间的黏附力；结果表明，材料整体的机械性能也得到改善。在 PMMA@PVC 核壳颗粒的甲基丙烯酸甲酯(PMMA)核心合成过程中，添加 Sb_2O_3 纳米颗粒作为共混剂，可以提高聚氯乙烯(PVC)的韧性和机械强度。无机材料的掺杂不仅影响聚合物的性能，还影响无机材料的性能。与普通银金属相比，将银金属掺杂在聚苯乙烯核心和N,N′-亚甲基双丙烯酰胺壳交联的聚(N-异丙基丙烯酰胺)网络包覆层上的热敏性和催化活性要高得多。

有机@有机核壳结构纳米颗粒的另一个有趣应用是使用有机染料作为核心。包覆有聚合物的有机染料核心有望作为亚细胞试剂的传感和成像工具，因为它们可以被输送到细胞质中。一般来说，有机染料核心的物理特性会抑制它们在细胞膜上的自由通过。当聚乙烯亚胺用于包覆有机染料颗粒时，其所构筑的有机@有机核壳结构纳米颗粒即可作为有效的DNA递送工具，而且具有实现内体逃逸的机制。在体外研究中，比较有机染料、聚乙烯亚胺和有机染料@聚乙烯亚胺三种材料对COS-7细胞的活力影响，结果表明，聚乙烯亚胺可单独影响浓度超过50μg的COS-7活性，而有机染料和聚乙烯亚胺包覆的有机染料在1～1000μg/mL的浓度范围内不会对细胞活力产生负面影响。随着颗粒浓度的增加，细胞活力会随之增加，这归因于颗粒对细胞的激活作用。另外，还通过改变不同包覆层的纳米颗粒与DNA的比率来研究颗粒的相对发光能力。结果表明，除了红细胞生成素(Erythropoietin，EPO)外，与游离DNA相比，几乎所有聚合物颗粒都符合与DNA的比例越高，转染效果越好。在某些情况下，某些带有官能团的共聚物核壳之间会发生交联反应，形成稳定的球形有机@有机核壳结构纳米颗粒。Wooley合成了几种不同壳型的交联类血清肌酸激酶(Serum Creatine Kinase，SCK)核壳结构纳米颗粒，其直径可以控制在5～100nm。由于它们特殊的纳米结构，这些颗粒都具有坚固的特性，并且其表面稳定性也会随着环境条件的变化而变化。而且这些核壳结构的外壳层就像一层膜，具有一定的渗透性，允许某些外来物种进入或流出核心。因此，这些类型的材料可以作为载体材料，甚至可以模拟某些生物系统，将指定的材料携带到细胞内。通常这类颗粒的核心由聚苯乙烯或嵌段聚合物制成。

1.5 核@多重壳层纳米材料

在核@多重壳层纳米材料中，最重要的当属双金属化合物。Rodríguez-Gonzalez等人的研究表明，对于多重壳层双金属纳米颗粒，最终的形状取决于核心金属的选择。

对于Au-Ag双金属多壳层纳米颗粒，Ag在Au上的包覆会产生类似于球形的几何形状。而Au在Ag上的包覆则优先形成多边形颗粒，这些颗粒具有尖锐的小平面交叉。如图1-9所示，在Ag纳米颗粒上引入Au包覆层，其光学性质也会发生变化。首先，金胶体分散液的颜色呈深红色；在表面沉积银壳层后，整体上就变成了黄色；如果再沉积第二个金壳即可变成蓝色；最后，再沉积第二个银壳层之后，就可获得橙色的效果。

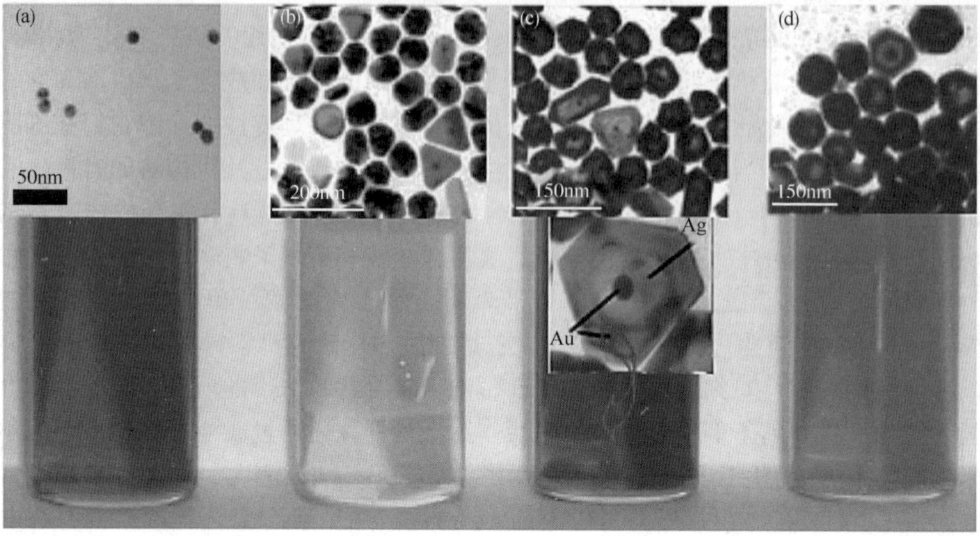

图 1-9　随着层数的增加，金/银纳米颗粒胶体分散体的颜色发生变化

(a)金胶体纳米颗粒 TEM 照片及其分散液颜色；(b)金@银纳米颗粒 TEM 照片及其分散液颜色；(c)金@银@金纳米颗粒 TEM 照片及其分散液颜色；(d)金@银@金@银纳米颗粒 TEM 照片及其分散液颜色

Radloff 和 Halas 等人还研究了金属和介电材料交替多层核壳结构纳米颗粒的光学等离子体共振。对于这种颗粒，由于内部和外部金属壳层的等离子体之间相互作用，将出现金属等离子体子能级带的杂交，以形成不同能量的对称和非对称等离子体子共振，如图 1-10 所示。同心多层纳米颗粒的等离子体共振模式能量可以用米氏散射理论计算。当 CdSe@ ZnS 核壳结构纳米颗粒被二氧化硅球包覆时，可提高其在生物缓冲液中的稳定性和在荧光成像中的生物相容性。具有二氧化硅保护层的 CdSe@ ZnS 颗粒比没有保护层的纳米晶体具有更强的发射极和更一致的荧光强度。无机核壳结构纳米颗粒上的有机包覆层可以改变材料的某些性能，特别是提高耐溶剂性和水分散能力。无机核壳结构 Fe_3O_4 @ SiO_2 纳米颗粒在包覆聚(环三磷腈-co-4,4′-磺酰二苯酚)后，可以大幅提高耐溶剂性和在水溶液中的分散能力，从而获得较高的生物相容性，可直接用于生物应用。

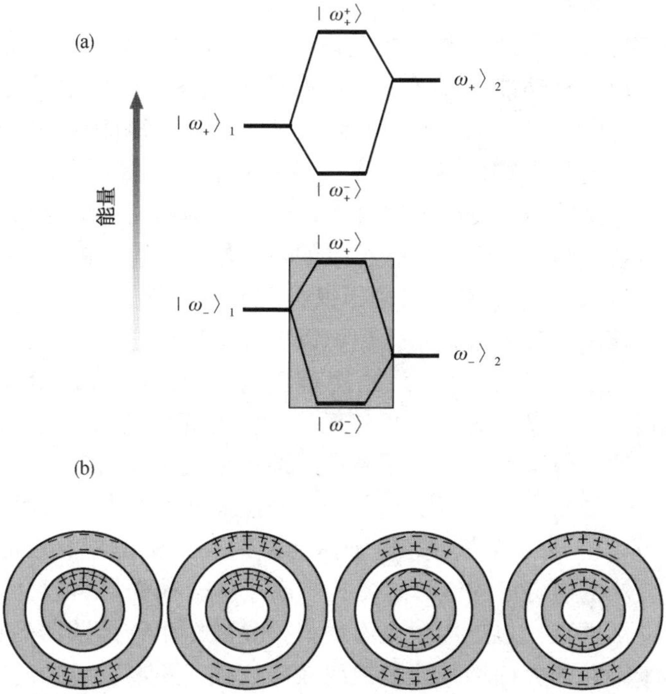

图 1-10 (a)同心纳米壳的等离子体共振模式的能级图，根据复合纳米结构内部和外部纳米壳的“键合””和“反键合”模式描述；(b)四种同心纳米核壳结构的诱导极化示意图

1.6 可移动核@空心壳层纳米颗粒

可移动核@空心壳层纳米颗粒(Yolk Shell，蛋黄壳纳米结构)是一类杂化纳米材料，它由一个可移动的内核和空心壳层组成。近年来，可移动核@空心壳层纳米颗粒受到了研究者们的广泛关注，因为它不仅处于材料科学的前沿领域，而且在催化、纳米反应器、储能和生物医学等领域显示出巨大的应用潜力。可移动核@空心壳层纳米颗粒由于其独特的形态特征，具有密度低、比表面积大、承载能力强等优点。除了成功地将各种功能组件集成到一个单一系统中，可移动核@空心壳层纳米颗粒还可以赋予杂化纳米材料特殊的性能。空腔的存在允许核心充分暴露，同时外壳层还对其有很好的机械保护效果，这有利于保持核心的空间结构等相关特性。此外，可移动核@空心壳层纳米颗粒中的空隙空间可以用作储存库，也可以用作可能发生生物化学反应的反应室。此外，空心壳层也可以为客体分子提供扩散途径，并可能诱发与表面粗糙度相关的效应，如等离子体耦合等。简而言之，与传统的核壳纳米结构相比，可移动核@空心壳层纳米颗粒可针对不

同应用定制材料的特性。

可移动核@空心壳层纳米颗粒在生物医学领域也发挥着越来越重要的作用，因为它们可以集成多种功能，以实现高度精确的成像和对病变目标的有效治疗。近年来，生物相容性的可移动核@空心壳层纳米颗粒已被证明是生物医学应用中的有吸引力的材料，如生物传感、药物传输和癌症治疗等(图 1-11)。更重要的是，与传统的核壳结构纳米复合材料相比，蛋黄壳结构纳米复合材料有着特殊的性能。例如，直接沉积在磁性纳米颗粒上的包覆层会严重限制质子与磁性核心的接触，导致磁共振成像的对比度大幅下降。而在磁性核心与外壳层之间引入空腔，构筑可移动核@空心壳层纳米颗粒可以有效地避免这个问题，从而获得优异的磁共振成像性能。在基于发光共振能量转移(Luminescence Resonance Energy Transfer，LRET)的生物传感器中，可移动核@空心壳层纳米颗粒可以提供一个大的空隙空间来容纳受体染料，允许受体有效地重新吸收发射。对于以等离子体金属为壳层的可移动核@空心壳层纳米颗粒，壳层的孔隙和空腔的存在可以通过等离子体耦合效应，诱导局域表面等离子体共振(Local Surface Plasmon Resonance，LSPR)峰向近红外生物窗口的红移。多孔等离子体金属壳层可以为表面增强拉曼散射提供丰富的活性点，也是构建表面增强拉曼散射生物传感器的理想结构。等离子体金属纳米颗粒的表面增强拉曼散射效应依赖于距离，单独的等离子体金属纳米颗粒有着严重的聚集团聚倾向。可移动核@空心壳层纳米颗粒的外壳能够防止等离子体核心的聚集，同时空腔可以使目标分子更容易接近等离子体核心，从而实现高灵敏度的表面增强拉曼散射生物传感。

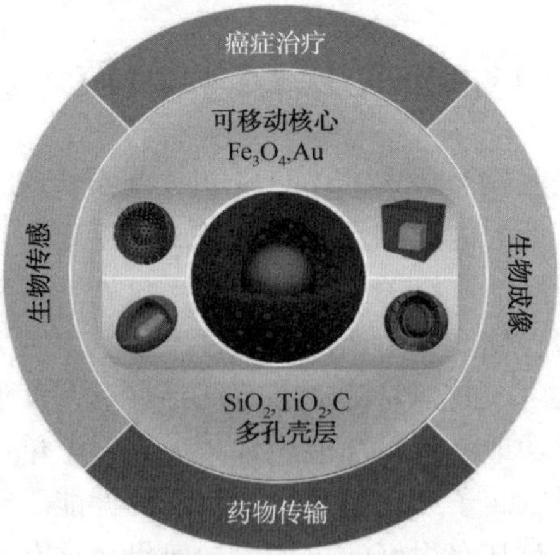

图 1-11 可移动核@空心壳层纳米结构(蛋黄壳纳米结构)及其生物医学应用

可移动核@空心壳层纳米颗粒在生物医学应用方面的优越性质引发了研究者们对其合成方法的深入研究。构建可移动核@空心壳层纳米颗粒的方法有三种：硬模板法、软模板法、自模板法。硬模板法是合成可移动核@空心壳层纳米颗粒最常用的方法，简单、有效且直观。在典型的硬模板合成工艺中，核心纳米颗粒先包覆“刚性材料”作为牺牲模板，随后再包覆的外层功能材料，然后选择性地去除牺牲模板。软模板法一般采用两亲性高分子(包括表面活性剂和嵌段共聚物)自组装形成的囊泡或胶束作为制备可移动核@空心壳层纳米颗粒的软模板。与硬模板法相比，基于软模板的方法对颗粒均匀性的控制较差，但是在大多数软模板法中，模板的去除过程是非必要的。自模板法指的是在不使用额外牺牲模板的情况下制作可移动核@空心壳层纳米颗粒。到目前为止，已经开发了几种自模板方法，如电偶置换法、柯肯德尔效应、“装载”法、奥斯特瓦尔德熟化法和选择性去除法。这些自模板方法的主要缺点是，它们通常只能制备特定的材料，通用性较差。为了快速且可重复性地获得结构可控和目标可移动核@空心壳层纳米颗粒，也可以将上述方法进行联用。

1.7 不同形状的核壳结构纳米材料

除了传统的球形核壳结构纳米颗粒，不同形状的核壳结构纳米颗粒因具有潜在价值也同样值得研究，尤其是在高性能催化、纳米电子学、信息存储单元以及生物和生物医学传感器等领域。

通常，有两种不同的方法可用于合成这些不同形状的核壳结构纳米颗粒。在第一种方法中，使用不同形状的软模板或硬模板(核心)来限制纳米颗粒的物理形状。在第二种方法中，使用合适的封端剂、嵌段聚合物或其他合适的试剂来控制纳米颗粒生长的方向和尺寸。在第一种方法中，使用不同形状的刚性核心作为模板，通过均匀包覆壳层材料以获得不同形状的模板，可以通过改变反应参数调节形状参数。形成不同核壳结构纳米颗粒的步骤与用于球形核壳结构纳米颗粒形成的步骤基本相同。例如，铜@氧化铜核壳结构纳米颗粒的三种不同形状(立方、立方八面体和八面体)可以通过电沉积在形状相似的核上合成，而无须使用任何封盖剂。

图 1-12 是基于核颗粒形状的不同形状的核壳结构纳米颗粒。对于不同形状的双金属核壳结构纳米颗粒的合成，Au@Ag 和 Ag@Au 核壳结构纳米颗粒都是使用不同形状的核心合成的。核心颗粒的形状不同时，外壳层材料的包覆效率也会发生变化。研究发现，均匀包覆的效率会随着球面形状的变形而降低。对于八面体核壳颗粒，铂颗粒未完全包覆在八面体金核颗粒上，而球形核则完全包覆壳层材料。对于双金属核壳结构纳米颗粒，壳层是通过还原-转化过程形成的，并且由于核心材料对盐的不完全还原，会形成具有不同形状的非对称包覆层的核壳结构纳米颗粒。对于软模板，颗粒的整体形状不仅取决于核心形状，还取决于外壳包覆层的厚度和均匀性。树状大分子和聚合物通常用作软核法的模板。然而，

有机@有机核壳结构纳米颗粒的形成机制不同于无机颗粒合成。对于有机粒子合成，可使用“嫁接”的方法，用这种方法可以形成新型核壳大分子。通常，“嫁接到”方法用于单层外壳包覆层，而“嫁接自”用于多层外壳包覆层。Kong 等人即利用了类似方法结合超组装策略制备了蝌蚪状的核壳结构纳米颗粒(图 1-13)。

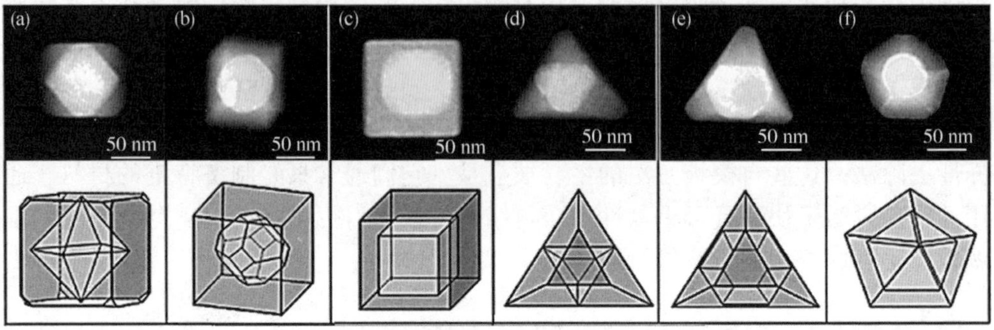

图 1-12　具有不同形状的典型 Au@ Ag 纳米颗粒的高角度环形暗场扫描透射电子显微镜图像及从不同形状的金核衍生模型框图：(a)从八面体金核到立方银壳；(b)从切角的八面体金核到立方银壳；(c)从立方金核到立方银壳；(d)从{111}面为主的双角金核到{100}面为主的双角银壳；(e)从{111}面为主的双六角金核到{100}面为主的双角银壳；(f)从五-五孪生十面体金核到五-五孪生十面体银壳

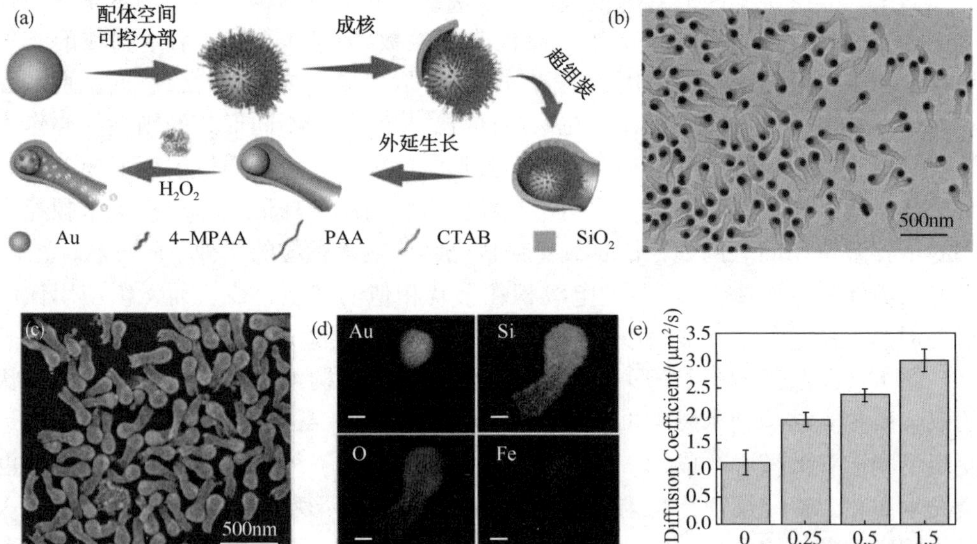

图 1-13　制备蝌蚪状核壳结构纳米颗粒

(a)蝌蚪状非对称核壳结构合成示意图；(b)TEM 图像；(c)TEM 图像；(d)EDX 显示过氧化氢酶中血红素基团的铁元素映射及其在蝌蚪状非对称核壳结构纳米颗粒空腔内的定位(比例尺 50nm)；(e)不同 H_2O_2浓度下的扩散系数

尽管许多研究人员提到非球形核壳结构纳米颗粒可能与球形纳米颗粒具有不同甚至更优异的性质，但球形和非球形核壳结构纳米颗粒之间的对比研究仍然很少，也有一些关于简单的非球形纳米颗粒与球形颗粒相比的性质差异的报道。Sau 等人曾总结了非球形贵金属纳米颗粒的性质和应用。假设仅由于形状变化，核壳结构纳米颗粒的性质也会发生类似的变化，这似乎是不合理的。在使用金属纳米颗粒的情况下，观察到的非球形形状的催化性能更好可能归因于不同晶面的暴露。非球形纳米颗粒的催化活性和选择性的变化可能是由于在球形颗粒上引入了许多边、角和面。例如，Narayan 和 El Sayed 等人已经证明，铂纳米颗粒对铁氰化物(III)离子和硫代硫酸盐离子之间的电子转移反应的催化活性遵循以下顺序：立方体<球体<四面体。其他研究也表明，各向异性或非球形的贵金属纳米颗粒在燃料电池、废物处理、生物处理和许多其他特定化学反应的催化活性优于相应的球形纳米颗粒。除了催化性能外，非球形纳米颗粒的光学性能也因其物理尺寸效应而显著不同，这种情况在贵金属纳米颗粒中表现得尤为明显。其共振频率可在从蓝色到近红外的宽波长范围内调谐，这使得人们能够通过改变形状将表面等离子体共振设置为特定作用的波长或光谱区域。金属的消光效率也会随着粒子的形状而变化，如图 1-14 所示。因为各向异性金纳米颗粒的共振可以定位在近红外区域(800~1300nm)，这些颗粒可能具有更好的生物应用。

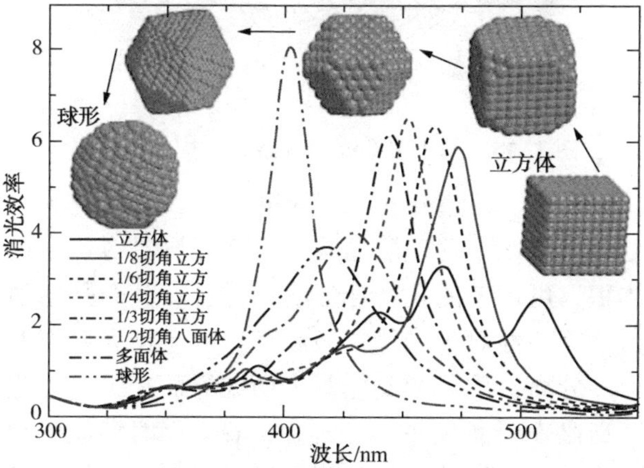

图 1-14　银立方体、不同切角立方体和球形纳米颗粒的消光效率与入射光波长的函数关系

1.8　基于多孔的核壳结构纳米材料

多孔固体，尤其是介孔固体，在许多能源应用中都是很有吸引力的材料，因为它们能够在外表面和内表面以及孔隙中吸收并与客体物种(包括但不限于锂离

子、氢原子和硫分子）相互作用。以多孔材料作为壳层构造核壳结构纳米颗粒可以充分地发挥出多孔的优势（图 1-15）。根据国际纯化学和应用化学联合会的定义，多孔材料根据其孔径分为三类：大孔（>50nm）、介孔（2～50nm）、微孔（<2nm）。

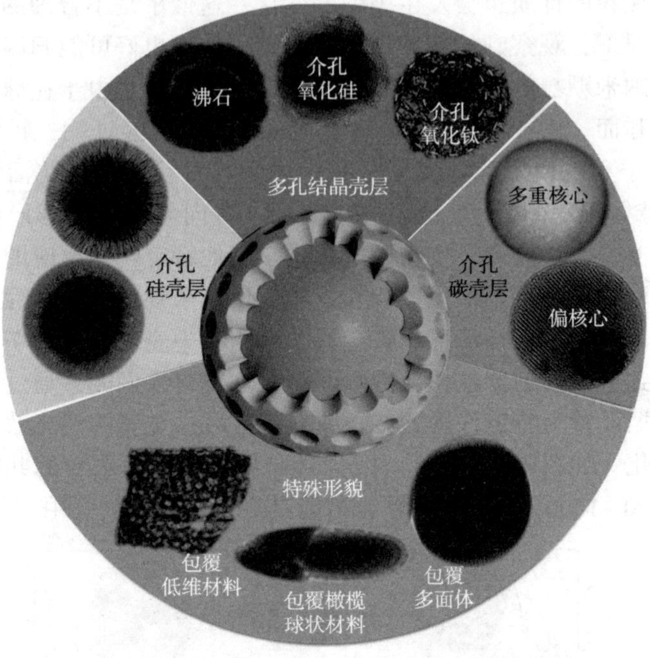

图 1-15　基于多孔壳层的核壳结构的汇总图

自 20 世纪 90 年代首次报道介孔二氧化硅以来，介孔材料种类迅速扩大，涵盖了各种形貌的复合材料。多孔壳层尤其是介孔壳层具有优异的性能，包括超高比表面积、大孔体积、可调节的孔径和形状，并且在其介孔通道和孔壁上可以表现出纳米级效应。这些特性对于能量转换和存储的应用尤其有利。原则上，高比表面积应可为吸附、分离、催化和储能等表面或界面相关过程提供大量的反应或作用位点。然而，高比表面面积并不一定意味着应用时性能的提高。大孔体积在客体物种的负载以及在二次电池电化学储能过程中的膨胀和应变松弛调节方面也表现出了良好的应用前景。均匀且可调的介孔通道有助于原子、离子和大分子在材料中的传输，从而增加有效的反应活性位点，并有效地克服了微孔材料遇到的尺寸限制。

此外，在均匀介观孔道的空隙中还有很好的纳米限制效应，这对于催化和储能也是很有利的。3D 介观孔道的纳米尺寸框架可以产生很好的纳米级效应（即表面和量子效应），从而产生具有不同于非孔材料的机械、电学和光学性能。例如，介孔材料的薄孔壁（<20nm）和短通道（<100nm）可能会大幅缩短电子和离子的传

输路径，这对于水分解装置、太阳能电池和电池的反应动力学是非常有利的。高比表面积和较大的孔隙率确保了各种客体材料的高负载，获得的复合材料可以作为催化剂的理想载体，并用于生物分离或固定化的吸收剂，或用于诊断和治疗的独特功能剂或载体。有研究者报道，在催化过程中，这种多孔的核壳结构材料还可以根据孔隙大小和宿主基质中活性位点分布和浓度的增强进行生长，对催化剂颗粒进行精细控制。此外，这种材料表面的定向功能化核壳材料还是沟通多相催化和均相催化之间一座桥梁。

1.9 碳基核壳结构纳米材料

在多组分纳米材料中，碳基核壳结构纳米材料因其优异的性能引起了研究者们越来越多的关注。这主要是因为它具有以下特征：(1)多功能性：碳基核壳结构纳米颗粒由不同材料制成的外壳和内核组成，扩展了某些材料在不同领域的应用；(2)低成本：一般来说，仅需在壳层中加入低质量比的过渡金属或贵金属即可得到相当不错的催化性能，因为只有表面原子在催化反应中起作用。例如，通过在低成本碳载体上涂覆一层薄薄的含有贵金属涂层，即可以大大减少贵金属的使用；(3)可调性：通过改变核的形状、大小、形态和成分，以及壳层材料的形状、厚度和成分，可以轻松调整碳基核壳结构纳米材料的性能；(4)稳定性和分散性：涂层外壳可防止纳米颗粒烧结、聚集或其他试剂发生反应；(5)可控性：可以通过改变离子强度、温度或环境 pH 值来控制核心的浸出或释放，这是电化学储能的一个重要要求。例如，壳层的存在可以大大减少锂离子在充放电过程中的浸出，阻止电池的自放电。

1.9.1 合成碳基核壳结构纳米复合材料的方法

碳基核壳结构纳米材料的合成方法大致可分为两类：“粗糙型”和“复杂型”，即工业型和实验室型。“粗糙型”的方法通常是使用传统的工业化微加工的放法，使用外部控制的工具将材料研磨、切割和成形为所需的顺序和形状。例如，最常见的策略是球磨工艺、熔体扩散法、光刻技术、机械技术和激光束处理等。另一方面，可以利用这些材料的固有构象，开发出一些有效的“自组装”方法。最常见的“复杂型”方法是化学包覆、沉积沉淀(例如电泳沉积、化学气相沉积、原子层沉积)、自组装和原位控制合成等。目前，无论是“粗糙型”和“复杂型”都不能作为主流合成方法，每种方法都有其优缺点，有时也可以联用。与“粗糙型”方法相比，“复杂型”合成法在未来可能更具成本效益，因为它具有能量损失最小、过程完全控制和绝对精密的优点。至于碳基核壳结构纳米材料的合成，由于在碳基核壳结构纳米颗粒形成过程中需要最终控制获得相对均匀的外壳材料涂层，因此“复杂型”的方法更适合。这两种方法也可以结合使用，例如通过“粗糙型”方法合成核心粒子，然后通过“复杂型”方法涂覆，以保持均匀和精确的外壳厚度。

1.9.2 碳基核壳结构纳米材料纳米结构复合材料的类别

根据碳材料在核壳结构中的位置，碳基核壳结构纳米材料可分为三类，如图1-16所示。碳基核壳结构纳米颗粒的碳材料选择通常在很大程度上取决于最终应用或用途。碳基同心球形核壳纳米颗粒是最常见的，其结构是一个简单的球形碳核颗粒被一个碳壳层完全包覆[图1-16(b)]。不同形状的碳基核壳结构纳米颗粒因其不同的新性质也引起了研究者们极大的兴趣，例如介孔结构和纳米管核壳纳米结构[图1-16(a)和(c)]。碳材料也可以用作载体，其他核壳结构材料也可以装载在其表面[图1-16(d)]。当单个碳层包覆多个纳米颗粒内核时，就可以形成带有多重核的核壳结构[图1-16(e)]。此外，在双层包覆核心材料后，使用适当的技术去除核心材料或第一层带有多重核，还可以制备纯空心碳球[图1-16(g)]或带有可移动核颗粒的空心碳[图1-16(f)]。

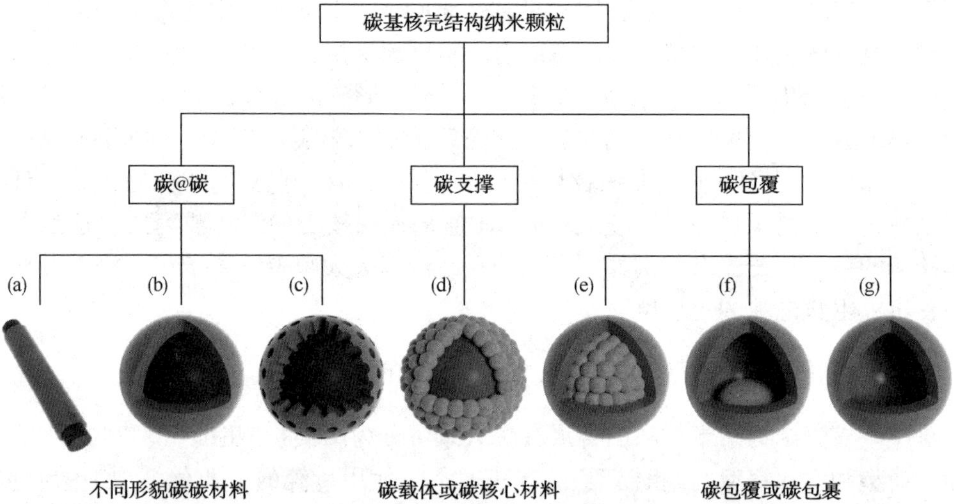

图1-16 碳基核壳结构纳米材料的分类

不同形状的C@C核壳纳米结构材料；(a)同心纳米管；(b)同心球形；(c)多孔壳层；(d)碳材料作为载体核心；(e)带有多重核的碳基核壳结构；(f)带有可移动核颗粒的空心碳；(g)纯空心壳

1.9.3 碳基核壳结构纳米材料在电化学储能中的应用

随着传统能源的逐渐枯竭，高效、可持续的储能装置的开发备受关注。锂离子电池、超级电容器和储氢被认为是最有前途的储能设备。然而，目前用于柔性储能装置的电极材料主要是过渡金属氧化物/硫化物，它们可能会在电解液中被腐蚀，从而缩短电极的使用寿命。过度使用金属基板会导致设备质量增加。除了高成本的金属基片外，在充放电过程中的体积变化也不容忽视。为了解决上述问题，一个有效策略是利用纳米结构电极材料或碳基复合材料，包括金属、半导体等。这种结构可以减轻机械应力在局部的破坏作用。碳基材料具有较高的机械强度和导电性，良好的化学稳定性，快速的离子传输和低体积膨胀。在许多情况下，复合材料中的活性组分通常会改善电子路径，并作为体积变化的缓冲相发挥作用，但在连续的充放电反应中，活性组分很容易与碳材料发生剥离。近年来，与单组分材料相比，碳基核壳结构纳米材料表现出优越的物理和化学性能，因此被广泛应用于超级电容器、锂离子电池和储氢。

为了追求更高的能量，更低的成本，更长的寿命和更高的功率密度，许多研究都集中在开发用于阴极、阳极和电催化剂的碳基先进材料上。关于锂离子电池的正极材料，许多研究集中在了层状 $LiMO_2$、尖晶石型 $LiMO_4$ 和橄榄石型 $LiMPO_4$ 颗粒上的(其中 M 是一种或多种过渡金属元素)碳修饰。同时，研究了硅、锡、合金和其他金属氧化物化合物作为阳极材料。尽管所有这些活性材料都表现出相当大的性能和应用前景，Li^+ 却具有转移效率低、电子导电性差、重复循环过程中伴有体积膨胀/收缩以及由于电解质腐蚀或稳定结构坍塌而易导致活性物质损失等缺点。利用碳基核壳结构纳米材料可以显著克服这些令人尴尬的问题。其外壳可以保护活性核心免受外部环境影响，防止颗粒之间聚集，限制体积膨胀并保持结构完整性，为反应提供大的表面积，活性中心的高度分散，还可以在不同长度的孔隙尺度上提供快速的界面传输，减少扩散效应或缩短扩散路径等。

2　核壳结构纳米材料合成技术和形成机理

通常核壳结构纳米材料的合成分为两步，第一步合成核心，第二步再合成壳层。根据核壳结构纳米材料的合成路径，其合成技术也可分为两类：(1)合成核心，并将其单独纳入系统中，进行适当的表面改性，以包覆壳层材料；(2)在核心颗粒原位合成外壳层材料。在第一种方法中，分别合成核心颗粒、通过连续洗涤纯化并干燥后，再进行适当的表面改性，以便在反应后续反应中包覆壳层材料以形成壳。在第二种方法中，首先在生长抑制剂和/或表面改性剂存在下，使用合适的反应物合成核心颗粒；然后在核心形成完成后，添加其他反应物以原位形成壳层。因此，壳层材料被选择性地沉积在改性的核表面上，并形成核壳。第一种合成方法的优点是，单独合成核心颗粒，因此在核心材料表面存在杂质的可能性较小。然而，在原位合成中，主要的问题是存在于反应介质中的一些杂质可能被夹杂在核心和壳层之间。

在合成核壳材料的过程中，最重要的步骤是保持均匀的包覆层和控制壳厚度。到目前为止，已经开发了多种合成方法，包括沉淀法、聚合法、微乳液法、溶胶-凝胶缩合法、逐层吸附法等。尽管一些研究人员试图使用这些方法严格控制壳层的厚度和均匀性，但这些方法仍不够完善，达到精准的控制是非常困难的。主要困难在于：(1)反应介质中的核心颗粒团聚；(2)包覆材料均相成核异相成核是一对竞争反应，很多壳层材料会优先形成的单独颗粒，而不是包覆在核心上；(3)核心表面的不完全覆盖；(4)反应速率的控制。通常，出于对核心材料表面改性的目的，很多研究者经常使用表面活性剂或聚合物。这些表面活性剂或聚合物可以改变核心粒子的表面电荷和选择性，从而使壳层材料可以选择性地沉积到核心表面，形成均匀且完全包覆的核壳结构纳米颗粒。

如上所述，虽然存在这样或那样的缺陷，还是有很多方法可以用于合成核壳结构纳米颗粒。无论是核心还是壳层，如果只考虑材料性质，那么可以大致分为两类：无机材料和有机材料。尽管如此，一些研究人员还是根据不同类型的材料和使用的方法对粒子进行了分类。在本节中，将简要解释不同方法的机制。

2.1　无机纳米材料的合成

大多数关于核壳结构的研究都集中在无机材料。无论核颗粒或壳层，无机材料可大致分为三类：(1)金属；(2)金属或类金属氧化物；(3)金属硫化物和金属盐。

2.1.1 金属纳米颗粒的合成

通过还原金属盐来合成核壳结构纳米颗粒的金属核或壳是最直接有效的一种合成手段。对于金属纳米颗粒的合成，微乳液或水相等合成介质、表面活性剂的使用和合适的还原剂都起着关键作用。溶液相还原机制可以从相应金属盐合成不同的金属纳米颗粒，例如金、银、钴、铁和镍等。还原剂的选择对于控制反应速率和颗粒大小非常重要。根据还原剂的不同，合成路线分为以下几类。

2.1.1.1 用硼氢化钠还原

硼氢化钠和联氨是用于从盐中还原金属离子最常用的还原剂。硼氢化钠是 Schlesinger 于 1942 年发现的，是一种高效的水溶性还原剂，可用于水和有机介质。与其他还原剂相比，硼氢化钠作为还原剂有明显的优点：(1)其当量质量较低，为 4.73g/mol，1mol 可提供 8 个电子；(2)它具有高还原能力，在 pH=14 时，与标准氢电极(SHE)相比，还原电位为 1.24V，在 pH=0 时，还原电位降至 0.48V；(3)它可以在任何 pH 值下还原水性或非水性介质中的金属盐。结构导向剂也可用于硼氢化钠还原体系中，主要用于控制颗粒的大小以及修改表面电荷，从而获得目标包覆层。

硼氢化物还原的基本化学可以用硼氢化物与金属离子之间的电子转移来解释。根据介质的 pH 值，硼氢化物的还原机理不同。在 pH<9.24 时，与其他阴离子形式相比，BO_3^-更稳定。半电池反应和还原电位(E)可以写成：

$$BH_4^- + 3H_2O \longrightarrow H_3BO_3 + 7H^+ + 8e^-$$

$$E = -0.481 - 0.0517pH$$

还原电位取决于 pH(<9.42)，金属离子被还原为金属并生成氢气。二价金属离子被硼氢化物还原的一般化学反应可以写成：

$$BH_4^- + 4M^{2+} + 3H_2O \longrightarrow H_3BO_3 + 4M + 7H^+$$

然而，整个反应是硼氢化物还原和水解的组合，这又取决于反应条件、反应物浓度、混合效率和反应动力学。最后，总反应可以表示为：

$$BH_4^- + xM^{2+} + 3H_2O \longrightarrow H_3BO_3 + xM + (4-x)H_2 + (2x-1)H^+$$

例如，通过硼氢化钠还原氯化铁来合成铁金属可以写成：

$$3BH_4^- + 4Fe^{3+} + 9H_2O \longrightarrow 2H_2BO^{3-} + 4Fe + 6H_2 + 12H^+$$

在 pH>9.42 时，$B(OH)_4^-$更稳定，因此反应变为：

$$BH_4^- + 8OH^- \longrightarrow B(OH)_4^- + 4H_2O + 8e^-$$

$$E = -0.413 - 0.0591pH$$

硼氢化物离子还会按照以下反应进行酸催化水解：

$$BH_4^- + H^+ + 3H_2O \longrightarrow H_3BO_3 + 4H_2$$

最后，在酸性或碱性介质中，硼氢化物离子将电子释放到介质中，并在相应的 pH 值下转变为更稳定的化合物。金属离子在介质中还原为金属取决于还原电位。

2.1.1.2 通过联氨还原

肼是用金属盐合成金属纳米颗粒的另一种常见还原剂，它的还原性比硼氢化物弱。在酸性介质中为，肼离子（$N_2H_5^+$）的标准还原电位为-0.23V（$N_2+5H^++4e^- \longrightarrow N_2H_5^+$），而在碱性介质中为-1.23V（$N_2H_4+4OH^- \longrightarrow N_2+4H_2O+4e^-$）。因此，肼用于合成比肼具有更高还原电位的金属。由于金属的标准还原电位通常在-1V 到任何更高的正值之间变化，所以肼主要用于碱性介质，且肼的最大还原效率在 pH>11 时。例如，Ni^{2+} 和 $Ni(OH)_2$ 的标准还原电位分别为-0.257V 和-0.72V，这两种电位都大于碱性介质中联氨的标准还原电位。通过肼将镍盐还原为镍金属的整体反应可以写成：

$$2Ni^{2+} + N_2H_4 + 4OH^- \longrightarrow 2Ni + N_2 + 4H_2O$$

肼常用于合成镍、银、铜和铂等金属以及钯/铂和铂/钌等双金属化合物。使用肼的主要优点是，其还原能力依赖 pH 值和温度，这使得肼的还原速率更容易控制。

2.1.1.3 电化学置换法

除了更常见的还原技术外，还可以使用电化学置换法合成金属颗粒。与传统的还原技术相比，这是一种先进的工艺。在该方法中，最初使用合适的还原试剂通过普通还原过程合成核心材料。然后将金属盐添加到溶液中，无需任何额外的还原剂。当金属盐与核心表面接触时，会直接被金属核心表面的原子还原并沉积在其表面。结果，金属核心部分被氧化成金属盐，并通过壳层扩散到本体溶液中。然后，在两种金属之间相互匹配的氧化还原电位下，类似与原电池的氧化还原反应可以自发进行[图 2-1(a)]。与常规还原相比，这种技术有一些优点，例如：(1)核壳形成过程不需要常规还原剂；(2)壳层形成是自发的，不需要任何单独的反应；(3)可以避免壳层金属的自成核；(4)可以防止壳层的不均匀生长。

然而，这种方法具有很大的局限性，主要是因为核心材料的标准电极电势一定要低于壳层材料，只有两种相互匹配的金属才能使用这种方法。这种方法已被有效地用于合成双金属核壳结构，主要包括 Ni@Au、Co@Pt、Ni@Ag、Co@Au、Co@Pd、Co@Cu 和 Ag@Au。当然也可以通过去合金化[图 2-1(b)]和反应气氛选择[图 2-1(c)]来诱导电化学置换法合成核壳结构双金属。

形成双金属 Ni@Au 核壳颗粒的电化学置换法的反应机理可以写成：

核心形成：$Ni^{2+} + 2e^- \longrightarrow Ni$

外壳形成：$3Ni + 2AuCl_4^- \longrightarrow 3Ni^{2+} + 2Au + 8Cl^-$

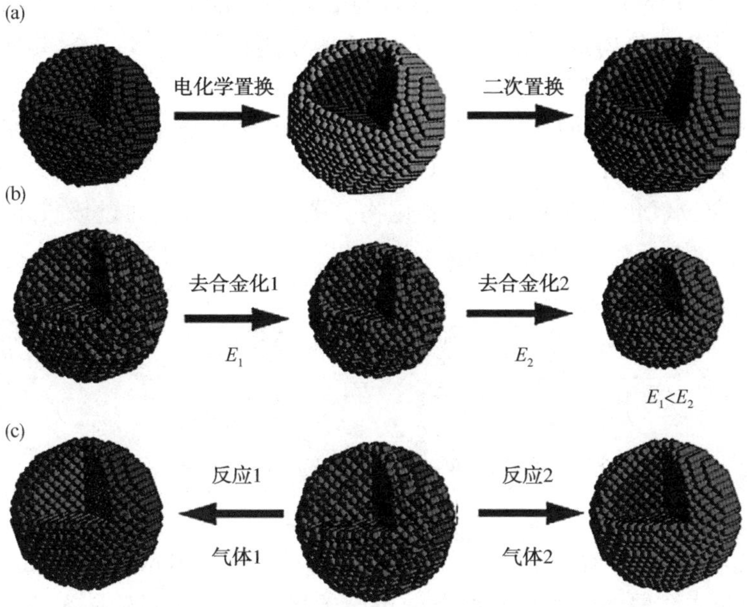

图 2-1　电化学置换法合成双金属核壳结构

(a)两种金属匹配的情况下直接发生电化学置换反应；(b)电化学去合金化；

(c)气体选择驱动过程，gas=CO、NO、O_2 或 H_2

2.1.1.4　有机金属化合物的热分解

有机金属化合物的高温热分解是合成金属纳米颗粒的另一种合适方法，尤其是对于核心颗粒的合成。该方法中，在非水介质中，在没有水和氧气的情况下，在表面活性剂存在下，有机金属化合物在高温下分解为金属。表面活性剂起分散剂的作用，可以控制颗粒大小。这种方法的一个简单例子是利用八羰基二钴络合物合成钴。在表面活性剂分子存在下，$Co_2(CO)_8$在 500℃下即可分解为金属钴。有机表面活性剂分子起到分散剂和稳定剂的作用。钴颗粒表面吸附的表面活性剂可以通过使用无水甲醇连续清洗来去除。新合成的钴金属对氧化反应强烈，因此应避免接触空气或水。否则，钴的表面层将被氧化为氧化钴。$Co_2(CO)_8$在 500℃下的热分解可以用化学计量法表示为：

$$Co_2(CO)_8 \longrightarrow 2Co+8CO$$

金属羰基化合物毒性大，价格相对较高。因此，为了改进该方法，用另一种有机金属前驱体，例如 $Co(\eta_3-C_8H_{13})(\eta_4-C_8H_{12})$，[双(水杨醛)钴(II)]油胺络合物，取代八碳二羰基钴。通过使用另一种金属的有机金属前驱体的热分解方法，例如来自草酸铜的铜、[双(水杨酰亚胺)铜(II)][$Cu(Sal)_2$]、来自醋酸金的金[$Au(OCOCH_3)_3$]和来自醋酸镍的镍[$Ni(OCOCH_3)_2 4H_2O$]都已被合成。

在稳定剂存在下，颗粒形成的机理与八羰基二钴络合物分解相同。然而，使用另一种有机络合物的主要优点是，该过程需要较低的温度（与金属羰基络合物~500℃相比）。分离金属后，需要用无水酒精多次清洗，以去除稳定剂，然后再包覆所需的外壳层材料。

该技术更适用于从同一金属化合物合成金属@金属氧化物核壳结构纳米颗粒。其在合成壳层时不需要额外的步骤。从核心表面去除稳定剂后，表面原子可被空气直接原位氧化为相应的金属氧化物。图 2-2 给出了通过该技术形成 Cu@Cu_2O 核壳结构纳米颗粒的示意图。

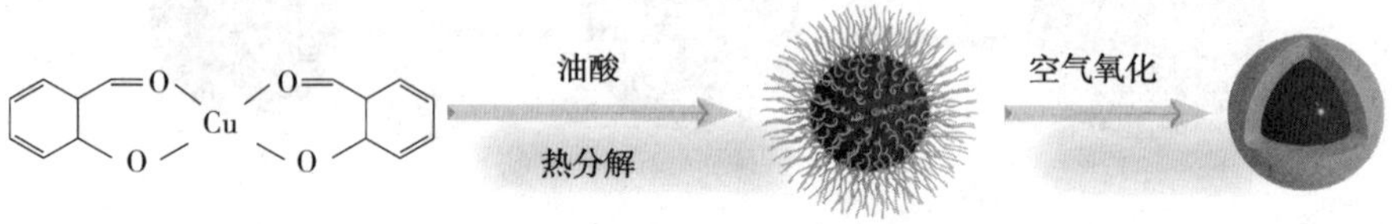

图 2-2　通过有机金属化合物的热分解合成 Cu@Cu_2O 核壳结构纳米颗粒的示意图

2.1.1.5　电爆法

与前面提到的所有其他方法相比，通过电爆法（Wire Electrical Explosion, WEE）技术合成金属纳米颗粒遵循完全不同的机制。这种方法是在高压密闭室及惰性气体气氛保护下，在一根细导线施加高电压。当高电流密度的强脉冲电流通过导线时，导线过热并迅速蒸发，突然爆炸，在封闭的腔室中形成金属纳米颗粒。在这个过程中，爆炸所需的时间短至几十微秒。这种方法通常不用于一般的工业用途，因为它不仅非常昂贵，而且不具备普适性，只能用于导电性良好且容易制备成细线的金属。金属纳米颗粒形成后，应小心收集颗粒并保存在密闭容器中，以防止被空气氧化。根据现有报道，该方法仅用于合成镍、铝和铜等金属及铜@锌或钛@镍，以及马氏体不锈钢（合金成分为 72.1%铁、18.7%铬、6.7%镍、1.4%锰、0.8%硅和 0.03%碳）等核壳结构的合金。

根据 Fu 等人的研究，在压力为 0.25MPa 的密闭室中，在直径为 0.33mm、长度为 7.5cm 的镍丝上施加 34kV 的直流电压，电流密度为 107A/cm^2，可通过电爆法合成镍纳米颗粒。但这项技术也存在一些问题。颗粒形成后，必须小心地储存在密闭容器或无水溶剂中，以防止表面氧化。这项技术也可用于合成双金属核壳颗粒或形成金属合金颗粒。就双金属核壳结构纳米颗粒合成而言，只有饱和蒸汽压差较大的两种金属才有可能成功。在这种情况下，饱和蒸汽压较低的颗粒将形成核心，另一种金属在核心材料完全成核后形成外壳。核心颗粒也可以用于后续的实验步骤中进行包覆。

2.1.2　氧化物（金属和类金属）纳米颗粒的合成

金属或类金属氧化物是核壳结构所用的另一类非常重要的化合物。根据转化方式的不同，金属氧化物的合成可分为两类：气相-固相转化合成和液相-固相转化合成。在气相-固相转化合成中，化学气相沉积(Chemical Vapor Deposition，CVD)和脉冲激光沉积(Pulsed Laser Deposition，PLD)是最常用的技术。一般来说，液相-固相转化是金属氧化物合成中常见的模式，无论是用作合成核心还是壳层，都比气相-固相转化更常见。在不同的液相-固相转化方法中，溶胶-凝胶和共沉淀技术是合成这些金属或类金属氧化物纳米颗粒非常实用的方法。最早采用溶胶-凝胶法合成的纳米颗粒是硅和钛的氧化物。共沉淀合成技术则可以用于合成几乎所有类型的氧化物，尤其是碱性 pH 下可产生氢氧化物沉淀的金属。除这两种方法外，还有其他形成金属氧化物的方法，下面将逐一讨论这些方法。

2.1.2.1 溶胶-凝胶法

溶胶-凝胶法是一种湿法化学合成技术，广泛应用于与纳米材料相关的研究，尤其是金属氧化物纳米颗粒的合成。人们对溶胶-凝胶方法的研究可以追溯到 19 世纪 80 年代中期。Werner · Steber(斯特伯)1968 年对这种方法进行了改进。20 世纪 90 年代，关于这一方法的研究开始暴增，截至 2000 年，全世界发表了超过 35000 篇关于溶胶-凝胶法合成纳米颗粒的文章。不同的研究小组使用改进的溶胶-凝胶方法合成了各种的金属氧化物。溶胶-凝胶过程主要分为三种不同的方法：(1)胶体粉末溶液的凝胶化；(2)金属醇盐或金属盐前驱体水解和缩聚，转变为超临界干燥凝胶；(3)金属醇盐前驱体的水解和缩聚，然后在环境气氛下老化和干燥。最后一种方法通常用于合成金属氧化物。这三种方法可分为七个步骤，如下所述：

第一步：混合。对于第一种方法，胶体粉末或溶胶的悬浮液是由胶体颗粒在适当 pH 值下在水中机械混合而成，无须任何沉淀。对于其他两种方法，使用金属醇盐或金属盐作为前驱体，在水的作用下水解形成水合金属氢氧化物，随后进行冷凝形成氧桥(-M-O-M-)。当一个区域内形成足够多的 M-O-M 键时，它们会协同反应，形成胶体颗粒或溶胶。颗粒的大小取决于介质的 pH 值以及水与金属醇盐或金属盐的比例。

水解：$M(OR)_n + nH_2O \longrightarrow M(OH)_n + nROH$

冷凝：$M(OH)_n + M(OH)_n \longrightarrow (OH)_{n-1}-M-O-M-(OH)_{n-1} + H_2O$

第二步：成型。由于溶胶是一种低黏度液体，因此可以将其浇铸到模具中形成各种模型。

第三步：凝胶化。随着时间的推移，胶体颗粒和凝聚态物质连接在一起，黏度增加，形成一个的三维网络，最终转变为固体。

第四步：凝胶的老化。包括将铸体保持一段时间，完全缩聚、脱水、粗化和相变。

第五步：烘干。在干燥过程中，将液体从孔隙网络中去除。

第六步：脱水或化学稳定。在这一步中，表面金属氢键被去除，材料被转化为光学透明和良好机械强度的多孔固体。

第七步；致密化。脱水后，固体材料在高温下加热，通过降低内部孔隙度来增加密度。

在第一步中，金属或类金属醇盐或盐的水解速率受一些物理参数的影响，例如 pH、取代基、溶剂和水。下面讨论这些参数的影响。

pH 值的影响。醇盐的水解反应在酸性和碱性 pH 条件下都可进行，只是机理不同。在酸性介质中，醇氧基最初被质子化，同时一对单独的水-氧从背面附着到金属上。然而，在碱性介质中，最初是一个羟基先附着在金属上，同时每个取代都会释放一个醇盐基团。在中性 pH 下，水解速率最小，但随着 pH 值的增加或降低，水解速率均会增加。硅物种的冷凝速率也取决于电离的程度，在等电点下最低，并且随着 pH 值的增加变得更快。因此，对于从正硅酸乙酯合成二氧化硅，最好使用更高的 pH 值或基本条件。

取代基的作用。考虑到四烷氧基硅烷的特殊情况，在酸性和碱性介质中，与解离的基团相比，亲核取代反应更易于从中心硅原子背面进行。硅原子的空间效应也是另一个重要因素。通常情况下，由于中心硅原子上的烷基引入了空间位阻，随着烷基链长度的增加和烷基的支化，反应速率降低，因此，亲核（OH^-）很难从背面进攻中心硅原子。此外，在反应过程中，过渡态（TS）Si 是 sp2 杂化，即除解离基团和亲核基团外，所有其他烷基都存在于同一平面中。在这个过程中，也很难获得支链的增加。各个集团的反应速率如下所示：

$$Si(OCH_3)_4>Si(OEt)_4>Si(OnPr)_4>Si(OiPr)_4>Si(OnBu)_4>Si(Ohex)_4$$

反应速率还取决于过渡态络合物的电子稳定性和解离基团的稳定性。硅原子上的电子密度按以下顺序减小：

$$R-Si>RO-Si>HO-Si>Si-O-Si$$

溶剂的影响。由于金属或类金属醇盐可溶于醇但不溶于水，因此通常使用一定量的醇来改善醇盐的溶解性。通常，醇盐配体的共轭醇是最佳选择。随着烷基的变化，例如链长度的增加或醇盐烷基的支化，醇在水中的溶解度降低。相应的金属醇盐的反应活性也会因溶解度降低而降低。因此，一般来说，乙醇是首选溶剂。

水的作用。水也是水解反应中的反应物之一。根据化学计量，一摩尔醇盐完全水解需要四摩尔水。随后，在冷凝过程中也会产生额外的水。在水解步骤中，反应速率随着系统中水浓度的降低而降低，而在存在大量水的情况下，由于反应物的稀释，反应速率降低。因此，为了达到最佳反应速率，选择最佳水醇比（R=[水]/[醇盐]）至关重要。

由于金属氧化物前驱体的高反应性以及水作为配体和溶剂的双重作用，水相溶胶-凝胶化学是一个复杂的过程。在许多情况下，三种类型的反应（水解、缩合和聚集)几乎同时发生，而且这些反应也难以控制，因此实验条件的微小变化都会导致颗粒形态的改变。此外，合成的金属氧化物通常是非晶态的，即使在后续处理过程中增加额外的退火步骤中都很难保持对结晶过程的完全控制。尽管所有这些参数都可以很好地控制以制备大块金属氧化物，但在溶胶-凝胶法合成纳米颗粒时，仍然存在很大的挑战。因此，为了克服这些问题，研究人员正试图将水性体系转变为非水性体系。在非水系统中，将水的作用不断去除，可以最小化水对系统的一些限制。水不仅是金属或类金属氧化物的供氧剂，还会强烈影响颗粒大小、形状、表面和组装性能。在特定情况下，甚至也会影响材料的成分和晶体结构。2007 年，Niederberg 详细解释了非水体系中溶胶-凝胶过程的机理，并通过该技术合成了不同的金属氧化物，如 TiO_2、SiO_2、GeO_2、CeO_2和稀土掺杂的 Al_2O_3。

2.1.2.2 共沉淀

沉淀是一种最常见的反应类，亦可用于制备各种各样的纳米材料。在沉淀反应中，两种或两种以上水溶性盐相互之间发生反应，形成至少一种可以从介质中沉淀出来的不溶性化合物。沉淀化合物的离子积是此类沉淀反应的最重要参数。在这种合成技术中，首先，反应完成后，产物将立即在液相中形成。当产物的浓度超过该化合物在反应介质中的离子积时，将开始形成颗粒。

通过沉淀形成纳米颗粒的机制是三个独立步骤的组合：成核、生长和团聚。然而，可能存在不同类型的反应，例如酸碱沉淀反应和氧化还原沉淀反应。在这个过程中，反应是在液相中发生，但形成的颗粒是固态的；由于这个原因，它也被称为结晶反应。第一步，液相反应，与反应的活化能有关。活化能越低，反应速度越快。反应完成后，成核点(由几个原子组成)在液相中生成。当成核点的大小超过一个临界半径时，由液态转化为固态。当固体颗粒在体相中形成时，产生一个新的固-液界面，其比表面能与其半径的平方成正比。在考虑体系能量时，由于固体的形成，表能量增益与颗粒半径的立方成正比。这两个能量项本质上是相反的。总能量的变化主要是这两种能量的贡献，但也存在其他一些能量因素，如颗粒在介质中的运动、晶体能量中的缺陷和静电贡献，也对系统的总能量有一点贡献。通常，如果颗粒材料的溶解度很低，则成核速度较快；在这种情况下，增长率将由总体反应率控制。在生长过程中，反应物从体相扩散到界面后形成成核点。最终，生长速率取决于反应速率或分子从体相到表面的扩散，以较慢者为准。最后一步是凝聚。在这里，由于 Oswald 熟化，小尺寸颗粒被转化为更大尺寸，固-液界面面积减少，整个体系的总能量降低。

共沉淀反应也可以用于制备核壳结构纳米颗粒，如 Fe_3O_4@TiO_2。Fe_3O_4的合成使用水合氯化亚铁($FeCl_2 \cdot 4H_2O$)或三氯化铁($FeCl_3 \cdot 6H_2O$)，对于 TiO_2的合成反应物采用 $Ti(SO_4)_2$。可使用 $NH_3 \cdot H_2O$ 作为氧化铁的沉淀剂，其化学反应可以写成：

$$Fe^{2+}+2OH^- \longrightarrow Fe(OH)_2$$

$$Fe^{3+}+3OH^- \longrightarrow Fe(OH)_3$$

$$Fe(OH)_2+Fe(OH)_3 \longrightarrow Fe_3O_4+4H_2O$$

其总反应方程式可以写成：

$$Fe^{2+}+2Fe^{3+}+8OH^- \longrightarrow Fe_3O_4+4H_2O$$

在完全形成 Fe_3O_4核心后，在同一溶液中，继续添加 $Ti(SO_4)_2$和尿素以形成 TiO_2。尿素不与 $Ti(SO_4)_2$反应，它先分解成氨，再与 $Ti(SO_4)_2$反应形成 TiO_2。反应通过以下机制进行：

$$CO(NH_2)_2+3H_2O \longrightarrow CO_2+2NH_3 \cdot H_2O$$

$$Ti(SO_4)_2+4NH_3 \longrightarrow H_2O \cdot Ti(OH)_4+2(NH_4)_2SO_4$$

$$Ti(OH)_4 \longrightarrow TiO_2+H_2O$$

2.1.2.3 热分解

热分解是另一种利用金属络合物的分解以形成金属氧化物的技术，也被称为热解。该方法主要用于在空气或氧气存在下合成可作为核心粒子的金属氧化物。热分解反应在性质上通常是吸热的。因为这种方法只适用于稳定的金属配合物，所以更常用于合成过渡金属氧化物。一般来说，由于过渡金属氧化物价轨道中存在一个空的 d 轨道，可以和给电子配体之间形成二次配位键，从而更容易形成稳定的金属配合物。

在此过程中，首先使用表面活性剂溶液来稳定金属盐，然后将表面稳定的金属盐与具有高分子量的有机化合物混合，缓慢地形成有机金属配合物。最后，在高温有氧环境下，在疏水性溶剂中，利用热分解有机金属络合物以形成金属氧化物。完全分解后，通过离心分离反应颗粒，然后再用合适的溶剂清洗。该方法已成功用于从[双(2-羟基苯乙酮)锌(Ⅱ)]或[双(乙酰丙酮)锌(Ⅱ)]油胺络合物来合成 ZnO。

2.1.3 金属盐和金属硫系纳米颗粒的合成

除了金属或金属氧化物外，无机纳米材料如金属盐和硫系化合物，也是一类具有新功能的化合物，已被广泛用于不同的工业应用。特别是过渡金属的硫系(硫化物)盐，如锌、镉或汞，作为半导体材料已被广泛用于电子工业中。稀土金属盐也因其活性荧光特性被大量用于生物成像。这类纳米颗粒通常是通过沉淀反应合成的。目前合成了不同的稀土金属化合物，如 $LaPO_4$、LaF_3和 β-$NaYF_4$，分别作为纳米颗粒的核心或壳层。反应技术与常规沉淀过程相同，但需要持续搅拌和高温。在某些情况下，反应还需要惰性气氛保护。

硫化物半导体也是主要通过共沉淀技术合成的化合物。在半导体组中，化合物主要是硫化物、卤化物或过渡金属的氧化物，合成这些化合物最常用的方法是在良好搅拌条件下，在合适的封端剂存在下，金属盐和相应的反离子之间的缓慢沉淀反应。通过沉淀反应形成半导体核壳结构纳米颗粒的一些常见例子是 CdS@CdSe、CdS@ZnS、Mn 掺杂的 CdS、CdS@PbS、ZnS@CdSe 和 FePt@CdS。$CaCO_3$ 是另一种常见的金属盐，也是通过沉淀过程合成的，一般用作核心材料。该过程的基本机理与沉淀反应合成金属氧化物的机理相同。

“连续离子层吸附和反应”(Continuous Ion Layer Adsorption and Reaction, SILAR)技术是另一种合成金属盐(尤其是半导体材料)的常用方法。基于 Ristov 等人首次提出的理论，该技术可以对颗粒生长实现更好的控制。后来在 1985 年，Nicolau 将该技术命名为连续离子层吸附方法。通常情况下，核心粒子是通过常规沉淀法合成的，而壳层材料是通过连续离子层吸附合成的，以实现半导体材料更好的光致发光性能。

另一方面，构造氧化硅辅助壳层的目的主要有三个。首先，它可以防止壳层材料的独立成核，内核被外壳层材料完全覆盖，很少形成单独的外壳层材料纳米晶体。其次，反应物的缓慢添加使整个反应时间内前驱体在介质中保持较低的浓度，有利于各向同性和均匀生长。这反过来导致球形半导体量子点和对称光致发光光谱的形成。最后，在替代壳层材料(过渡金属盐和其他前驱体)的沉积之间进行调节，使一种材料有足够的时间反应，从而使壳层的化学成分、结构改进、表面形态以及光学和电学性质不会偏向于核或其他壳层材料。

2.2 有机纳米材料的合成

大多数有机纳米材料属于聚合物。聚合是形成有机核、壳结构最常用的技术方法。在聚合过程中，单体分子在引发剂和合适的反应条件下不断地结合成三维网络。因此，根据反应中的相变，聚合过程也可分为以下四类：本体聚合、溶液聚合、悬浮聚合和乳液聚合。

通常，可使用乳液聚合单独合成有机聚合物核心，然后作为模板直接添加到下一步的反应介质中，用于随后的核壳结构纳米颗粒合成。聚合物外壳在有机或无机核心上通常是以原位的方式形成包覆层。为了顺利形成外壳包覆层，通常也可以通过聚电解质对有机核心或表面改性剂(表面活性剂)对无机核进行表面改性。然后通过本体聚合或溶液聚合在核心表面进行原位聚合。目前有许多关于聚合物纳米颗粒作为核、壳使用的研究。在无机颗粒上构建亲水性聚合物包覆层可以提高这些无机颗粒的稳定性和生物相容性。在其聚合过程中需使用合适的亲水性引发剂；同时，引发剂也可以用作表面改性剂。对于不同的聚合过程，也可以使用亲水性无机化合物或疏水性化合物作为引发剂。Dresco 等人讨论了微乳液法中使用无机（$K_2S_2O_8$）和有机［2，2′-偶氮双（异丁腈）］引发剂合成磁铁矿核（Fe_3O_4）@亲水性聚合物包覆层之间的差异。除了化学引发剂外，合理选择光波长也可作为光引发剂合成有机聚合物。

对于水介质中的有机核壳的合成，本体聚合是一种更常见的方法。在这种方法中，单体和聚合物都存在于液相中。这种方法的主要缺点是分子量和黏度逐渐增加，反应仅在高温液相中进行。溶液聚合是另一种常见的聚合技术。这种方法的缺点是需要去除溶剂以分离纯固体聚合物。在悬浮聚合中，单体可溶于介质，反应发生在悬浮液滴内。在持续剧烈搅拌下，使用保护剂将液滴保持在悬浮状态。在乳液聚合中，聚合单体分散在含有表面活性剂(按重量计通常为10%~12%)的水中形成乳液。目前，这是一种广泛用于工业目的技术方法。这种方法的主要优点是，它可以形成稳定的悬浮液，不需要连续搅拌。与溶液聚合或悬浮聚合工艺相比，传热效率非常高，黏度变化也很低。但是乳液聚合中最重要的条件是在合适的乳化剂存在下形成稳定的单体-水混合物乳液。这种方法的缺点是产物中存在表面活性剂，很难完全去除。然而，这种方法在有机核或壳的合成中使用的最为广泛。

根据机理，聚合反应可进一步分为两类：加成反应和分步聚合反应。下面简要介绍这些机制。

2.2.1 加成聚合

加成聚合具有链式反应的特点。加成聚合是通过在链式反应中连续添加大量单体分子，从而使活性物质在很短的时间内不断发生反应。该反应起源于引发剂的反应，引发剂可以是自由基、阳离子或阴离子。根据引发剂的不同，加成聚合本身也可分为三类：自由基聚合、阳离子聚合和、阴离子聚合。

2.2.2 分步聚合

分步聚合是一种众所周知的方法。在这种反应里，聚合通过聚合单体官能团之间的反应进行。反应是逐步进行的，因此是一个缓慢的聚合过程，比加成聚合过程需要更多的时间。分步聚合反应通常伴随着小分子的消除。对于这种聚合反应，已知的有机官能团反应包括：缩合反应、加成反应、开环反应、酰胺化反应和最后的酯交换反应。这些类型的反应主要遵循本体聚合法。双官能团单体之间的分步聚合反应可以写成：

$$x\text{HO-R-OH}+x\text{HOCO-R}'\text{-COOH} \longrightarrow \text{HO[R-OCO-R}'\text{-COO-]}_x\text{H}+(2x-1)\text{H}_2\text{O}$$

在不同的分步聚合反应中，缩聚反应是应用最广泛的方法；反应的混合物中会产生大量的水分子。该技术可用于有机@有机“智能”核壳纳米颗粒的合成。

2.3 多孔壳体的包覆工艺

通过亲水性二氧化硅或碳层保护的磁铁矿颗粒可以作为理想的磁性组分，进一步用于不同的功能材料系统。此外，二氧化硅或碳质外壳表面存在大量的官能团(例如-OH 和-CHO)可表现出纳米颗粒所需的亲水性和还原性，这些官能团通过精细控制界面能和自组装过程，对于设计良好的界面系统非常有用。

2.3.1 多孔二氧化硅壳层

Stöber 法是制备单分散二氧化硅胶体微球的有效途径，该方法通过二氧化硅的反应物(如正硅酸乙酯，TEOS)在碱性醇-水溶液中水解和缩合，从而形成均匀的二氧化硅包覆层。通过选择性地沉积一层致密的二氧化硅，可被用于在各种功能性颗粒上生成二氧化硅壳层构建核壳结构。当利用两亲性分子(例如十八烷基三甲基硅烷 $C_{18}TMS$、十六烷基三甲基溴化铵 CTAB 或十六烷基三甲基氯化铵 CTAC)作为结构导向剂实施这种改进的 Stöber 包覆过程时，可获得具有高度多孔硅壳的核壳颗粒，其特殊的功能相对于无孔对应物更具吸引力。有了这个概念，研究人员以 CTAC 为模板，成功合成了磁铁矿@介孔二氧化硅纳米颗粒。这种合成过程与无孔“Stöber”二氧化硅胶体球的合成非常相似，唯一的区别是添加 CTAC 表面活性剂作为造孔的模板剂。这些包覆层中介孔的平均孔径为~2.5nm，比表面积明显增加。Shi 的研究小组报告了一种控制良好的两步界面沉积方法，以制备具有磁性核@介孔二氧化硅核壳结构的磁性微球。在这一研究中，TEOS 和 $C_{18}TMS$ 同时进行溶胶-凝胶聚合，然后去除有机基团，形成介孔二氧化硅壳，构造出蠕虫状的介孔结构。对核壳介孔材料进行进一步的水热处理，可在核和介孔二氧化硅壳之间形成空腔，从而形成蛋黄壳结构。在上述中试研究中，无论是否使用表面活性剂作为模板，合成的介孔或无孔二氧化硅壳层厚度均可控制在 50~100nm。具有有序介孔结构和可控厚度的介孔壳的合成策略是非常理想的方法。

为了构建有序的介孔壳层，通常需要使用特定的表面活性剂作为模板(致孔剂)。2008 年，Zhao 等人首次合成了三明治核壳结构的介孔二氧化硅微球(~直径为 500nm)，这种三明治核壳结构分别具有无孔二氧化硅包覆层和有序介孔二氧化硅包覆层[图 2-3(a)~(c)]。通过类似“Stöber”的包覆方法，使用 CTAB 作为模板，孔结构具有垂直定向的孔道。这些微球具有超顺磁性、高磁化强度(~53.3emu/g)、高比表面积(~365m^2/g)和大孔隙体积(~0.29cm^3/g)。这种独特的孔取向归因于表面活性剂/硅质低聚物复合物与预制胶体颗粒的优先组装，这有助于降低系统中的界面能。在包覆层过程中，表面活性剂阳离子首先吸附在磁性核心@二氧化硅纳米颗粒带负电的表面上，并在该表面形成球形 CTAB 胶束。然后正硅酸乙酯分子在碱性溶液中缓慢水解，产生带负电的低聚硅酸盐物种，这些物种随后通过静电作用接近并沉积在球形胶束和二氧化硅壳层表面之间的接合处。在低浓度下，这些游离硅酸盐物种优先沉积在客体基底上，这可以屏蔽相邻头部基团之间的胶束内静电排斥。同时，乙醇在 CTAB 胶束中的扩散减少了烷基尾的相互作用，从而增加了胶束的疏水体积并降低了其曲率。此外，氨的存在促进了相邻 CTAB 胶束和硅酸盐低聚物之间氢键的形成，从而促进了平行的中间通道的形成，降低了胶束的弯曲能。因此，表面活性剂/硅质复合材料经历了从球形胶束到圆柱形胶束的结构转变，最终在二氧化硅保护的磁芯表面形成了垂直排列的介观结构壳。以前基于电子显微镜技术、电子结晶学和蒙特卡罗模拟的文献也表明，这种优先排列是由于二氧化硅/表面活性剂相和乙醇/水溶液之间的界面对极性和非极性物种具有同等吸引作用，这可能导致表面活性剂中间相垂直排列。

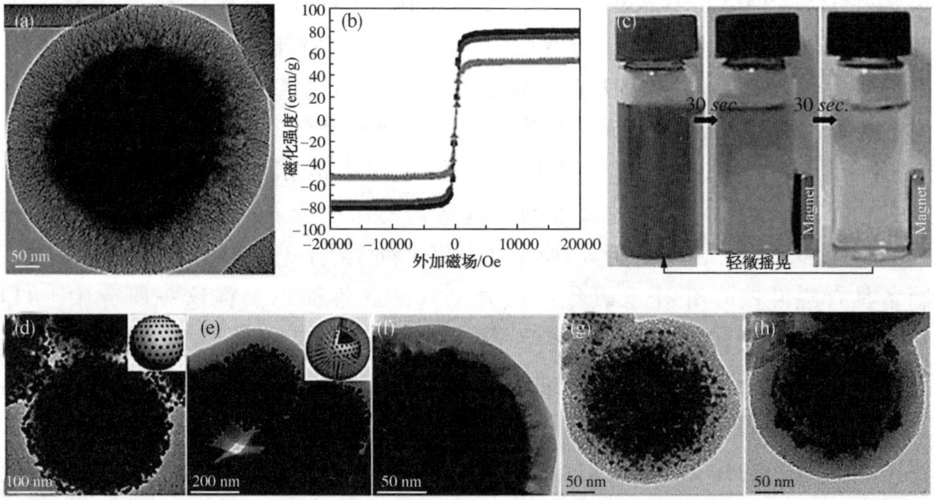

图 2-3　(a) FeMP@ SiO_2@多孔 SiO_2磁性介孔二氧化硅核壳结构的 TEM 图像，壳体内具有垂直定向的中孔通道；(b) FeMP、FeMP@ SiO_2、FeMP@ SiO_2@多孔 SiO_2颗粒的磁滞回线；(c)磁性颗粒的分离再分散过程；(d)～(h) FeMP@ Si@金复合微球和由 Au(e)、Ag(f)、Pd(g)或 Pt(h)等金属纳米颗粒功能化的磁性核壳结构颗粒的 TEM 图像

由于表面亲水性官能团的存在，二氧化硅包覆的磁性铁基核(FeMP@ SiO_2)颗粒可以进一步功能化[图 2-3(d)～(h)]。通过-OH 的亲水基团与 3-氨基丙基三乙基硅烷(Aminopropyl Triethylsilane，APTS)之间的反应，用另一个基团对这些二氧化硅保护的磁铁矿颗粒进行表面改性，在表面生成丰富的氨基，形成 FeMP@ SiO_2-NH_2微球。-NH_2的配位能力可增强纳米颗粒与贵金属物种的相互作用和

亲和力。由于这一简单的改性，通过柠檬酸盐还原 $HAuCl_4$ 在水溶液中制备的具有均匀粒径的带负电的金纳米颗粒(12nm)可以简单地沉积在纳米颗粒表面，形成 FeMP@ SiO_2-纳米金[图 2-3(d)]。通过最终的 CTAB 组装溶胶-凝胶包覆方法，可以在垂直排列的介孔 SiO_2 壳层和无孔 SiO_2 层(以如下方式获得)之间引入了金纳米颗粒，构建 FeMP@ SiO_2@ Au@ PorousSiO_2 纳米颗粒，实现功能化。在另一种方法中，不预先合成贵金属纳米颗粒，通过正丁胺原位还原 $AgNO_3$，将银纳米颗粒直接沉积在磁性微球上。随后，通过相同的 CTAB 组装溶胶-凝胶包覆法，制备出均匀的介孔二氧化硅包覆层，形成具有二维六边形对称性孔结构的包覆层，最终得到 FeMP@ SiO_2@ Au@ PorousSiO_2 功能化纳米颗粒[图 2-3(f)]。

2.3.2 沸石壳层

具有微孔结构的沸石是一种具有开放铝硅酸盐框架的无机材料，由于其低毒、良好的催化性能、易于功能化官能化以及高分散性，已广泛应用于气体分离和石油化工催化等工业过程以及生物应用相关领域。然而，与合成有序介孔硅不同，沸石的合成通常需要使用温度较高的水热法合成。加之在纳米材料上形成结构连续的沸石晶体壳层几乎无法是无法控制的反应过程，因此合成具有沸石壳层的核壳结构仍然是一个巨大的挑战。

通过将溶胶-凝胶法和蒸气相传输法(Vapor Phase Transport，VPT)有效地结合起来，可在无定形二氧化硅@ 磁铁矿纳米颗粒表面上合成沸石纳米晶的包覆层，实现具有均匀可变直径的核壳结构磁性沸石微球的成功合成[FeMP@ SiO_2，图 2-4(a)]。在合成过程中，先采用二氧化硅包覆磁铁矿颗粒形成 FeMP@ SiO_2 核壳结构，以防止水热过程对磁性核心的侵蚀。更重要的是，这种外壳可以作为沸石晶体生长的硅源。然后，用聚二烯丙基二甲基氯化铵(Poly Dimethyl Diallyl Ammonium Chloride，PDDA)修饰表面后，通过液-固界面之间的库仑相互作用，将沸石(硅分子筛-1)的纳米颗粒吸附在这种的二氧化硅壳上[图 2-4(c)]。然后，在 140℃条件下，在胺蒸汽中对所得微球进行蒸气相传输法处理。固相中的非晶态二氧化硅在与气相中的胺接触时逐渐转变为沸石晶体，最终形成核壳结构磁性沸石微球[FeMP@ SiO_2@ 沸石，图 2-4(b)和(d)]。

将溶胶-凝胶法与蒸气相传输法工艺相结合，可有效地防止沸石晶体快速成核和过度生长，从而形成了连续的结晶壳层。该微球对胰蛋白酶亲和力高，在水中分散性好，微波吸收能力强。结果表明，这些具有沸石分子筛壳层的微球在微波辅助下仅需几分钟就可实现蛋白质高效且快速的消化。然而，这些磁性微球的外壳由许多微小的沸石纳米颗粒组成，如果引入苛刻的催化条件或严重的颗粒碰撞，这些壳层中纳米颗粒之间的结合还是很脆弱的。未来的材料设计必须更多地关注核心和外壳之间的亲和力，以及沸石外壳的均匀性和完整性。最好的方式是构筑单晶结构的沸石包覆层。

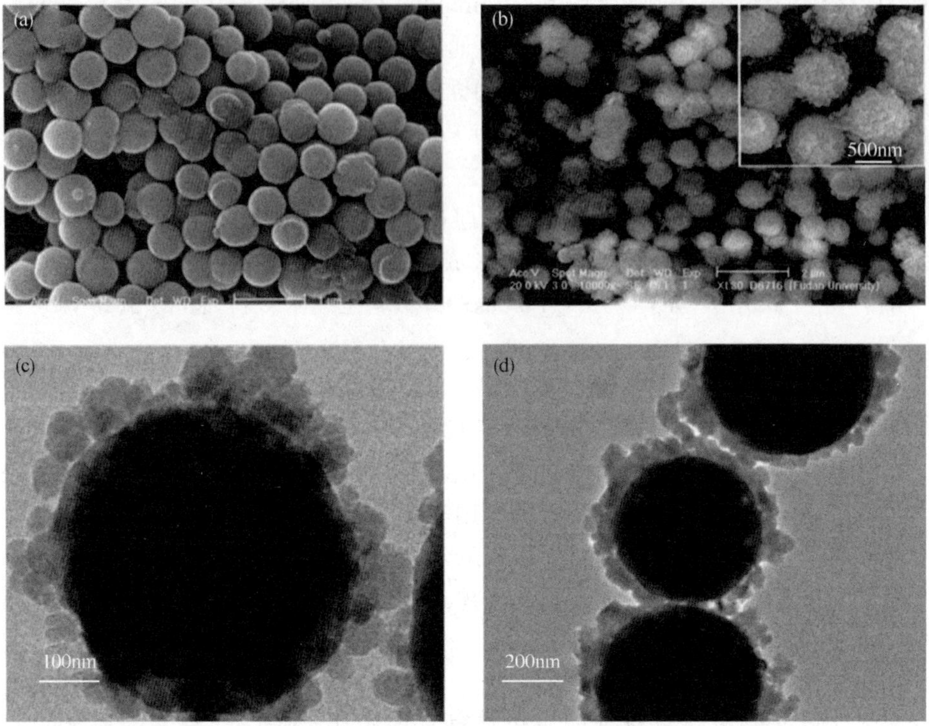

图 2-4 (a)和(b)FeMP@ SiO_2@ 沸石核壳结构微球的 SEM 图像：(a)FeMP@ SiO_2(b)磁性沸石微球 FeMP@ SiO_2@ 沸石；(c)和(d)TEM 电镜图像：VPT 处理前(c)和后(d)的微球

2.3.3 介孔二氧化钛壳层

TiO_2是研究最广泛的功能性金属氧化物之一，因为它具有许多特性，包括良好的化学和热稳定性、优异的电子和光学性能等。成功合成核心@ TiO_2纳米核壳结构对于磁性材料的应用拓展具有重要意义。最近，Lan 等人报道了一种单胶束受限界面组装方法，用于在不同材料的表面上构筑具有单层有序介孔的锐钛矿型 TiO_2，从而打开了涂覆有序介孔晶体材料的区域。该材料具有源自自组装表面活性剂的介孔，而不是累积的纳米晶体。这种简便的方法依赖于甘油在组装过程中的溶剂限制效应，以及通过双溶剂前驱体的选择性蒸发形成单分子凝胶。这种组装过程具有量化的可控性和很好的普适性(图 2-5)，可更为精确地调节 TiO_2包覆层的厚度、介孔尺寸。这种介孔 TiO_2壳层的超薄单层介孔，结合其高比表面积和高度结晶性，为其提供了优异电化学储钠性能。

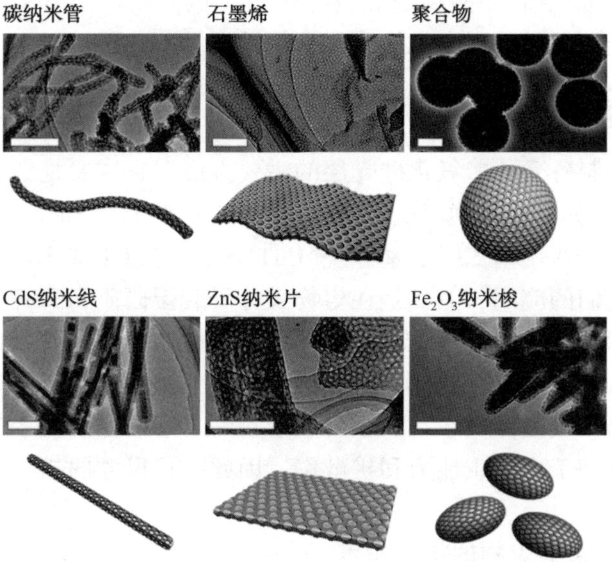

图 2-5　单胶束受限界面组装方法的普适性：可在不同核心材料的表面上构筑介孔二氧化钛壳层

2.3.4　其他有潜力的多孔壳层

通过传统的溶胶-凝胶方法，人们已经为不同的应用合成了各种具有多孔或无孔壳层的核壳结构材料。但硅酸盐和二氧化钛始终是最常作为壳层来进行研究的材料，这主要是因为其前驱体的水解过程易于控制。然而，使用二氧化硅和二氧化钛以外的材料进行多孔壳层包覆方法的探索也一直在进行。不同的功能材料如聚合物、金属有机框架(Metal Organic Framework，MOF)或过渡金属/金属氧化物等作为多孔壳层的研究也受到越来越多的关注，这必将为核壳结构的应用提供更多的机会。与二氧化硅或二氧化钛包覆层不同，必须建立新的合成策略，选择适当的前驱体，对合成过程行为进行良好控制。

聚合物包覆层可以实现纳米材料的有效表面改性，从而增强其化学稳定性，改善其在液体溶液中的分散性，提供具有所需生物相容性和特定亲和力的特定表面功能，或将纳米材料与外部电绝缘。近年来，有机单体的界面聚合已被证明是在纳米材料上制备特定聚合物包覆层的有效方法。Fang 等人开发了一种简单而通用的合成间苯二酚-甲醛(Resorcinol-Formaldehyde，RF)树脂包覆的核壳二氧化硅微球(表示为 SiO_2@RF)的方法。这种包覆方法的主要优点是，仅需减少间苯二酚和甲醛的量，但保持其他合成参数不变，即可精确地将苯二酚-甲醛树脂包覆层的厚度从 3nm 调整到 40nm。此外，通过这种聚合物包覆策略可以构筑具有不同形貌和尺寸的胶体颗粒。例如二氧化硅、Au、Fe_2O_3和 Fe_3O_4颗粒等，均可以用这种介孔苯二酚-甲醛树脂壳进行包覆。他们发现阳离子表面活性剂在间苯二酚甲醛树脂包覆层过程中的作用非常关键。

2.3.5 扩孔技术

软模板法是制备介孔二氧化硅壳层的主要方法。它主要是通过使用阳离子小分子表面活性剂(如CTAB)作为造孔剂，所得孔径小于2.5nm。还使用了其他模板分子，例如正十八烷基三甲氧基硅烷(CnTMS)，可以生成无序的介孔。小的孔径可能会限制它们的应用，尤其是在生物大分子、蛋白质和酶等大型物体的快速吸附、分离或固定化方面。核壳磁性介孔球由磁性核和介孔壳组成，介孔相对较大(至少大于4nm)，由于球形形态在溶液中具有良好的分散性和较短的质量传输扩散距离，被认为是蛋白质水解、吸附和生物医学中酶固定化等生物应用的理想候选，大孔径有利于高承载能力和扩散率。因此，孔尺寸的扩大是开发应用的先决条件。

2.3.5.1 高分子量共聚物的扩孔作用

扩大孔尺寸最直接的方法是使用高分子量共聚物来构造介孔。使用三嵌段共聚物 Pluronic-P123 作为主要模板，微量 CTAB 作为辅助剂，通过简单的辅助模板法，可以在酸性条件下可控合成具有大介孔尺寸和高比表面积的核壳结构超顺磁性介孔二氧化硅微球。因为 P123/硅酸盐物种可以在酸性溶液中质子化，因此不能很好地与磁性材料的表面相互作用。成功的包覆层主要是因为引入了阳离子表面活性剂来辅助模板化过程，其中非离子 Pluronic-P123 有利于形成大的介孔结构胶束，从而形成大的介孔，而阳离子 CTAB 增加了核心固体表面与液相硅酸盐物种之间的亲和力。在包覆层过程中，P123/硅酸盐物种和 FeMP@ SiO_2表面由阳离子 CTAB 辅助，这有助于通过亲水作用将硅酸盐/P123 胶束沉积到磁性核心上。

这种辅助模板法可以很容易地扩大介孔孔径，然而，所获得的介孔具有球形孔道，对于蛋白质等大的物体仍然难以接近。为了满足酶的固定化和贵金属纳米颗粒的负载等各种生物相关应用的要求，开发其他新方法来可控地在磁性粒子上生长具有大的、可变的和易于获得的介孔壳层，具有重要的意义。

2.3.5.2 双液相扩孔法

双液相体系中的剪切辅助界面可以实现软模板胶束的共组装，以合成高度分散的磁性介孔二氧化硅微球。该方法通过 CTAB 模板分子和二氧化硅低聚物在预合成的苯二酚-甲醛树脂包覆磁铁矿颗粒表界面上的共组装，在正己烷/水双液相体系中实现对 FeMP@ RF 的包覆。在这个精心设计的系统中，溶解在正己烷上层相的正硅酸乙酯可以在油水界面水解，并浸入含有氨水、CTAB 和水的底层水相 FeMP@ RF，并与 CTAB 阳离子表面活性剂在核心表面上共组装 FeMP@ RF 微球。

通过改变搅拌速度(170r/min、250r/min 或 500r/min)，在合成的早期阶段改变剪切力强度，可以在 CTAB 胶束的支持下调整正己烷在水中的分布。在此过程中，正己烷应作为油相，通过动态膨胀 CTAB 胶束来扩大胶束尺寸。因此，在去除模板分子后，可以获得 5.0～9.0nm 的大且可调谐的垂直介孔的磁性介孔微球(FeMP@ RF@ LPorousSiO_2)。

核壳结构的优势在于其核壳空间组合，实现协同功能，有利于多个属性整合在一起的应用。由于大量高分子量蛋白质组的干扰，低分子量蛋白质组的测定被认为是一个巨大的挑战。人们对吸附剂的要求十分苛刻，它既能选择性吸附低分子量蛋白质组，又能很好地从蛋白质组分中分离出来。FeMP@ RF@ LPorousSiO_2 微球具有两个重要的协同优点，即用于固定酶的大且可调节的孔径用于蛋白质的选择性消化，以及用于易于检测的磁分离。利用独特的核壳结构、磁选技术和设计的孔径(～9.0nm)，大小为～4.0nm 的蛋白分子被成功地固定在多孔陶瓷的孔壁上 FeMP@ RF@ LPorousSiO_2，承载能力～97g/mg。当使用这种负载胰蛋白酶的多孔颗粒对高分子量蛋白质和肌红蛋白混合物进行蛋白质水解时，检测到大量来自肌红蛋白的肽和少量的高分子量蛋白质肽。这意味着胰蛋白酶固定化颗粒可用于肌红蛋白，而高分子量蛋白质则不可，这表明有效的尺寸可排除蛋白效应。同时，由于磁性的存在，从这些蛋白质中消化的肽很容易用磁铁分离，并通过 MALDI-TOF/TOF 质谱进行检测。此外，胰蛋白酶固定化微球可以通过使用磁铁很容易地回收，并且在使用八次后仍能表现出良好的催化性能。

2.4 碳基核壳结构

碳基核壳(碳基核壳结构纳米颗粒)材料的孔隙率高，反应比表面积大，活性中心高度分散，因此可以在不同孔隙中提供快速的界面传输，减少扩散效应或缩短扩散路径，因此在储能领域中可以发挥非常有效的作用。接下来将系统地概述了碳基核壳结构纳米颗粒复合材料的合成策略和不同结构的重要进展，包括碳@碳核壳纳米结构、碳质核心或碳壳层与金属或金属氧化物(包括空心核壳纳米结构)、碳材料支撑的核壳纳米结构。本书详细分析了三类纳米结构复合材料的相应性能及其在电化学储能方面的最新应用，并专注于如何促进具有先进性能和特殊功能的新型储能结构的设计。

2.4.1 封装与碳化

封装和碳化过程，是制备碳基核壳结构纳米颗粒复合材料的最简单方法之一。碳-金属复合材料被广泛用作碱性溶液中氧还原反应的高效电催化剂。对于酸性溶液中的析氢反应，金属会不断从催化剂表面浸出，这显著降低了其电催化稳定性和活性。一种有效的策略是将金属纳米颗粒封装到碳壳层或纳米管中，这可以抑制金属纳米颗粒在酸性介质中的腐蚀，更重要的是，通过碳的封装可以提高金属纳米颗粒表面的电子转移从而加强催化反应。例如，通过使用金属有机框架作为碳源，将单个金纳米颗粒(50~100nm)封装在嵌入铁锌化合物的多孔碳壳中。这种方法合成的 Au@ Zn-Fe-C 核壳纳米复合材料的尺寸参数非常容易控制[图 2-6(a)]。所开发的制备工艺也可用于三层碳基核壳结构纳米颗粒复合材料的合成。Cao 等人通过一个简单的过程中设计合成了一种新型的 C@ SiO_2复合材料，其具有 C-Si-C 三层核壳结构，其中介孔二氧化硅包裹在碳壳和碳核之间，非常有利于用作高性能的锂离子电池负极材料。通过这种简便的方法，实现了纳米结构可控、高容量的碳基复合材料。同时，Li 等人制造了纳米碳纤维@ 氮掺杂多孔碳复合结构，采用改进的核壳结构高导电碳基体，通过后续的封装硫制备出超高性能的锂硫电池正极材料[图 2-6(b)]。

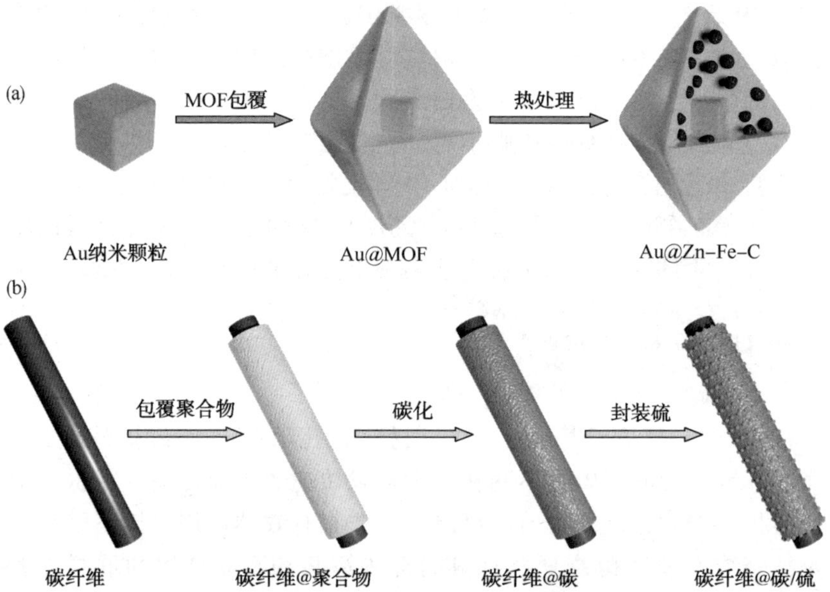

图 2-6　(a) Au@ Zn-Fe-C 核壳纳米结构；(b)套管状碳纤维@ 碳/硫核壳结构复合材料

结果表明，内部的纳米碳纤维不仅为稳定结构提供了牢固的基体，而且还保证了硫复合材料的高导电性。然而，在部分储能装置，尤其是锂硫电池中，封装技术只能减少但不能消除多硫化物的溶解。部分多硫化物仍可能逃离基质。同时，储能装置需要大量的、不同功能的材料，这些材料还需掺杂其他一些杂元素。许多其他的制备方法，如热解法、球磨法、原位控制合成法、静电纺丝法和熔体扩散法等，往往都难以满足这些要求。因此，在实际应用中需要不断寻求以简便的方法制备高容量、稳定循环性能的碳基复合材料。

2.4.2 沉积/沉淀法

沉积沉淀法也常用于制备碳基核壳结构纳米复合材料。通常，这种方法主要包括电沉积(如电化学和电泳沉积)、原子层沉积(Atomic Layer Deposition，ALD)和化学气相沉积(CVD)。高密度、低孔隙率的电沉积层适用于制备纯金属纳米晶膜、合金膜和复合膜等。碳基材料常被用作沉积的载体。例如，从苎麻中提取的一种低成本、环保性的生物碳纤维材料即可被用作超级电容器的柔性骨架和集电器。之后通过两步电沉积，在苎麻衍生碳纤维上均匀地生长了具有核壳结构的MnO_2/聚(3,4-亚乙基二氧噻吩)纳米片，以提高电化学性能。除了柔性碳纤维提供的高效电子传输路径外，聚噻吩层优异的导电性和MnO_2的赝电容活性使复合电极获得了优异的电化学电容性能。此外，聚噻吩包覆层还可以保护MnO_2纳米片免受结构损伤，提高材料的循环稳定性和倍率性能[图 2-7(a)~(b)]。Chen等人通过在$NiCo_2O_4$纳米线阵列上电化学沉积聚吡咯，制备了碳纤维@$NiCo_2O_4$@聚吡咯核壳结构纳米线阵列，其中碳纤维充当其他组分的载体。这种三维核壳纳米结构拥有大比表面积、短的离子扩散路径以及活性材料离子与电解质之间更有效的接触。过电位是电沉积过程中的主要驱动力。另一种电沉积方法是电泳沉积。Li 等人通过电泳沉积合成了空心碳纳米球@Si@Al_2O_3核壳纳米结构复合材料，该复合材料可以作为锂离子电池负极材料使用。在空心碳纳米球表面沉积了非晶态Al_2O_3和 Si 薄层，这种中空结构不仅可以容纳硅负极较大的体积膨胀，而且由于碳纳米球提供的空隙空间的存在，还为其提供了连接一系列碳纳米球的导电膜。此外，Peng 等人通过脉冲纳米电沉积的方法，基于核心壳 Sn-Ni-Cu 制备了一种新型 3D 负极合金@碳材纳米棒，从而实现了对其电化学性能的提高。3D 核壳纳米棒阵列阳极表现出出色的容量保持能力和高充放电率。然而，在电沉积过程中，电压和电流可能不稳定，这导致制备的纳米材料分布不均匀，进而会影响材料最终的性能。

2.4.3 原子层沉积

与传统的化学沉淀类似，原子层沉积(ALD)是一种尖端的制造薄膜技术，可以在基底表面一层一层地覆盖其他材料，在过去十年中，该方法已扩展到能源、催化和生物医学技术等新领域。就其性质而言，原子层沉积使材料的薄膜能够在原子尺度上逐层生长。由于原子层连续沉积，原子层沉积方法的最大优点在于其均匀性和沉积层厚度之间的极好一致性。到目前为止，已经有 16 种金属硫化物材料使用原子层沉积。其中，Elam 的团队最近开发了一种应用于光伏的Cu_2S原子层沉积技术，并证明了其在平面、2D 基板上制备薄膜的可行性。这种合成路线为比一般的化学法可控性更强。然后，他们利用纳米级硫化铜(n-Cu_2S)通过原子层沉积在单壁碳纳米管(Single Wall Carbon Nanotubes，SWCNT)网络上进行沉积，以生产出了SWCNT-n-Cu_2S核壳网络复合材料，这种材料作为锂离子电池负极材料时表现出了超高的性能。通过控制Cu_2S沉积参数，材料的结构参数也是精确可控的，而且核壳两种不同材料之间的接触也非常紧密。Gregorczyk等人通过RuO_2原子层沉积工艺合成了三维核壳多壁碳纳米管(Carbon Nanotubes，CNT)@RuO_2核壳结构。RuO_2因其高离子导电性、结合电子和高质量容量而被认为是一种理想的转化材料。通过原子层沉积工艺控制RuO_2的厚度，可以最大限度地发挥电极的性能。多壁碳纳米管海绵被用作高导电性和高长宽比调控的基板，从而提高了面积容量和可循环性[图2-7(c)~(d)]。与电沉积工艺相比，原子层沉积的沉积层更加均匀。然而，可以使用这种方法的材料较少，这也严重限制了其应用。

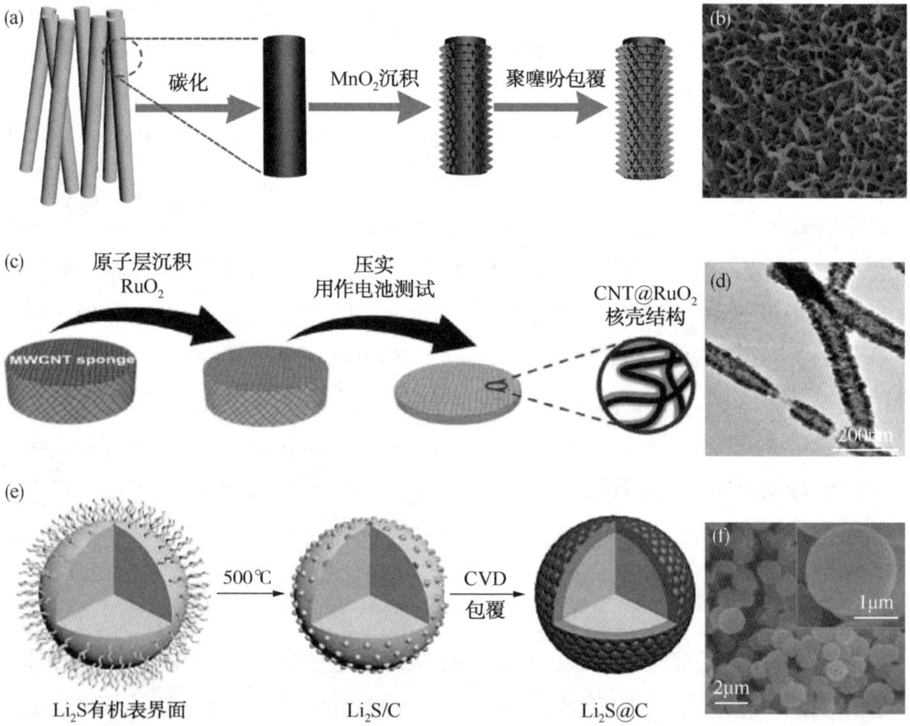

图2-7 (a)RCFs/MnO_2/聚噻吩复合电极的制备工艺和(b)SEM图；(c)CNT@RuO_2异质结构电极的制备和(d)TEM图；(e)CVD包覆工艺的示意图和产物Li_2S@C和(f)SEM图

2.4.4 化学气相沉积

化学气相沉积(CVD)是一种在加热过程中反应物在气态条件下发生化学反应生成固体物质，然后沉积固体物体表面形成固体材料的技术。它本质上也属于原子范畴中气体传质过程。近年来，许多文献报道了化学气相沉积技术在合成碳基核壳结构纳米颗粒复合材料中的应用。化学气相沉积法成本低廉，可以制备大面积、高质量的碳基核壳结构纳米颗粒结构。例如，Nan 的团队就开发了一种简单的化学气相沉积工艺来合成尺寸可控且包覆碳膜的 Li_2S 球体(Li_2S@C)，并将其用于高性能锂硫电池的[图 2-7(e)~(f)]。核壳结构 Li_2S@C 颗粒中的碳壳层非常稳定，而且可防止 Li_2S 溶解，从而缓解容量衰减。Wang 等人采用两步化学气相沉积法在碳纸上制备了 SiC@Si 核壳结构纳米线，并将其直接用作锂离子电池的工作电极，这种材料使用时无须添加任何黏合剂，可表现出高库仑效率、高比容量和良好的循环稳定性。此外，他们还研究了硅厚度和 SiC 纳米线生长时间对锂离子电池性能的影响，这有助于进一步提高电池的性能。此外，Li 等人还通过化学气相沉积制备了用于超级电容器电极的大面积柔性石墨烯@多孔碳核壳编织复合膜。该复合膜综合了多孔碳和石墨烯的双重优势，不仅具有非晶碳的多孔特性，而且具有石墨烯优异的电学性能和柔韧性。通过调整制备参数和氮掺杂含量，基于复合膜的超级电容器的比电容得到了极大的提高。除了之前介绍的几种沉积方法外，还有许多其他沉积方法用来合成碳基核壳结构纳米复合材料，如沉淀法、吸附沉积法和组合法(例如电沉积+化学气相沉积、化学气相沉积+原子层沉积)。

2.4.5 联用及其他技术

除了使用单一的合成方法外，多种方法组合的策略已成为当前合成碳基核壳材料的主流。例如，最常见的方法是静电纺丝与其他技术的结合。Gan 等人通过静电纺丝和恒电位电沉积两步策略，制备了石墨烯/聚乙烯包覆碳纤维的核壳结构电极，并将其成功用于电化学电容器。首先用静电纺丝制备出碳纳米纤维，并将其作为导电基板，再利用恒电位电沉积将石墨烯/聚乙烯壳层和碳纳米纤维核心融合在一起。为了进一步提高储能性能并简化生产步骤，Liu 等人报告了一种通过静电纺丝技术结合水热法的策略，在碳纳米纤维上修饰核壳结构的 CoS_x@C 纳米球，用作电容器电极，这种电极在使用时具有优异的速率和循环性能。这种独特的结构可以将 CoS_x 的高比电容和多孔碳纳米纤维优异导电性融合，并产生了协同效应，使其成为高性能超级电容器的优良电极。Qiao 等人通过静电纺丝和等离子体增强化学气相沉积技术，制备了类富勒烯碳@纳米晶硅核壳纳米复合材料作为锂离子电池的正极材料。这种制造方法可以改善正极的电气和机械性能，增强电池的安全性和稳定性，为开发具有长期循环稳定性和高可逆容量的功能性复合正极材料提供了新的前景。此外，还有其他与静电纺丝相结合的方法，如溶剂热/静电纺丝、原位反应/静电纺丝、封装/静电纺丝和还原/静电纺丝等。

除了静电纺丝与其他技术相结合外，还有其他的结合方法。例如，为了更好地限制锂硫电池电极中的多硫化物/硫，提高循环稳定性，Zhou 等人开发了一种聚合物包覆碳硫的双层核壳结构。该复合材料是通过在热处理下将硫浸渍到空心碳球中，然后通过沉积聚合得到双层核壳结构。具有大孔壳和内部空隙的空心碳球被用于固定大量活性多硫化物和硫，以抑制其溶解到液体电解质中。

然而，大多数研究表明，硫并不优先分布在内部空间，而是分布在多孔壳上。主要原因在于内部缺乏高吸附电位，因此没有巨大的动力来吸收穿过多孔壳的活性硫颗粒并立即使多硫化物中间体平静下来。因此，一个重要的问题是如何设计和合成空心碳纳米球的结构，以最大限度地抑制多硫化物在空心空间中的溶解，同时可以提高硫的负载，还要保持良好的电解质和锂离子进入内部空间。Sun 等人通过聚合物的溶解合成，通过在密封的二氧化硅壳中自沉积和热解，开发了空心核壳互连碳球[图 2-8(a)和(b)]，容量保持率和活性物质利用率均显著提高。固定在壳上的微孔碳降低了内部电荷转移阻力，限制了活性硫和多硫化物的溶解，有利于提高循环性能。

Wang 等人采用简单的沉淀技术设计并制造了具有空心核壳结构的碳@ NiO 复合材料作为锂离子电池的正极材料。碳@ NiO 拥有超薄高负载量的 NiO 纳米片和良好导电性的空心碳载体，两者协同作用增强了电化学性能，可用于钠和锂的储存。结果证明这种结构不仅可以抑制 Li^+/Na^+ 插入/脱出过程中电极的体积变化，而且可以改善 NiO 固相中的电子和离子传输动力学[图 2-8(c)和(d)]。

还有一些其他技术也很常见，如化学浴沉积/电沉积、溶剂热锂化/液相沉积、电纺/退火和水热处理等。沉淀沉积方法通常结合使用于制备锂离子电池材料。Xia 等人通过化学镀液沉积、电沉积和水热方法制备了一系列金属@ 碳的球形核壳结构阵列，并将其用作稳定、灵活的超级电容器电极。该电极具有高功率、高电容、高能量密度和长循环寿命，这在很大程度上取决于其独特的组成和核壳结构。为了进一步提高超级电容器电极的电化学性能，Liu 等人报告了一种分层核壳结构 SnO_2@ MO_x(M=Ni，Co，Mn)，这种方法是通过水热工艺和化学浴沉积在柔性碳纳米纤维上生长的核壳纳米结构[图 2-8(e)和(f)]。该电极比单纯的 SnO_2 纳米片拥有更好的电化学性能，具有超高的面积电容和优异的循环稳定性。这些方法易于实现，适用于需要大容量器件的电化学储能系统。

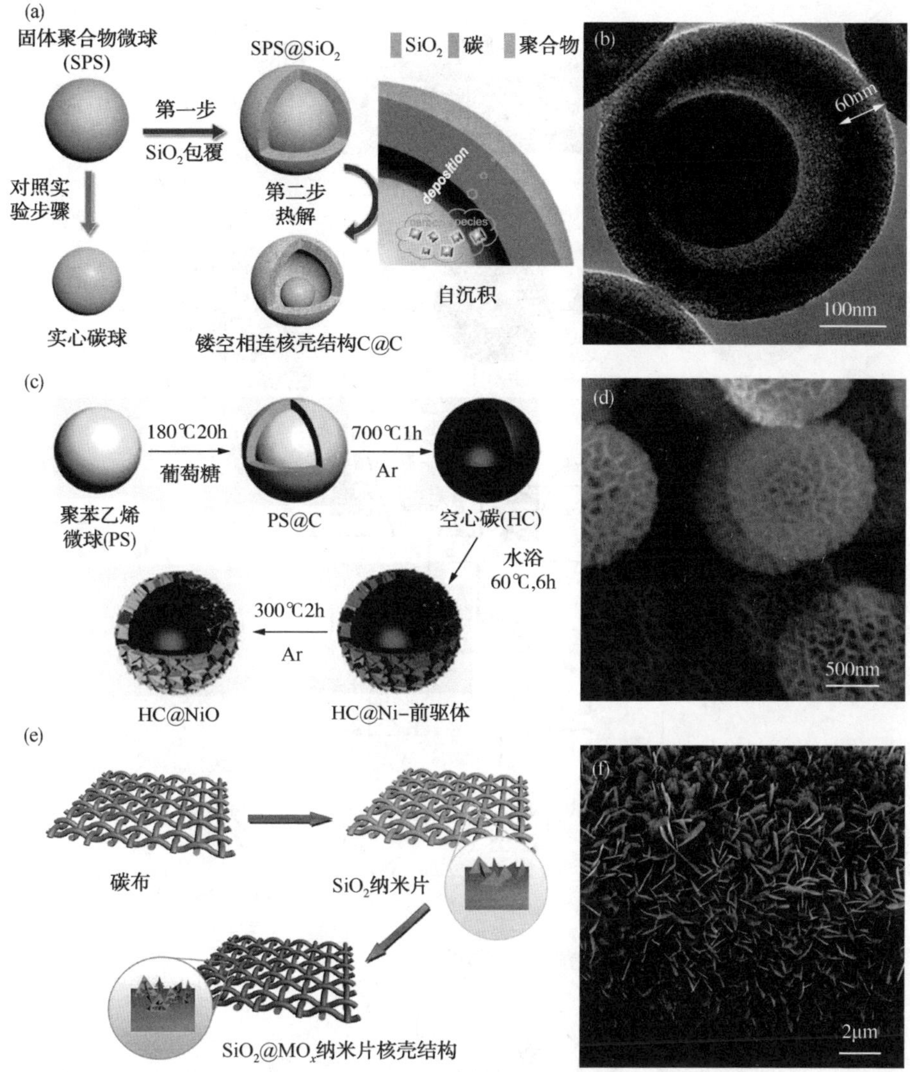

图 2-8 (a)空心核壳互连碳球合成示意图和(b)TEM 图像；(c)碳@ NiO 复合材料的制备工艺和(d)SEM 图像；(e)分层结构复合电极的纳米制造流程图和(f)SEM 图像

2.5 喷雾工艺

在合成方法中，喷雾法是一种气相合成方法，由于它是一种易于放大的连续过程而备受关注。喷雾技术的类型包括喷雾热解、喷雾干燥和火焰喷雾热解过程(图 2-9)。一般来说，喷雾热解使用超声波雾化前驱体溶液的液滴，然后使其在热反应器中蒸发、分解[图 2-9(a)]。喷雾干燥过程主要使用双流体喷嘴产生微

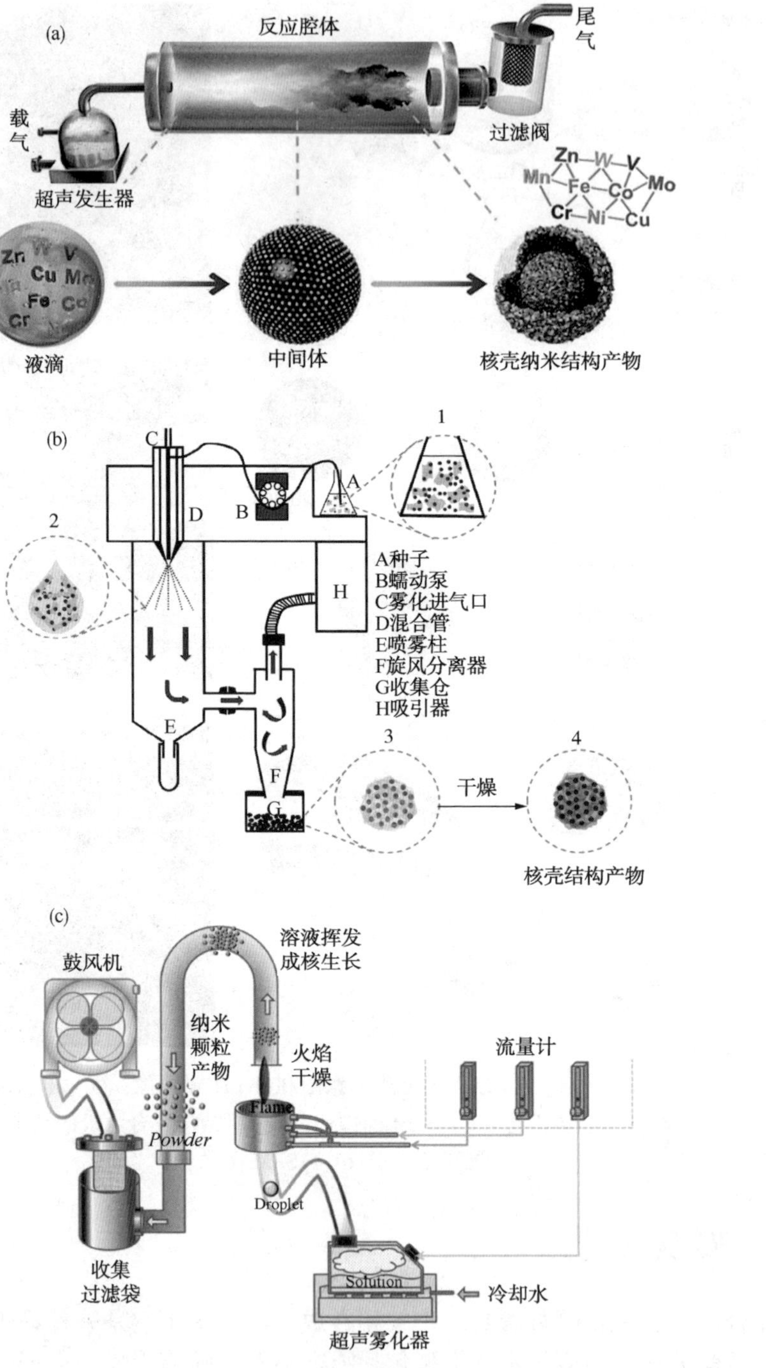

图 2-9 (a)喷雾热解、(b)喷雾干燥和(c)火焰喷雾热解过程的典型设备示意图

米大小的雾化液滴，然后在加热室中干燥，产生具有所需成分的微球[图 2-9(b)]。火焰喷雾采用高温火焰热解雾化液滴。液滴经过蒸发、成核和生长步骤，生成纳米级粉末[图 2-9(c)]。喷雾法制备的纳米结构材料在二次电池电极材料中的应用也是非常普遍的。喷雾工艺的优点是成分均匀，因为微米大小的液滴是从所需前驱体比例的溶液中雾化而得的，并且易于制备碳复合微球。此外，喷涂工艺可以获得球形度较高的材料，这有利于实现高堆积密度的粉体材料。最后，添加可溶解或分散剂在喷雾溶液中充当模板材料，也可以在获得的粉末中获得所需的特殊纳米结构。

通过喷雾工艺合成具有理想成分和所需纳米结构的材料，以应对电极材料的需求，需要全面了解整个过程中的反应机理。有代表性的形成机制可以总结如下：各种有机添加剂的应用，碳复合材料的燃烧，柯克达尔扩散，相分离，无机/有机模板，胶体颗粒的使用等。通过理解和应用各种形成机制来了解喷雾过程。目前有大量研究报告了通过喷雾工艺合成纳米结构，不仅可以用于储能，还可用于气体传感器、水分解等。特别是在储能领域，喷雾工艺中的形成机制使碳复合材料的合成变得非常简单，这对二次电池正极中电极材料的循环和速率性能非常有利。

此外，通过喷雾工艺制备的纳米结构材料中存在大量可调的孔隙，这可延长电池寿命和功率密度。因此，考虑到用于制造储能应用的纳米结构材料的喷涂工艺的日益普及，需要彻底了解喷雾工艺中的形成机理。

这里对喷雾法合成纳米结构材料的形成机理进行了研究和分析。喷雾工艺可分为喷雾热解、喷雾干燥和火焰喷雾热解等，以下详细介绍其作用过程及工作原理。

2.5.1 喷雾热解

喷雾热解过程包括“喷雾”步骤和“热解”步骤，前者通过超声波力将前驱体溶液雾化成液滴，后者在热反应器中蒸发和分解。喷雾热解装置示意图如图 2-9(a)所示。首先，使用超声波喷雾雾化器和所需功率的声波振动器将含有化学成分的溶液雾化，以产生大量液滴。生成的液滴随后通过载气输送至加热的反应器，然后通过蒸发、分解和结晶步骤形成颗粒。值得注意的是，颗粒在反应炉中的保留时间低至几秒钟，由于反应被限制在每个微反应器(液滴)内，因此获得了无骨料球形粉末。各种类型的气体，如空气、氩气和氢/氩混合物均可以用作载气，以生产具有所需成分的粉末。最后，粉末通常在袋式除尘器中收集。喷雾热解可获得粒径分布窄的微米级粉末，因为一次喷雾热解的微球源自在相同所需纳米结构材料上雾化的单个液滴。

2.5.2 喷雾干燥

喷雾干燥过程通过在加热室中使用热气快速干燥的方法从雾化液滴中获得粉体材料。液滴是通过使用双流体喷嘴的气动雾化形成的。溶液和气体连续注入内芯和外喷嘴，由于气体和液体之间的速度差很大，导致很强的流体剪切力，液体被解体形成气溶胶液滴。喷雾干燥通常用于干燥食品和药品，但由于喷雾干燥工艺的可扩展性、成本效率和生产球形颗粒的能力，在储能领域的应用也不断取得进展和突破。喷雾干燥过程的示意图如图 2-9(b)所示。首先，使用周向泵将含有所需化学成分的溶液注入双流体喷嘴的内芯。然后，由于压缩空气流入外部喷嘴，溶液雾化成液滴，液滴在进入加热室时迅速干燥。旋风分离器用于分离所需尺寸的颗粒，产品在收集容器中收集。获得的干燥粉末在加热室中经过干燥步骤，易受湿度影响，因此必须进行后续的热处理以用于储能应用。

2.5.3 火焰喷雾热解

火焰喷雾热解是一种使用高温火焰的气相燃烧方法。适用于纳米金属氧化物和掺杂金属氧化物颗粒的合成。火焰喷雾热解示意图如图 2-9(c)所示。通常，前驱体溶液通过使用超声波喷雾雾化器进行雾化，雾滴在>2000℃的温度下被输送到预混合丙烷-氧气火焰中。雾化雾滴依次经历前驱体分解、蒸发、颗粒成核和生长，从而形成纳米金属氧化物纳米颗粒。气溶胶流通过高温火焰部分后，颗粒冷却并在袋式除尘器中收集。为了获得具有所需形貌和结晶度的纳米颗粒，应控制元素类型、加工温度和在火焰中的停留时间，因为这些因素会影响颗粒聚结或烧结的程度。在某些情况下，合成的纳米颗粒需要额外的热处理步骤才能用于储能应用。

2.5.4 柯肯达尔效应

喷雾法合成核壳结构纳米颗粒的反应机理离不开柯肯德尔效应。柯肯德尔效应是以发现这一过程的科学家柯肯德尔(Kirkendall)的名字命名的，它基本上是指两种金属在加热到能够使金属原子扩散的温度时在界面上发生的相互扩散过程。

Kirkendall 报告说，锌和铜的相互扩散会导致空位的形成，由于锌的固有扩散率在 785℃时高于铜，空位起源于晶格原子的扩散和随后初始界面的移动。Alivisatos 等人的一项研究表明，材料不仅在金属之间，而且在固体/气体界面上发生定向流动，也会导致金属硫化物生长期间形成空洞。在钴的硫化过程中，硫化钴壳层中钴物种的向外流动扩散触发了空位过饱和，也会导致中心空穴的形成。在中空结构的形成过程中，有两种机制占主导地位：金属离子沿连接未反应核和壳的方向上扩散，以及核以不对称方式锚定到壳壁。在第一种情况下，金属离子通过表面扩散沿着轴向向外壳扩散。随着反应的进行，空隙空间变大，最终核心消失，从而形成空心纳米颗粒。如果内核固定在外壳上，那么内核和外壳之间会形成一个空隙。由于外壳和核心彼此相邻，核心物种向外扩散，形成中空形态。一些报道显示，柯克端达尔效应也可以合成蛋黄蛋壳形式的核壳结构。柯肯达尔效应形成蛋黄壳结构的原因可能是核心物种向外壳的不完全扩散。Cho 等人研究了合成温度对通过静电纺丝工艺形成由蛋黄壳和空心纳米球组成的纳米纤维的影响。Sn-C 复合纳米纤维在 400℃和 500℃下被氧化后，所得纤维由 Sn@ void @ 分别构建成为 SnO_2蛋黄壳和空心 SnO_2纳米球。对经历 Kirkendall 扩散过程的纳米球施加的热量不足，可能会导致核物种扩散不完全，从而导致未完全反应的核壳结构。有人认为，连接蛋壳和核心的细丝断裂也会导致蛋黄壳结构。Anderson 等人提出，如果金属原子没有清晰的向外扩散路径，则有利于向内扩散，从而形成蛋黄壳颗粒。柯肯达尔效应可应用于通过喷涂工艺获得的微球，从而形成空心纳米颗粒，以及通过喷涂工艺聚集形成的空心、核壳和蛋黄壳纳米颗粒。实验表明在合成纳米材料后，随后再进行热处理也同样会触发纳米级柯肯达尔效应。

3 影响核壳结构纳米材料结构参数的因素

在纳米材料的合成和后续应用中，粒径和分布都是重要的参数。随着粒径的增大，比表面积减小，价带和电导带之间的能隙减小，材料属性也会发生变化。因此，整个纳米范围(1~100nm)内的材料能显示出不尽相同的特性。在一定尺寸范围内，材料会具有更好的光学和量子力学性能。作为一种特殊的检查方法，磁性纳米颗粒在生物体内的应用中非常重要，如药物控制释放和核磁共振成像。然而，尺寸超过50nm的颗粒则不能用于活体生物体内的应用，因为它们很难通过血液运输，而且颗粒容易在细胞内凝结。一般来说，对于特定应用，粒径分布较宽的颗粒也是不可接受的。因此，需要考虑的重要因素是粒径较小、粒径分布窄且不易团聚的颗粒。

然而，这些重要因素可以通过调节所选反应介质、反应的物理参数(如温度、反应物浓度、介质pH值、反应性质)以及任何外部作用力来控制。

3.1 合成介质

合成介质是决定最终粒径分布的重要因素。一般来说，对于“自下而上”的方法，颗粒是在体相(水或非水)或微乳液介质中使用化学路线合成的。这两种介质都有其固有的优点和缺点。根据具体情况，优化后两者都可以达到所需效果。

3.1.1 体相合成

与包括微乳液在内的任何其他方法相比，在本体水相中合成纳米颗粒是一种简单的方法。这是因为在水体系中颗粒易于分离和扩大规模，以及可获得纯度较高的产品。此外，这种体系很容易维持获得所需产物所需的反应物浓度。然而，在本体水相合成的情况下，通过改变外部参数来适当控制粒径是十分困难的，尤其是合成具有疏水性质的材料时。因此，通常情况下，预期会出现尺寸更大、分布更广的颗粒。除了颗粒的大小和分布外，用壳层材料均匀地包覆核心以形成完整的核壳结构纳米颗粒也很困难。为了使包覆层均匀，可直接使用合适的表面改性剂(表面活性剂或嵌段聚合物)或选择性相反电荷的材料进行包覆。即使如此，外壳层材料的包覆层也经常会不完整或不均匀，而且壳层材料往往还会单独成核形成纯颗粒而不是包覆层。亲水颗粒(主要是磁性或半导体核壳颗粒)是在水相中合成的，由此合成的磁性纳米颗粒通常具有良好的结晶度和磁化性能。但主要的困难是合成的颗粒尺寸分布宽泛，而且会有很多相对较大的颗粒。因此，目前的挑战是合成具有适当表面修饰的核壳结构纳米颗粒，以减少核颗粒的团聚，诱导壳层材料的均匀包覆，并产生具有窄分布的整体小尺寸颗粒。以下章节将讨论不同反应参数对通过该方法制备的核壳结构纳米颗粒的影响。

3.1.2 微乳液法

至少在过去20年里，以微乳液为纳米反应器合成纳米颗粒备受人们的关注。因为这种合成方法易于控制颗粒粒径，产物粒径分布窄，包覆层均匀。除了这些优点，这种方法也存在很多缺点：微乳液是一个由表面活性剂、助表面活性剂和油相组成的复杂系统，颗粒的分离和纯化很困难，而且很难生产大量颗粒。在微乳液体系中，表面活性剂形成反向胶束，而助表面活性剂分子通过减少表面活性剂分子带电集团之间的静电斥力来帮助形成胶束过程。水相在连续油相中以离散纳米液滴的形式存在，并且颗粒生成的全过程都是在液滴中进行的。反向胶束是纳米颗粒成核和外延生长的中心。在微乳液体系中，粒子的大小和形态主要取决于液滴的大小。液滴的大小反过来也取决于表面活性剂亲水亲脂平衡(Hydrophilic Lipophilic Balance，HLB)值、表面活性剂的链长以及水与表面活性剂的比率。该方法主要用于在水相中进行化学反应，可用于不同类型的无机纳米颗粒的合成。不同的表面活性剂(离子型或非离子型)可用于以助表面活性剂和油为连续相的微乳液形成。

目前许多不同的研究小组合成了不同的核壳结构纳米颗粒，对其进行了表征，并将其应用于一些应用。各种各样的核壳结构纳米颗粒，如 $CdS@Ag_2S$、$Fe@Au$、$Fe_3O_4@SiO_2$、$PbTe@CdTe$、$CaO@Fe_2O_3$、$CaO@Fe_2O_3$、$MgO@Fe_2O_3$ 和 $ZnO@Fe_2O_3$，都可以用微乳法来合成。另一方面，为了简化实验范围，人们最近将注意力集中在微乳液体系的理论研究。这些研究主要集中在微乳液体系中颗粒形成的不同机理和动力学上。有研究者考虑了单微乳液和双微乳液体系中反应物和新生粒子的胞间交换。在这些情况下，颗粒大小和多分散性不仅取决于液滴大小或反应物浓度，还取决于其他物理参数，如反应物的性质、极性体积分数、反应物的混合模式，甚至所用油相的类型。下面简要解释这些不同参数的影响。

3.1.2.1 水与表面活性剂的摩尔比(*R*)

就微乳液技术而言，水与表面活性剂的摩尔比是控制颗粒大小和形态的最重要的参数。通常，随着摩尔比的增加，水滴的尺寸也会增加，因此表面活性剂膜层的稳定性会降低。这会导致更多的胞间成核。此外，由于纳米颗粒填充的反向胶束之间的碰撞或反向胶束之间的胞间交换，它还会增加颗粒的聚集。最后，较高的水含量会减少表面活性剂分子和纳米颗粒的头基之间的相互作用，从而也会增加颗粒的聚集。

现有文献中也有一些证据表明，粒径最初会随着 R 的增加而增加，随后，尽管粒径达到平台区域，但多分散性仍在继续增加。Pineli 及其同事对此解释如下：在含水量较低时，每个表面活性剂分子对应的水分子数太少，无法使离子和表面活性剂的亲水端水合。这导致水分子和极性端基之间发生强烈的相互作用，因此水分子以类似于“结合”水的形式出现。随着含水量的逐渐增加，体系中的水从“结合”变为“自由”状态，因此，颗粒大小也会增加。但是，当达到稳定状态，R 的任何进一步增加都不会有效地增加颗粒大小，因为过量的水不再有助于新离子的水合作用。从文献中也可以看出另一种趋势：最初颗粒尺寸随着 R 的增加而增大，直到达到某个值，超过该值后，颗粒尺寸则开始减小。这可能是因为达到一定 R 值后，有效碰撞和胞间转移的速率降低。

3.1.2.2　极性体积分数

在极性体积分数增加的反相微乳液中，连续油相的反向胶束或纳米反应器的数量增加。因此，填充在反向胶束中粒子之间的碰撞也会增加，从而导致聚集概率的增加。随着极性分数的增加，粒径增大的另一个原因可能是反应物浓度的增加，从而使成核和生长机制从胞内变为胞间，最终粒径增大。

3.1.2.3　试剂的作用

在还原反应过程中，通常还原剂对控制颗粒大小没有影响。然而，使用弱还原剂时，由于反应速度缓慢，分散性增加。一般来说，当反应快时，由于更多的胞内和胞间交换，原子核浓度增加，可以获得小尺寸的颗粒。例如，在通过单微乳液和双微乳液技术合成 CdS 纳米颗粒时，单微乳液方法将 H_2S 气体用作硫化物前驱体，而在双微乳液方法的情况下，将含水的 Na_2S 用作硫化物前驱体。结果表明，在 H_2S 气泡的作用下，由于硫化物离子浓度过高，颗粒尺寸更大。一般来说，颗粒大小也与反应物的性质略有关系。相比之下，一些文献报道支持另一种观点，即颗粒大小及其多分散性并不取决于反应物的性质。

3.1.2.4　油相(有机相)的影响

有机相是利用微乳液技术合成纳米颗粒的一个重要因素。并非所有有机溶剂都适合形成(水/油)微乳液。黏度是控制颗粒形成机理的重要参数。它间接地控制着液滴表面的交换动力学。例如，当使用环己烷(黏度 = 0.85CPS)代替异辛烷(0.32CPS)作为连续相时，胞间交换速率降低了 10 倍，因此，尽管水池的尺寸保持不变，但由于胞间交换较少，环己烷中产物的最终粒径减少了 2 倍。使用环己烷代替异辛烷时(所有其他参数保持不变)，粒径的减少可以用胞内成核和生长机制来解释，环己烷体系的聚集性较低。由于环己烷的黏度较高，因此反应物在液滴表面碰撞的速率降低。

3.1.2.5 混合的效果

混合是控制颗粒大小的另一个因素，尤其是对于以液体或固体为试剂之一的单一微乳液系统。文献证实，添加液体试剂，即使没有相分离，也会增加颗粒聚集，而超声波处理可以有效地改善了反向胶束内的反应物分布，最终产生更均匀的小颗粒。对于双微乳液体系，有效混合会减小粒径，且粒径分布较窄。相比之下，一些文献报道也认为混合对颗粒大小和多分散性没有影响。

3.2 温度效应

温度是控制纳米颗粒形成反应动力学最常用的反应参数。一般来说，对于放热反应，反应速率随温度升高而降低，而对于吸热反应则相反。通常，温度不是还原、溶胶-凝胶反应或线电爆炸合成的重要参数，但事实上，它是热分解、聚合或预沉淀反应的一个非常重要的参数。一般来说，热分解反应需要更高的温度，但对于放热聚合反应，低温更有利于转化。沉淀反应的情况略有不同，对于沉淀合成纳米颗粒，反应可分为三个不同的步骤：成核、生长和凝聚。因此，颗粒的大小取决于这三个不同步骤的相对速率。成核过程取决于化学反应的性质。而无论是吸热的还是放热的，生长过程更为复杂。这取决于反应的性质，以及原子或成核点从体相到表面的扩散。原子或成核点的扩散系数随温度升高而增加，但产物浓度取决于反应的性质。如果反应本质上是吸热的，那么扩散会因为本体中产品浓度的增加而增加，因为吸热反应速率随温度升高而增加，放热反应则相反。然而，如果由于整体快速反应，成核速率非常快，那么生长速率仅取决于扩散速率。根据 Lifshitz-Slyozov-Wagner(LSW)模型，临界体积随时间线性增长，粒子数与$(t-1)$成正比减少。对于扩散控制粗化过程，粗化动力学可以写成：

$$r_{av}^3-r_0^3=k_ct \quad 式(3-1)$$

式(3-1)中，r_{av}是t时的平均粒径，r_0是$t=0$时的粒径，k_c是粗化速率常数。粗化速率常数(k_c)可以从r_{av}与t的曲线斜率中获得。根据阿伦尼乌斯方程，速率常数再次与温度有关，活化能可以写成：

$$k_c=A\mathrm{e}^{-E_a/RT}$$

$$或\ \ln k_c=-E_a/RT+\ln A \quad 式(3-2)$$

式(3-2)中，E_a是生长过程的活化能，A是常数，R是通用气体常数，T是温度(单位：K)。可以看出，粗化的速率常数k_c与温度成反比。粗化或生长速率常数k_c也可以写成：

$$k_c=\frac{8\gamma DV_m^2C_\infty}{9RT} \quad 式(3-3)$$

式(3-3)中，γ 是粒子的表面能(J/m^2)，V_m 是粒子的摩尔体积，C_∞ 为颗粒体积浓度，R 为通用气体常数，T 为工作温度。D 是粒子的扩散率，可以用斯托克斯-爱因斯坦方程计算：

$$D=\frac{k_B T}{6\pi\eta a} \qquad 式(3-4)$$

这里 k_B 是玻尔兹曼常数(1.38×10^{-23} J/K)，η 是介质的黏度[kg/(m·s)]，a 是粒子的流体动力学半径(nm)。

最后，工作温度范围主要取决于核或壳形成的反应机理。通常，对于共沉淀反应而言，选择的反应温度较低(20~100℃)，首选温度是100℃。而对于水热和热分解反应而言，介质温度一般选择为100~500℃；在合成机理中包含煅烧过程时则使用高温(500℃以上)。然而，一般来说，低温有利于核壳结构纳米颗粒的合成。这主要是因为需要在反应混合物中保持不饱和壳层材料的形成，这会影响在核心表面形成稳定的包覆层，而不是壳层材料单独成核。此外，低温会减少界面处的核心原子和壳层原子的混合。如前所述，对于原位法合成核壳结构，核心的表面改性对于形成良好包覆层至关重要。改性通常通过在核心颗粒表面吸附适当的表面活性剂来完成，从而使带相反电荷的壳层材料选择性地沉积在核心颗粒的表面上。但在高温下，表面活性剂在核心材料表面的吸附密度会降低。因此，选择性地形成均匀的包覆层是一项困难的任务。考虑到所有这些因素，如果较高的温度有利于反应，则在整个反应过程中需认真选择一个最佳的反应温度，以便考虑这两个参数。通常，在存在表面改性剂的情况下，核壳结构纳米颗粒的合成尽量选择更低的反应温度。然而，如果外壳层材料可以在不使用任何表面改性剂的情况下包覆到核心材料表面，则通常需要根据具体的要求将反应温度保持在一定的温度范围内。例如，Yin 等人在表面改性剂十二硫醇存在下，利用 $Fe(CO)_5$ 的热分解合成了 Fe_2O_3 壳层材料，用于在相对较低的温度(200℃)下合成 $Au@Fe_2O_3$ 核壳结构纳米颗粒，低于正常的热分解反应。

3.3 反应物浓度的影响

反应物浓度是控制核心尺寸或壳层厚度的另一个重要参数。反应平衡的建立以及最终粒径的确定很可能包括两个步骤：(1)反应物之间的反应以形成核；(2)核之间的碰撞或分子扩散到核表面，并沉积以形成最终粒径。第一步可视为反应步骤，然后第二步是生长。第一步可能非常快。如果反应速度很快，那么最终的颗粒大小完全取决于第二步的生长过程。目前文献中似乎没有关于粒径随反应物浓度增加而变化的特殊趋势。另一方面，颗粒大小的增加趋势、减少趋势或两者都取决于颗粒类型和合成介质。总的来说，由于产品总量的增加，粒径增加的趋势很常见。当存在一种以上的反应物时，在反应物浓度较低的情况下，形成的核数会较少，这可能是因为反应速度较慢。后期形成的寡聚体将与已经形成的核心相互碰撞并被收纳，而不是形成新的核心，这反过来又导致更大尺寸的颗粒。当反应物浓度因反应速率增加而增加时，将形成更多的原子核，这反而会产生更小的颗粒。

在微乳液体系中，随着反应物浓度的增加，由于颗粒形成机制的改变，颗粒尺寸实际上也会减小。随着反应物浓度的增加，单个胶束中反应物种的占有数增加。占据数定义为反向胶束中反应物种类的数量。因此，核心的形成和生长机制由胞间交换转变为胞内交换；最终粒径减小。

在核心颗粒存在的情况下，壳层的形成通常通过非均相成核过程进行。壳层材料的寡聚体会直接沉积在核心材料表面，并继续在表面形成核、生长，而不是在体相形成新的核。因此，反应速度慢有利于形成均匀的包覆层。因此，较低的反应物浓度更有利于核壳结构纳米颗粒的合成。一般来说，随着反应物浓度的增加，核壳结构的总粒径或壳层厚度均会增加。

3.4 表面改性剂的影响

表面改性剂在控制核壳结构纳米颗粒的尺寸粒径和形貌方面也起着重要作用。离子型表面改性剂会吸附在核心颗粒的表面，并在表面产生均匀的电荷，因此，可以通过减少颗粒的团聚趋势来生成较小尺寸的核心颗粒。而带相反电荷的壳层材料将会选择性地、均匀地沉积在核心材料表面。实验结果表明，构成表面改性剂的单体会对实际的表面改性起到相应的作用。它们吸附在表面，并在核壳颗粒合成中发挥双重作用(即尺寸控制和通过表面修饰增强壳形成的驱动力)。表面改性剂的吸附密度则取决于改性剂的浓度。吸附密度会随着表面改性剂浓度的增加而增加，达到一定极限后会变得恒定。研究表明，达到临界胶束浓度(Critical Micelle Concentration，CMC)或稍高于临界胶束浓度，即足以对核心材料表面进行改性，可实现控制粒径的目的。同样，核壳结构纳米颗粒的最终大小也可以通过使用表面改性剂来控制，但粒子的粒径分布主要取决于粒子的表面电荷。一般来说，使用离子型表面改性剂所合成的颗粒其粒径分布较窄。

3.5 pH 值的影响

pH 值对颗粒大小的影响主要取决于所涉及的反应机理。当 H^+或 OH^-离子直接参与反应时尤其如此。还原和沉淀反应也受到介质 pH 值变化的强烈影响。在氧化还原反应中，还原电位最高的化合物通过氧化还原电位较低的化合物而还原。氧化还原电对的还原电位则取决于介质的 pH 值。因此，控制整个反应过程需要很好地选择 pH 值范围。表面改性的程度也可以通过调节介质的 pH 值来控制。当内核心亲水时，其表面电荷取决于 pH 值，尤其是当聚电解质(Polyelectrolyte，PE)改性剂用于形成均匀包覆层的表面改性时。因此，通常维持合成介质的 pH 值，以最大化沉积均匀包覆层的驱动力(核壳层材料之间的相对电荷差)。例如，Lecommandoux 等人利用两亲性聚丁二烯嵌段聚合物的胶束和囊泡开发了一种受 pH 影响的空心磁性纳米颗粒。

3.6 外力的作用

除上述反应参数外，对系统施加外力也可用于控制材料颗粒大小。在用于纳米颗粒合成的各种力中，超声波和电场是最常见的外加作用力。

3.6.1 声波化学合成

用于在介质中引起物理或化学变化的声能过程称为声波化学。该合成技术涉及通过使用恒定的超声波来促进纳米颗粒合成的化学反应，以提高反应速率，分解团聚物，并增强颗粒在溶剂介质中的分散性。可使用的超声波范围大致在 20kHz~10MHz。该范围大致可细分为三个主要区域：(1)低频、高功率超声(20~100kHz)；(2)中频、中功率超声波(100kHz~2MHz)；(3)高频、低功率超声波(2~10MHz)。频率范围从 20kHz 到 2MHz 可用于声波化学。3MHz 以上的频率更常用于无损检测和医学成像。超声波辐照会加速反应，因为会形成局部气泡空腔，这种气泡空腔只持续很短的时间。反应会在这些腔体中发生，这些腔体则起着微反应器的作用。此外，还存在机械效应。在此过程中，反应物的混合物在一定的温度和 pH 值的溶液中制备，然后对其进行超声波处理以获得纳米颗粒，核心和壳层可以逐步合成。人们普遍认为，超声波对声结晶现象有三个主要影响：(1)气泡崩塌后液体的局部瞬态加热；(2)气泡内爆期间产生的冲击波，这可以防止团聚；(3)声波产生的良好混合条件。由于控制了局部反应核的数量，所有这些现象都会使生成颗粒的尺寸减小，而均匀性则随之增加。

在单独合成核心，然后将其添加到壳层反应物混合物中的前提下，超声振动下的核壳结构纳米颗粒的大小或形态取决于壳层材料的形成。研究者用这种方法合成了复合材料，如包覆有金或硅壳的氧化铁，双金属核壳结构复合材料，如 Fe@Co、Au@Ag、Au@Pd 合金、SiO_2@Ag，以及包覆有 TiO_2 的铕氧化物核壳结构纳米颗粒。

3.6.2 电沉积

电沉积是在外电场作用下合成核壳结构纳米颗粒的另一种技术。使用这种方法，可以在存在外部电势的情况下，使用带电聚合物或无机材料在核心上形成外壳。当反应在室温水相中进行时，壳层材料的厚度可以通过该方法精确控制。在电沉积中，材料沉积在支撑基体材料上，该基体材料可用作一个电极或电解质介质。一旦基体材料核心因静电力而附着，外壳就会沉积在其表面上，如图 3-1 所示。

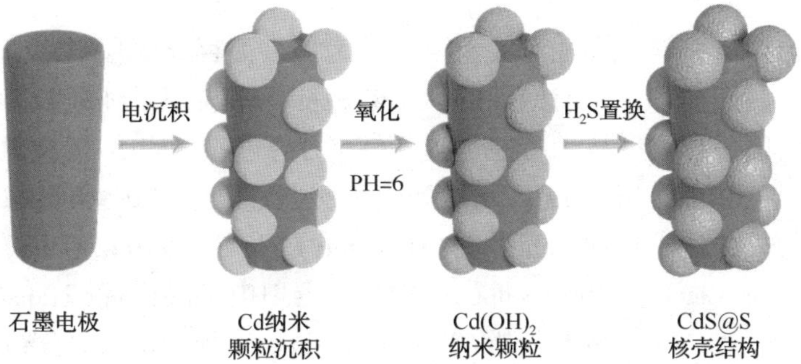

图 3-1　电化学/化学法(E/C)合成 CdS@ S 核壳结构纳米晶体

一般来说，电场的变化就像一个具有正周期和负周期的波。无机材料在负循环期间沉积在核心材料表面，而带电聚合物(用于聚合物外壳)在正循环期间沉积。因此，通过控制循环时间跨度，反过来也可以控制壳体材料的厚度。Banerjee 等人研究了使用电沉积方法合成氧化铁(Fe_3O_4或 γ-Fe_2O_3)包覆的掺铁二氧化硅基体核壳结构纳米颗粒。Chipara 等人用同样的方法研究了聚吡咯(PPy)@铁纳米颗粒的形成。这两种情况程序非常相似，只是 Banerjee 等人使用硅胶作为基质材料，而在后一项研究中，则是将 Fe 包覆到 PPy 上，以获得 PPy@ Fe 核壳结构纳米颗粒，而不使用任何基质材料。此外，还有研究利用电化学原子层沉积法合成了 Au@ CuI 和 Au@ CdS 核壳结构纳米颗粒。同样，他们在合成半导体包覆的杂化聚合物核壳结构纳米颗粒时，在包覆过程中使用了电沉积方法。这里，聚电解质纳米颗粒水溶液被用作电沉积的电解质介质，它含有 7%(质量)的聚(醋酸乙烯酯-巴豆酸)、8%(质量)的 2-丙醇(用作增塑剂)和 84.65%~84.98%(质量)的水。

4 核壳结构纳米材料的表征

核壳结构纳米材料的表征至关重要，因为核表面存在壳层材料。因此，核壳都需要合适的表征技术。目前使用的大多数表征技术与用于纯颗粒材料的技术相同，但单独使用一种表征技术可能远远不够。用于核壳结构纳米材料的最重要表征技术包括尺寸测量、壳厚度、元素和表面分析、光学性质和热稳定性等。因此，最常用的表征技术是动态光散射(Dynamic Light Scattering，DLS)、扫描电子显微镜(Scanning Electron Microscope，SEM)、透射电子显微镜(Transmission Electron Microscope，TEM)、热重分析(Thermogravimetric analysis，TGA)、X射线光电子能谱(X-ray photoelectron spectroscopy，XPS)、光致发光(Photoluminescence，PL)和紫外可见光谱(Ultraviolet-visible Spectroscopy，UV-vis)。根据表征技术和不同的仪器，可按以下章节对表征技术进行分类。

4.1 微观形貌分析

显微镜分析是直接分辨不同类型纳米颗粒的最常用和最可靠的技术。扫描电子显微镜是用于纳米颗粒大小和形状分析的最常用显微镜技术。它可以放大到 $10^5 \sim 10^6$ 倍。然而，对于核壳结构纳米颗粒，很难区分核材料和壳层材料之间的差异，因为它只能生成表面图像。但当扫描电子显微镜与能量色散X射线光谱(Energy Dispersive X-ray Spectroscopy，EDX)相连接时，即可以用于壳体表面的元素分析。场发射扫描电子显微镜(Field Emission Scanning Electron Microscopy，FESEM)常被用于核壳结构纳米颗粒的表征，因为它的放大倍数比普通扫描电子显微镜高得多。高倍率场发射扫描电子显微镜图像可以提供壳体表面是光滑还是粗糙的信息。当壳层材料分子由于异相成核而直接生长到核表面时，则可能形成光滑的表面。然而，在适当的驱动力(电或范德华力)作用下，当在块状介质中形成小尺寸颗粒并沉积到核心材料表面时，壳层表面会变得粗糙。透射电子显微镜则可以提供更重要的核壳结构信息，例如可以通过对比度差异、粒径变化、核尺寸、壳厚度、均匀或不均匀的壳包覆层、壳层材料的晶格条纹等确认核壳的形成。从核壳层材料的对比度差异，可以很容易地测量颗粒的大小和形态。高分辨率透射电子显微镜(High Resolution Transmission Electron Microscope，HR-TEM)是为了获得更高的放大倍率的检测手段，它的分辨率甚至可以达到分子水平。其图像会产生结晶度、晶格条纹，甚至核心与壳层材料的晶格间距的信息。

扫描透射电子显微镜(Scanning Transmission Electron Microscope，STEM)与电子能量损失谱(Electron Energy Loss Spectrum，EELS)或能量色散X射线谱相结合，用于对核壳结构表征时可以提供更有价值的观察。与透射电子显微镜图像相比，扫描透射电子显微镜所得图像的清晰度更有利于了解颗粒形态。特别是能量色散X射线谱线扫，可以清楚地区分核壳和合金或复合材料之间的差异，对于以Ru为核心材料的Ru@Pt纳米颗粒，线扫光谱主要集中在中心，而Pt的线扫光谱则集中在核壳结构纳米颗粒的外侧。有趣的是，Ru-Pt合金颗粒的线扫光谱与核壳结构纳米颗粒的线扫光谱完全不同，其钌和铂的线扫光谱分布在整个材料中。这些电子显微镜技术的局限性在于无法生成表面的二维图像，因此，很难理解颗粒表面的粗糙度。

因此，为了获得更多的信息，可采用扫描探针显微镜技术，这些技术同样既有优点也有缺点。使用这种显微镜技术可以获得颗粒的直径和高度。原子力显微镜(Atomic Force Microscope，AFM)也证实了在核壳结构纳米颗粒中形成了两相复合结构。与扫描电子显微镜类似，也可以使用扫描探针显微镜获得表面形貌数据。与电子显微镜不同，扫描探针显微镜的优点是，可以在特殊环境或液体环境中进行分析。

4.2 光谱分析

光学性质通常对任何纳米晶表面修饰都非常敏感，因此，这种方法可以提供一些关于核心材料表面外壳层材料包覆层的间接信息。紫外可见光谱是一种常用的光谱技术，可用于分析不同类型的纳米颗粒，特别是那些在紫外-可见光区域具有能量吸收能力的颗粒，在该区域具有吸收光谱。在核壳结构纳米颗粒表征中，紫外-可见光谱可用于比较单独的核心、壳层材料和核壳结构材料的差异。荧光或光致发光光谱也被用作另一种有价值的材料表征技术，例如具有荧光特性的半导体材料。在紫外可见和光致发光光谱中，拥有包覆层后，其光谱强度(吸收或发射光)和峰值波长都会发生变化。此外，随着壳层材料厚度的增加，强度和峰值波长会向纯壳层材料的方向移动。紫外可见和光致发光光谱在很大程度上为核心表面的外壳层材料包覆层提供了间接的信息。

X射线光电子能谱是另一种重要的用于揭示材料表面状态的光谱技术，如元素组成、化学状态、实验式、表面配体的电子状态或结合模式、包覆层厚度分析或原子组成与厚度分析。使用X射线光电子能谱检查Au@Pt核壳结构纳米颗粒时，纯金颗粒在80~90eV结合能区域存在高强度峰值，而镀膜后，随着时间的增加，金强度峰值降低。同时，由于表面铂原子的存在，会在65~75eV的结合能处出现另一个峰值。随着时间的推移，由于壳层厚度足够厚，金原子的峰值最终会完全消失。使用这种技术可以测量动能和从1~10nm厚的表面层逸出的电子数。X射线光电子能谱的主要缺点是，它需要一个超高真空室，并且只能在距离颗粒表面5~20nm的深度进行表征。

同样的技术可以进行改进，例如“扩展X射线吸收精细结构”(Extended X-ray Absorption Fine Structure，EXAFS)。电子能量损失谱也可用于表征纳米晶体表面配体的性质和结合模式。此外，拉曼光谱也是研究与核壳结构纳米颗粒相关的晶体取向和声子光谱的另一个有用的分析工具。

4.3 散射分析

材料的光、电子或中子散射是表征胶态或粉末状纳米颗粒的主要技术之一。动态光散射，有时被称为光子相关光谱或准弹性光散射，是用于纳米颗粒悬浮液中直接粒径测量的另一种主要技术。通过测量包覆层前后的颗粒大小，可以间接测量外壳厚度。通过测量溶液中核心颗粒的zeta电位，也可以获得核心材料表面改性程度的间接证据。该方法给出了颗粒的流体动力学直径。

粉末X射线衍射也广泛用于合成晶体材料的表征。它主要用于识别未知材料，并表征多晶或粉末固体样品中的晶体结构、晶粒大小(粒度)和择优取向。通过X射线衍射峰的展宽和强度变化来测量晶粒尺寸的影响，可以用谢乐(Scherrer)公式来进行相关的推导。对于核壳结构纳米颗粒，这也是存在完整均匀包覆层的间接证据。由于材料上的包覆层，核心材料的衍射峰强度将会降低，在包覆足够厚度后，衍射峰会完全消失。一些研究表明，包覆后可能会出现核心材料的低强度衍射峰，但这可能是由于壳厚度不足或壳层材料的非晶态性质。

小角X射线散射(Small Angle X-ray Scattering，SAXS)和广角X射线散射(Wide Angle X-ray Scattering，WAXS)可用于相同的分析目的。对于小角X射线散射，其工作角度2θ在$0.1°\sim10°$范围内，主要优点是样品可以是固体、液体，甚至是相同或其他材料的固体和液体的混合物。对于广角X射线散射，工作角2θ大于5°，主要用于表征聚合物化合物。中子散射是另一种重要的表征技术，尤其是在磁性或有机磁芯中，其非磁性外壳由聚合物或金属氧化物纳米颗粒制成。该技术提供了有关核壳界面微观结构和成分的信息。它通过测量样品散射中子强度与散射角度依赖性，通过对比变化来获得核壳界面微观结构和成分的信息。在中子散射的情况下，微观结构由散射长度密度(Scattering Length Density，SLD)表示，这与粉末X射线衍射测试情况下的电子密度类似。此外，该技术还可用于揭示通过有机@有机核壳结构纳米颗粒的内部网络在核壳聚合物之间形成高交联的均质有机核的信息。

4.4 热重分析

热重-差热分析(Thermogravimetric Analysis-Differential Thermal Analysis, TGA-DTA)是另一种用于表征化合物热稳定性的技术。热重分析是对重量损失的测量，差热分析则给出了任何材料随温度升高的热分布。该技术还可用于在空心颗粒形成过程中从核壳颗粒中去除有机核的研究。

5 核壳结构的电池正极材料

在过去的几十年中，对于高容量、高倍率、长循环寿命和高安全性的不断追求一直是锂离子电池正极材料发展的主要驱动力。相应地，也有大量的研究通过引入了核壳结构的概念来制备上述所需的正极材料。进而又有研究者开发了具有浓度梯度的核壳结构，用来克服普通核壳结构的缺点。与溶胶-凝胶法、喷雾干燥法等方法相比，共沉淀法更适合合成特殊的核壳结构正极材料，而且这种方法也有望实现大规模生产。本章首先阐述了具有浓度梯度的核壳结构的设计原理和形成机理，然后总结了用于高能量、大功率、长寿命和安全性的核壳结构正极材料的研究进展，并讨论了核壳结构在循环过程中的结构演变，以揭示其对性能改进的根源。

5.1 正极材料简介

自 1991 年索尼公司将锂离子电池商业化以来，锂离子电池现已广泛应用于移动电话、笔记本电脑和相机等便携式电子设备中。由于能源危机和环境问题，锂离子电池正在向电力运输和固定式储能领域扩展。在锂离子电池体系中，与石墨负极相比[石墨负极具有较大的实际容量(>300mAh · g^{-1})、优越的结构稳定性和较低的成本]，正极材料的提升可进一步提高锂离子电池的性能，包括电压、能量密度、寿命和安全性方面起着至关重要的作用。

第一个商业化的正极是层状 $LiCoO_2$，由于其体积能量密度高、制备简单，目前仍占据正极材料市场的主导地位。然而，它也显示出了一些固有的缺点：(1) $LiCoO_2$中只能使用约 50%的 Li，即其可逆容量仅为理论容量的一半，约 140mAh g^{-1}。当 $Li_{1-x}CoO_2$中 Li 含量低于初始状态的 50%时，将发生从六方相到单斜相的转变，这会导致严重的容量衰减，而且电极表面会与有机电解质发生剧烈的放热反应；(2) 自然界中稀有的钴资源导致的电池材料的成本不断升高，这也成为锂离子电池大规模用于电力运输和固定储能装备的瓶颈；(3) 与镍、锰和铁等其他过渡金属元素相比，钴元素的毒性相对较高。因此，开发和研究替代传统 $LiCoO_2$的候选材料成为当务之急，尤其是用于电动汽车的锂离子动力电池的正极材料。三种类型的正极材料，层状镍钴锰氧化物，包括高容量富锂氧化物、尖晶石 LiM_2O_4(M=锰和/或镍)和橄榄酸 $LiMPO_4$(M=铁和/或锰)，被广泛研究并被认为是非常有潜力的正极材料。然而，层状和尖晶石正极存在一些固有的缺陷，包括循环寿命不足、热稳定性差等，橄榄正极的倍率性能差，这些都限制了它们在锂离子电池中的广泛应用。

表面包覆通常用于改善电极材料物理和电化学性能，例如颗粒的分散性、流动性以及表/界面稳定性。对于修饰电极材料的包覆方法通常包括块体包覆、整体包覆和超薄包覆，这些方法都可以形成相应的核壳结构，如图 5-1 所示。传统的块体包覆层通常采用简单易用的溶胶-凝胶方法，但这种方法形成的包覆层往往不能均匀地覆盖在原始电极颗粒上。因此，对于性能的提高也会受到限制，尤其是在热稳定性方面。为了克服传统包覆层的上述缺点，研究者们在过去十年中进一步引入了超薄纳米包覆层。化学气相沉积和原子层沉积技术是实现超薄纳米包覆层的主要工具，它们可以通过超薄均匀的保护层对电极材料进行修饰。但是到目前为止，超薄包覆层仍处于研究阶段，不适合直接在锂离子电池中大规模应用。与超薄包覆层相比，整体包覆的核壳结构通常被称为厚包覆层，其中包覆层(壳)的规模从亚微米到微米级不等。这种方式可以将核壳结构引入到高性能正极材料的制备中，制备出高容量的核心和结构稳定且高倍率性能的外壳。然而这

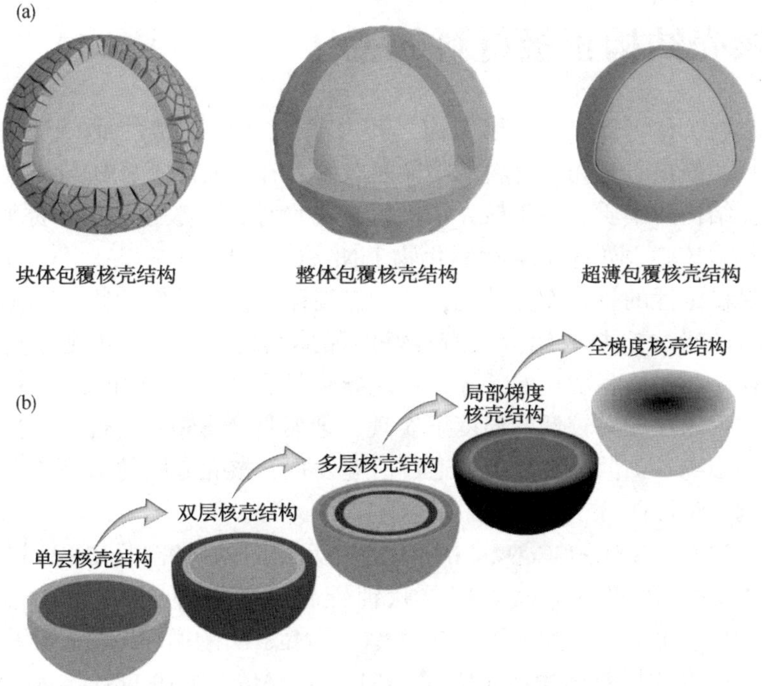

图 5-1 (a)锂离子电池正极材料所采用的三种主要包覆方法的示意图：块体包覆，整体包覆和超薄包覆；(b)核壳结构正极材料的内部构造：单层核壳，双层核壳，多层核壳，局部梯度核壳结构，全梯度核壳结构

几种传统的核壳结构在长时间循环后，核心与壳层由于结构的不匹配可能在两个组分之间产生空隙层。在充放电过程中，空隙层会严重阻碍了锂离子的迁移和电子转移，导致电化学性能迅速下降。为了解决现有核壳结构电极材料的不足，可以采用具有浓度梯度的核壳结构，其中梯度的概念定义为过渡金属阳离子从单个正极颗粒的内部核心到壳层表面逐渐增加/或减少。

由于球形颗粒独特的生长机制，共沉淀法在制备具有浓度梯度核壳结构的前驱体中占据主导地位。共沉淀技术涉及在配体(如氢氧化铵、草酸盐阴离子和柠檬酸阴离子)存在下的氢氧化物和碳酸盐沉淀反应。值得注意的是，在工业化生产中，共沉淀反应已被广泛用于合成高体积能量密度正极材料使用的球形高密度前驱体。因此，深入细致地研究共沉淀反应制备具有浓度梯度的核壳结构正极对开发先进的锂离子电池具有重要意义。首先，具有浓度梯度的核壳结构颗粒可以使电池正极的能量密度和稳定性有所提高，这有助于促进上述三种正极(钴酸锂、锰酸锂、磷酸铁锂)在锂离子电池中的广泛应用。其次，对具有浓度梯度的核壳结构正极在循环过程中电极/电解质界面结构演变的详细探索、设计和制备特殊用途的正极材料提供了新的视角。

5.2 核壳结构正极材料的设计

核壳材料被称为双层或多层结构，其内部(核)和外部表面(壳)结合了不同成分的材料，使核心与壳层材料的功能复合和互补。实际上，核与壳之间的成分差异是核壳结构的本质。对于核壳正极材料的设计，一般遵循以下原则：(1)以高容量材料为核心，如镍基层状氧化物 $LiNi_{0.8}Co_{0.1}Mn_{0.8}Co_{0.15}Al_{0.05}O_2$等，选择具有结构和热稳定性的材料作为外壳，例如，高锰含量层状氧化物 $LiNi_xCo_{1-x}Mn_xO_2$ ($1/3 \leqslant x \leqslant 1/2$)；(2)核壳组分具有良好的晶体结构匹配性，否则在充放电过程中，由于核壳晶格体积变化的差异，可能导致核壳颗粒严重开裂；(3)核壳材料的锂化反应可以在相对较低的温度下实现，通常低于 850℃，否则，核壳界面将发生严重的阳离子扩散。实际上，通过研究发现，核壳之间的适度扩散有利于开发更好的电化学性能。

可以通过对 $LiNiO_2$-$LiCoO_2$-$LiMnO_2$的三元相图的研究(图 5-2)详细解释核壳结构正极材料的设计。以采用层状锂镍钴锰氧化物 $LiNi_{0.5}Co_{0.2}Mn_{0.3}O_2$ 和 $LiNi_{1/3}Co_{1/3}Mn_{1/3}O_2$为例，为了提高 $LiNi_{0.5}Co_{0.2}Mn_{0.3}O_2$的循环寿命、热稳定性和可加工性能，可以选择双结构稳定壳层 $LiNi_{0.4}Co_{0.2}Mn_{0.4}O_2$ 和 $LiNi_{1/3}Co_{1/3}Mn_{1/3}O_2$ 以及高容量核心 $LiNi_{0.8}Co_{0.1}Mn_{0.1}O_2$。如图 5-2 所示，$LiNi_{0.5}Co_{0.2}Mn_{0.3}O_2$ 位于由核心和双壳层相点形成的三角形区域。也就是说，通过调节核与双壳的摩尔比，$LiNi_{0.5}Co_{0.2}Mn_{0.3}O_2$ 能够被重新设计成新的双壳结构，即 Li{[($Ni_{0.8}Co_{0.1}$

$Mn_{0.1})_{2/7}]_{核心}$@$[(Ni_{1/3}Co_{1/3}Mn_{1/3})_{3/14}]$@$[(Ni_{0.4}Co_{0.2}Mn_{0.4})_{1/2}]_{双壳层}\}O_2$。而在上述双层壳结构中，若核壳和内壳的成分结合在一起，则 $LiNi_{0.5}Co_{0.2}Mn_{0.3}O_2$ 也可以重新设计为简单的核壳 $Li[(Ni_{0.6}Co_{0.2}Mn_{0.2})_{1/2}]_{核心}$@$[(Ni_{0.4}Co_{0.2}Mn_{0.4})_{1/2}]_{壳层}\}O_2$。正极核壳结构设计的另一个想法是基于特定组件的一系列核壳结构，例如 $LiNi_{1/3}Co_{1/3}Mn_{1/3}O_2$，为了进一步提高循环的稳定性和安全性，特别是在高温（电池使用温度高于 50℃）下，选择更稳定的 $LiNi_{1/2}Mn_{1/2}O_2$ 作为壳，并将其重新设计为一系列核壳结构 $Li\{[Ni_yMn_yCo_{1-2y}]_{(1-x)}\}_{核心}$@$\{[Ni_{1/2}Mn_{1/2}]_x\}_{壳层}O_2$（$0<x<2/3$，$6y+3x-6xy=2$）。在此，可将 x 设为 0.1、0.2 和 0.3，相应的芯成分分别为 $LiNi_{17/54}Co_{10/27}Mn_{17/54}O_2$、$LiNi_{7/24}Co_{5/12}Mn_{7/24}O_2$ 和 $LiNi_{11/42}Co_{10/21}Mn_{11/42}O_2$。

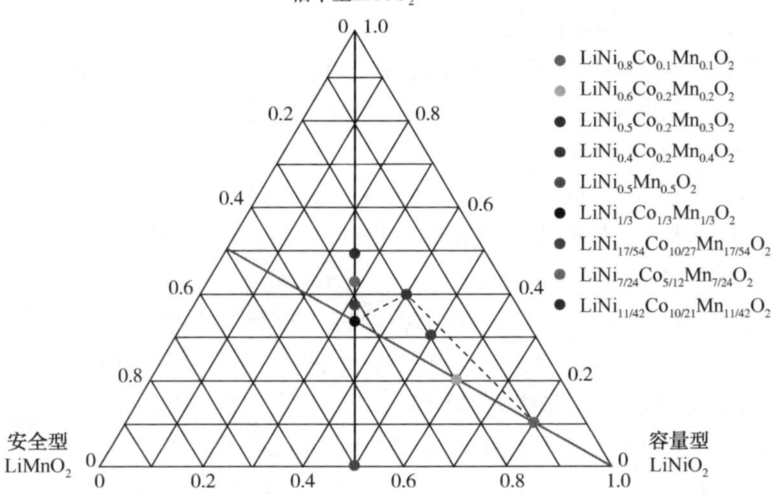

图 5-2　$LiNiO_2$-$LiCoO_2$-$LiMnO_2$ 的三元相图以及该相图中的相应成分

如果用具有浓度梯度的壳层代替传统的壳层，则可以进一步设计具有浓度梯度的核壳结构正极材料。最近，全浓度梯度材料也被开发出来，其中至少有一种元素的浓度是从单个颗粒的中心到表面不断变化。具有浓度梯度核壳结构的设计原则类似于传统的核壳材料。以高容量富镍层状氧化物 $LiNi_{0.70}Co_{0.15}Mn_{0.15}O_2$ 为例解释浓度梯度核壳结构正极材料的设计。首先，从图 5-2 中 $LiNiO_2$-$LiCoO_2$-$LiMnO_2$ 的三角相图可以发现，$LiNi_{0.70}Co_{0.15}Mn_{0.15}O_2$ 可以重新设计为核壳 $Li\{[(Ni_{0.8}Co_{0.1}Mn_{0.1})_{0.8}]_{核心}$@$[(Ni_{1/3}Co_{1/3}Mn_{1/3})_{0.2}]_{壳层}\}O_2$。其次，考虑到在共沉淀过程中，通过逐渐将壳层添加到部分芯层中，可以使部分芯层和整个壳层形成浓度梯度层，从而得到浓度梯度 $Li\{[(Ni_{0.8}Co_{0.1}Mn_{0.1})_{0.6}]_{核心层}$@$[(Ni_{0.56}Co_{0.22}Mn_{0.22})_{0.4}]_{浓度梯度壳层}\}O_2$，其中取出 25% 的核心层与整个壳层形成浓度梯度层。应该注意的是，通过改变核壳的摩尔比，这种富含镍的层状氧化物也可以设计为其他浓度梯度材料，例如 $Li\{[(Ni_{0.8}Co_{0.1}Mn_{0.1})_{0.7}]_{核心层}$@

$[(Ni_{0.48}Co_{0.26}Mn_{0.26})_{0.3}]_{浓度梯度壳层}\}O_2$。

从这些发现可以得出结论，具有确定成分的正极材料可以重新设计为多种具有浓度梯度的核壳结构。此外，借助三角形或四面体相图，可以设计出更有用的具有浓度梯度的核壳结构锂离子电池正极材料。

5.3 核壳结构正极材料研究进展

5.3.1 核壳结构或浓度梯度结构的层状正极

层状锂镍钴锰氧化物，特别是高容量、低成本的镍基锂镍钴锰氧化物，被认为是最有希望取代 $LiCoO_2$的正极材料之一。然而，这些镍基正极在循环过程中表现出一些不足，包括容量衰减、热稳定性差以及在高度脱硫醇状态下的剧烈热释放，这都对其在锂离子电池中的实际应用产生了不小的负面影响。为了克服这些问题，Sun 等人于 2005 年将核壳结构引入镍基正极的制备中，即将高容量的镍基 $LiNi_{0.8}Co_{0.1}Mn_{0.1}O_2$与结构和热稳定良好的 $LiNi_{0.5}Mn_{0.5}O_2$分别选作核心和外壳材料构筑核壳结构。然后，他们也通过氢氧化物共沉淀路线，合理设计并制备了核壳层状正极材料 $Li\{[(Ni_{0.8}Co_{0.1}Mn_{0.1})_{0.8}]_{核心}@[(Ni_{0.5}Mn_{0.5})_{0.2}]_{壳层}\}O_2$，如图 5-3(a)所示。首先，在图 5-3(a)的第一步中，通过氢氧化物共沉淀路线合成球形核前驱体$(Ni_{0.8}Co_{0.1}Mn_{0.1})(OH)_2$。在第二步中获得$(Ni_{0.5}Mn_{0.5})(OH)_2$包覆型的$(Ni_{0.8}Co_{0.1}Mn_{0.1})(OH)_2$，即核壳结构前驱体$[(Ni_{0.8}Co_{0.1}Mn_{0.1})_{0.8}(Ni_{0.5}Mn_{0.5})_{0.2}](OH)_2$。最后，将核壳前驱体与锂源混合并煅烧，得到核壳层状氧化物 $Li[(Ni_{0.8}Co_{0.1}Mn_{0.1})_{0.8}(Ni_{0.5}Mn_{0.5})_{0.2}]O_2$。显然，目标核壳前驱体的合成过程起着至关重要的作用[图 5-3(b)~(e)]。

$LiNi_{0.8}Co_{0.1}Mn_{0.1}O_2$核心可以提供高的比容量；与此同时，$LiNi_{0.5}Mn_{0.5}O_2$壳层能够提供结构和热稳定性。结果表明，核壳正极 $Li[(Ni_{0.8}Co_{0.1}Mn_{0.1})_{0.8}(Ni_{0.5}Mn_{0.5})_{0.2}]O_2$与 $LiNi_{0.8}Co_{0.1}Mn_{0.1}O_2$相比，比电比容量略有下降，但循环寿命和热稳定性有了很大提高。$Li/LiNi_{0.8}Co_{0.1}Mn_{0.1}O_2$电池的比放电容量约为 $200mAh\cdot g^{-1}$，而 $Li/Li[(Ni_{0.8}Co_{0.1}Mn_{0.1})_{0.8}(Ni_{0.5}Mn_{0.5})_{0.2}]O_2$电池的比放电容量略低，在 3.0~4.3V(相对于 Li/Li^+)的电压范围内，约为 $188mAh\cdot g^{-1}$。从图 5-3(f)的结果来看，$C/LiNi_{0.8}Co_{0.1}Mn_{0.1}O_2$电池在 500 次循环后的容量保持率仅为 81%。然而，$C/Li[(Ni_{0.8}Co_{0.1}Mn_{0.1})_{0.8}(Ni_{0.5}Mn_{0.5})_{0.2}]O_2$电池则可以表现出优异的循环稳定性，在相同的循环周期内容量保持率为 98%。此外，差示扫描量热法结果表明，核壳正极材料的安全性也得到了增强。在 4.3V(相对于 Li/Li^+)的荷电状态下，对于核心 $Li_{1-x}Ni_{0.8}Co_{0.1}Mn_{0.1}O_2$电极上，放热起始温度约为 180℃，高于该温度时，在约 220℃下观察到与热量($3285J\cdot g^{-1}$)的突然放热反应。然而，

核壳结构的电极 $Li_{1-x}[(Ni_{0.8}Co_{0.1}Mn_{0.1})_{0.8}(Ni_{0.5}Mn_{0.5})_{0.2}]O_2$ 在约 250℃ 下才显示出类似的突然放热反应，放出的热量也有所降低，约为 $2261J \cdot g^{-1}$。这些优化的热性能被认为是由于热稳定的外壳 $Li_{1-x}[Ni_{0.5}Mn_{0.5}]O_2$ 可以抑制氧气从高度脱硫醇的 $Li_{1-x}Ni_{0.8}Co_{0.1}Mn_{0.1}O_2$ 核心中的逃逸。

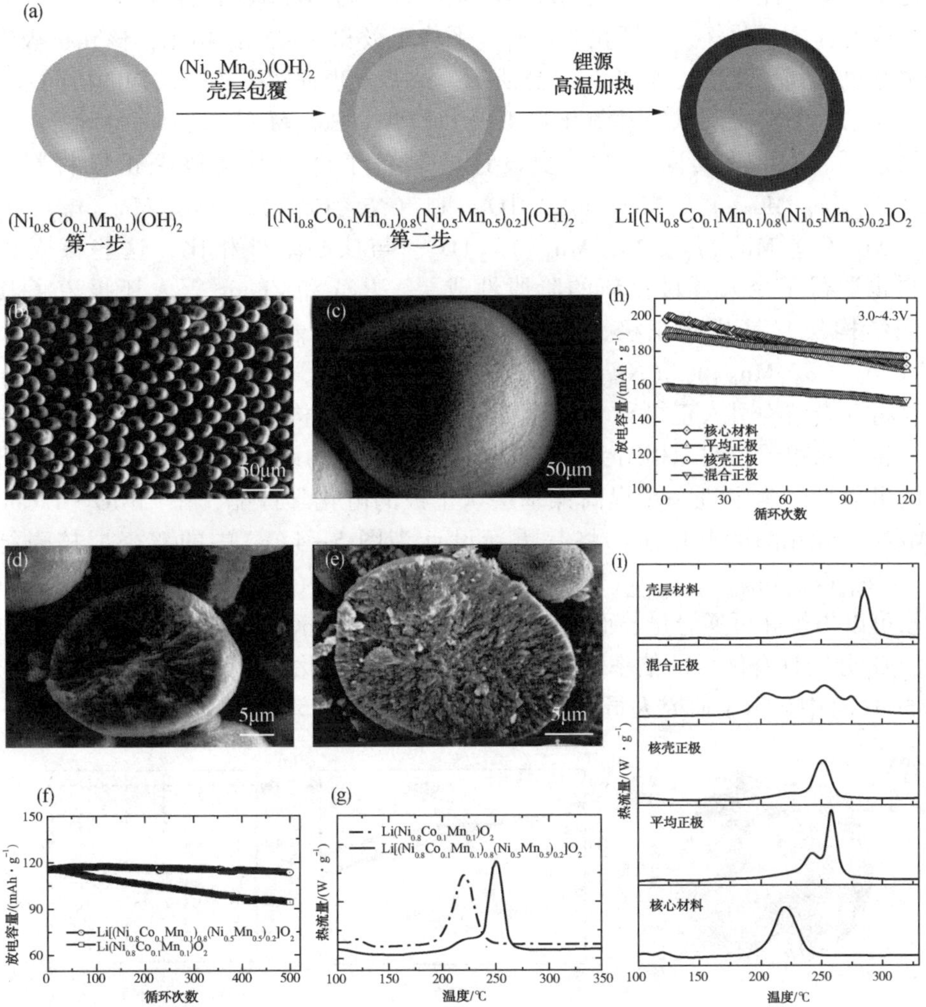

图 5-3 (a)核壳材料 $Li[(Ni_{0.8}Co_{0.1}Mn_{0.1})_{0.8}(Ni_{0.5}Mn_{0.5})_{0.2}]O_2$ 的制备工艺流程图；(b)和(c)核壳结构 $[(Ni_{0.8}Co_{0.1}Mn_{0.1})_{0.8}(Ni_{0.5}Mn_{0.5})_{0.2}](OH)_2$ 的 SEM 图像；(d) $(Ni_{0.8}Co_{0.1}Mn_{0.1})(OH)_2$ 的截面；(e) $[(Ni_{0.8}Co_{0.1}Mn_{0.1})_{0.8}(Ni_{0.5}Mn_{0.5})_{0.2}](OH)_2$ 的截面；(f)循环寿命；(g)核壳正极与核心正极材料的热分析结果；(h)电流密度为 $20mA \cdot g^{-1}$ 时，平均正极、核壳正极和混合正极在 3.0~4.3V 的电压范围内(相对于 Li/Li^+)的循环寿命；(i)核心正极与其他正极的热分析曲线比较图

Sun 及其同事进一步研究了 $Li[(Ni_{0.8}Co_{0.1}Mn_{0.1})_{0.8}(Ni_{0.5}Mn_{0.5})_{0.2}]O_2$核壳正极，核壳成分均等的 $LiNi_{0.74}Co_{0.08}Mn_{0.18}O_2$平均正极，以及以核心材料 $LiNi_{0.8}Co_{0.1}Mn_{0.1}O_2$与壳层材料 $LiNi_{0.5}Mn_{0.5}O_2$混合正极，分析了它们的电化学性能和热稳定能。从图 5-3(h)中可以看出，混合正极的可逆容量要低得多，但可以与核壳材料的容量保持率相似。此外，平均正极的放电容量与核壳材料相似；但容量保持率没有得到相应的提高。此外，与锂化的核心、平均正极和混合正极相比，核壳正极的热稳定性也得到了改善，如图 5-3(i)所示。这些发现证实了核壳结构的协同效应。

在第一个核壳层状镍基氧化物正极 $Li[(Ni_{0.8}Co_{0.1}Mn_{0.1})_{0.8}(Ni_{0.5}Mn_{0.5})_{0.2}]O_2$被报道后，Sun 及其同事进一步设计并制备了许多其他核壳正极材料，如 $Li[(Ni_{0.8}Co_{0.1}Mn_{0.1})_{1-x}(Ni_{0.5}Mn_{0.5})_x]O_2$、$Li[(Ni_{0.8}Co_{0.2})_{0.8}(Ni_{0.5}Mn_{0.5})_{0.2}]O_2$和 $Li[(Ni_{1/3}Co_{1/3}Mn_{0.3})_{0.8}(Ni_{1/2}Mn_{1/2})_{0.2}]O_2$。与核心组件相比，这些核壳正极材料也取得了令人耳目一新的阶段性成果。Ryu 和 Zhang 等人还报道了其他核壳结构层状氧化物正极，如 $Li[(Ni_{0.8}Co_{0.15}Al_{0.05})_{0.8}(Ni_{0.5}Mn_{0.5})_{0.2}]O_2$和 $Li[(Ni_{0.8}Co_{0.1}Mn_{0.1})_{0.7}(Ni_{0.45}Co_{0.1}Mn_{0.45})_{0.3}]O_2$等。

将双壳结构引入正极材料领域可以丰富核壳结构正极材料的种类。重要的是，将三元相图和四元相图引入核壳结构正极材料的设计中，可以进一步提升设计的可靠性。为了进一步提高镍基层状正极的电化学性能，在 $LiNiO_2$-$LiCoO_2$-$LiMnO_2$三元相图的基础上，将其重新设计为图 5-4(a)中的双壳层核壳结构 $Li\{[(Ni_{0.8}Co_{0.1}Mn_{0.1})_{2/7}]_{核心}[(Ni_{1/3}Co_{1/3}Mn_{1/3})_{3/14}]_{壳层-1}[(Ni_{0.4}Co_{0.2}Mn_{0.4})_{1/2}]_{壳层-2}\}O_2$。内核可以提供高可逆容量，而内壳层-1$LiNi_{1/3}Co_{1/3}Mn_{1/3}O_2$和外壳层-2$LiNi_{0.4}Co_{0.2}Mn_{0.4}O_2$分别具有优异的倍率性能和结构稳定性。因此，双壳阴极在图 5-4(b)和图 5-4(c)中显示了研究人员所期待的循环寿命和速率能力。

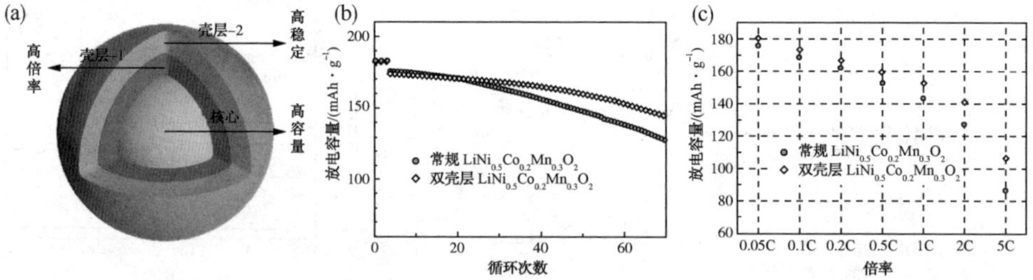

图 5-4　(a)双壳 $Li\{[(Ni_{0.8}Co_{0.1}Mn_{0.1})_{2/7}]_{核心}[(Ni_{1/3}Co_{1/3}Mn_{1/3})_{3/14}]_{壳层-1}[(Ni_{0.4}Co_{0.2}Mn_{0.4})_{1/2}]_{壳层-2}\}O_2$设计原理图；双核层核壳结构与常规核壳结构正极材料的(b)循环稳定性和(c)倍率性能比较结果[放电条件在 25℃下，3.0~4.3V(相对于 Li/Li^+)范围内]

层状 $LiNi_{1/3}Co_{1/3}Mn_{1/3}O_2$是 2001 年由 Ohzuku 及其同事首次报道的。它具有 Ni^{2+}、Co^{3+}和 Mn^{4+}的电荷形式，这与含有 Ni^{3+}的 $LiNiO_2$不同。电化学不活跃的

Mn^{4+}提升材料整体的稳定性，从而是材料产生简单的拓扑反应，在循环过程中可保持六方相。最近，$LiNi_{1/3}Co_{1/3}Mn_{1/3}O_2$的研究重点转移到通过提高截止电压上限来提供更高的可逆容量。然而，较高的放电容量伴随着由主体结构的破坏，从而引起不稳定循环性能。为了有效地维持这种层状氧化物的主体结构，可将其重新设计为一系列核壳结构 $Li\{[Ni_yMn_yCo_{1-2y}](1-x)\}_{核心}\{[Ni_{1/2}Mn_{1/2}]_x\}_{壳层}O_2(0<x<2/3,\ 6y+3x-6xy=2)$。与 $LiNi_{1/3}Co_{1/3}Mn_{1/3}O_2$相比，$LiNi_{1/2}Mn_{1/2}O_2$壳层在高截止电压下具有更好的循环稳定性。因此，$x=0.1$、0.2 和 0.3 时的核壳材料正极材料在 55℃下的循环寿命和安全性均得到改善。

在长循环周期内对核壳材料进行深入研究后，发现核壳之间存在结构失配，即两种成分之间会逐渐出现空穴层。在充放电过程中，空穴层严重阻碍了锂离子的迁移和电子转移，导致电化学性能下降。2009 年，Sun 等人研发出了具有镍基浓度梯度的核壳结构正极材料 $LiNi_{0.64}Co_{0.18}Mn_{0.18}O_2$，其中 $LiNi_{0.8}Co_{0.1}Mn_{0.1}O_2$核心被具有镍浓度梯度的壳层所包覆，如图 5-5(a)所示。从图 5-5(b)的 SEM 图像中可以看出，单个颗粒横截面浓度梯度层的厚度约为 2.0μm。横截面上的电子探针 X 射线显微分析(Electron Probe X-ray Microanalysis，EPMA)线性扫描结果显示出包覆层明显的浓度梯度结构[图 5-5(c)]。单独的核心材料的放电容量约为 $212mAh \cdot g^{-1}$，而图 5-5(d)中的晶格浓度梯度材料包覆后的正极放电容量略有下降($209mAh \cdot g^{-1}$)。为了评估新制备的具有镍基浓度梯度的核壳结构正极材料的稳定性，在图 5-5(e)中选择了一个相对苛刻的测试调节，其中电池充电至4.4V(相对于 Li/Li^+)，并在 55℃下进行循环。结果表明，单独的核心材料 $LiNi_{0.8}Co_{0.1}Mn_{0.1}O_2$在 50 次循环后仅保留其初始容量的 67%，而包覆具有镍浓度梯度的壳层后则可以显示出出色的容量保留率 96%，这样的容量保持与包覆层材料 $LiNi_{0.46}Co_{0.23}Mn_{0.31}O_2$相似。在图 5-5(f)中的全电池测试中，具有镍基浓度梯度的核壳结构正极材料也比单独的核心材料表现出更好的循环稳定性。

在高电荷状态下，Ni^{4+}离子，尤其是在颗粒表面的 Ni^{4+}离子，具有较高的氧化性和与电解液的反应性，导致颗粒表面从层状到尖晶石和/或无序岩盐相的结构转变，这反过来又会增加循环时阴极表面和电解液之间的电荷转移阻力。相变是导致核心成分 $LiNi_{0.8}Co_{0.1}Mn_{0.1}O_2$循环性能不理想的主要原因。浓度梯度层可以稳定近表面区域，从而通过降低 Ni 浓度和增加 Mn 浓度来抑制其与电解液的反应性。

在随后的研究中，通过类似的共沉淀路线也制备出了其他浓度梯度层状氧化物正极，如 $LiNi_{0.5}Co_{0.2}Mn_{0.3}O_2$、$LiNi_{0.67}Co_{0.15}Mn_{0.18}O_2$、$LiNi_{0.6}Co_{0.2}Mn_{0.2}O_2$(其中随着镍的逐渐减少、锰的增加和钴浓度的恒定)，$LiNi_{0.72}Co_{0.18}Mn_{0.10}O_2$(其中镍和钴含量持续下降，而锰浓度呈线性增加)，$LiNi_{0.83}Co_{0.07}Mn_{0.10}O_2$、$LiNi_{0.60}Co_{0.15}Mn_{0.25}O_2$、$LiNi_{0.85}Co_{0.12}Mn_{0.03}O_2$(其中 Co 和 Mn 浓度逐渐升高，Ni 含量逐渐降低)，$LiNi_{0.84}$

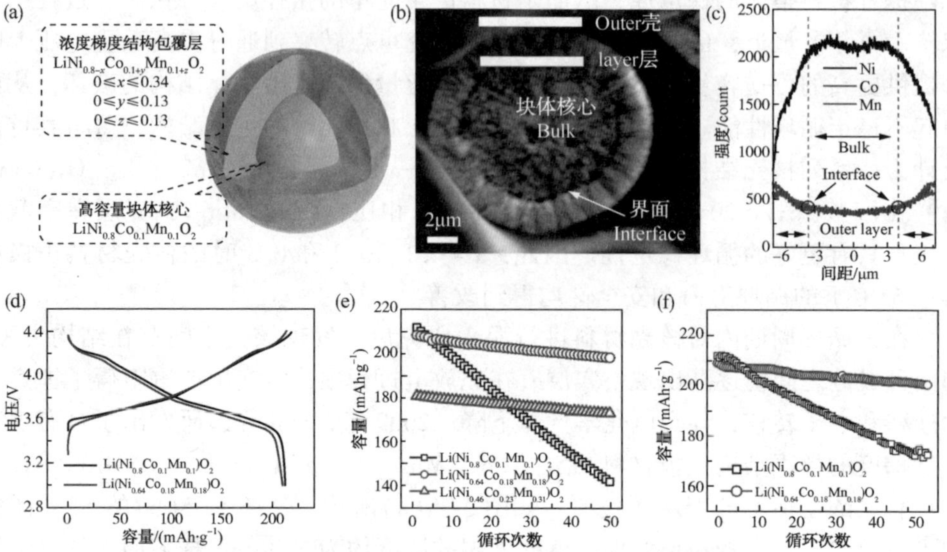

图 5-5 (a)具有浓度梯度的核壳结构正极材料 $LiNi_{0.64}Co_{0.18}Mn_{0.18}O_2$设计方案；(b)单个浓度梯度核壳结构颗粒横截面的 SEM 图像；(c)单个氧化物颗粒横截面的 EPMA 线性扫描结果；具有浓度梯度的核壳结构 $LiNi_{0.64}Co_{0.18}Mn_{0.18}O_2$正极和 $LiNi_{0.8}Co_{0.1}Mn_{0.1}O_2$正极的(d)初始充放电曲线(e)半电池循环寿命(电流密度：95mA · g^{-1}，测试温度：55℃，负极：锂金属，2023 纽扣型半电池)；(f)全电池循环寿命(电流密度：75mA · g^{-1}，负极：介孔微珠石墨，层压式电池)

$Co_{0.10}Mn_{0.04}Al_{0.02}O_{1.9}F_{0.1}$(其中铝和锰浓度增加，镍含量降低)，$LiNi_xCo_{1-2x}Mn_xO_2$($x$=0.333、0.4、0.416、0.45，随着 Co 浓度的增加，Ni、Mn 含量不断降低)。类似案例的成功进一步证明了高容量核心和结构稳定的浓度梯度包覆层之间的协同效应。

对于通过共沉淀反应合成浓度梯度氢氧化物前驱体，必须小心控制试剂的添加。即，反应物溶液以恒定速率加入溶液，而溶液也以恒定速率滴入连续搅拌反应器，最后，几种溶液应同时耗尽。这些要求意味着浓度梯度前驱体的共沉淀条件难以调节，这表明上述浓度梯度正极的重复性和一致性不能令人满意。众所周知，高温煅烧会导致阳离子在核壳之间的部分扩散，扩散速率与核壳之间阳离子的浓度差密切相关。因此，在高温煅烧过程中，镍、钴和锰离子将首先在双壳结构的核和内壳之间扩散。基于上述结果和理论，可以设计一种制备浓度梯度结构的新策略，即温度调谐路线。温度调谐路线的方案如图 5-6(a)所示。通过控制煅烧温度和反应时间，能够从所制备的双壳前驱体中获得新的浓度梯度核壳结构。

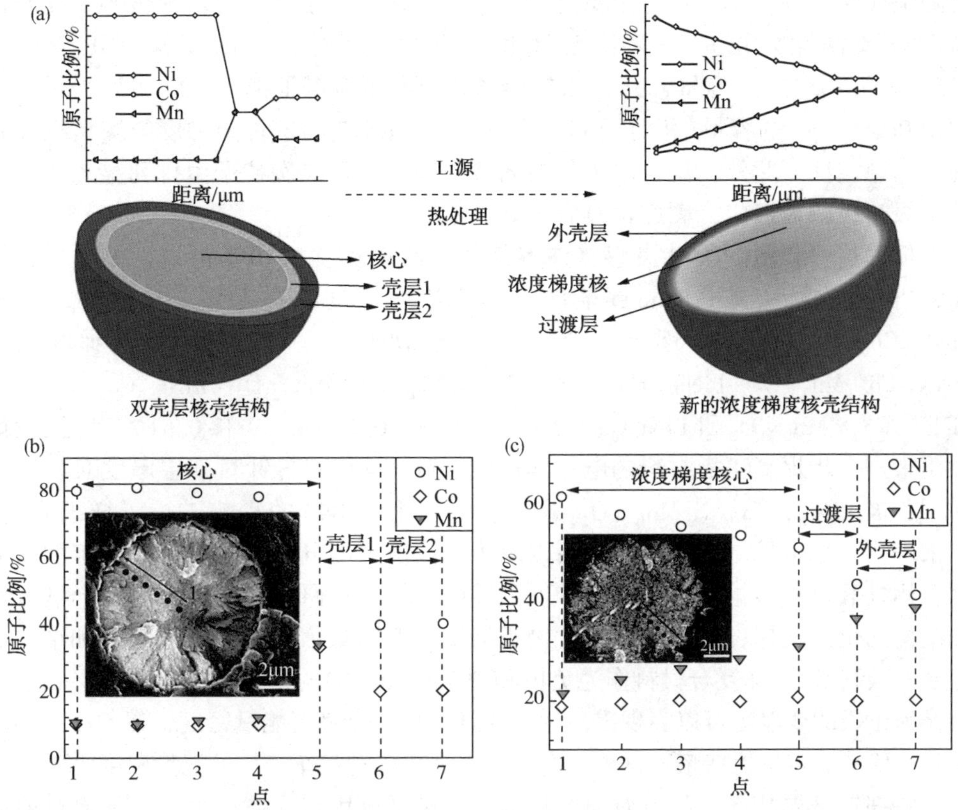

图 5-6 (a)双壳前驱体通过温度调节路线制备浓度梯度阴极材料的示意图；单个(b)双壳前驱体和(c)层状氧化物颗粒在 900℃下煅烧 2h，然后在 800℃下煅烧 12h 后横截面上 Ni、Co 和 Mn 成分变化的 EDS 结果

根据图 5-6(b)中的能量色散 X 射线光谱结果，通过共沉淀路线制备了双壳前驱体。在 900℃下煅烧 2h，然后在 800℃下煅烧 12h，如图 5-6(c)所示，通过一种新的温度新调节控制的方法从双壳层核壳结构前驱体中获得了由浓度梯度核心、过渡层和外壳组成的层状正极 $LiNi_{0.5}Co_{0.2}Mn_{0.3}O_2$。相应地，新的具有浓度梯度核壳结构正极在 25℃和 55℃下，分别在 3.0～4.3V、3.0～4.4V 和 3.0～4.5V (相对于 Li/Li^+)的电压窗口范围内，Li^+插层/脱层的稳定性有了显著改善。和近期报道的参考文献中的 $LiNi_{0.5}Co_{0.2}Mn_{0.3}O_2$正极相比，新的浓度梯度核壳结构电极也显示出更优异的循环稳定性。此外，与普通电极相比，新的浓度梯度核壳结构电极显示出延迟的放热峰和减少的发热，表明在锂离子电池系统中具有良好的安全性能。新的温度调节策略为制备浓度梯度核壳结构锂离子电池电极提供了新的思路。

近几年，Sun、Amine 及其同事首次报道了全浓度梯度层状氧化物正极 $LiNi_{0.75}Co_{0.10}Mn_{0.15}O_2$，其中镍浓度从每个颗粒的中心到外层呈线性下降，而锰浓度则呈线性上升。使用这种全梯度方法，它能够同时结合利用富镍核心的高能量密度以及富锰外层的高热稳定性和长寿命。因此，全浓度梯度正极拥有215.4mAh·g^{-1}的高容量，并在2.7~4.5V的电压窗口下循环100次后仍保持有约190mAh·g^{-1}的容量(相对于Li/Li^+)，表明循环期间这种全梯度结构具有优异的结构稳定性。此外，这种电极材料的微米级和球形二次粒子由排列整齐的针状纳米级初级颗粒组成，因此也具有很好的倍率性能。

根据这一新颖的设计灵感，许多其他全浓度梯度层状氧化物正极材料，例如，Ni逐渐减少、Co、Mn逐渐增加的全浓度梯度结构$LiNi_{0.8}Co_{0.1}Mn_{0.1}O_2$和$LiNi_{0.7}Co_{0.1}Mn_{0.2}O_2$；Ni逐渐减少、Mn逐渐增加、Co恒定的全浓度梯度结构$LiNi_{0.75}Co_{0.1}Mn_{0.15}O_2$、$LiNi_{0.65}Co_{0.08}Mn_{0.27}O_2$、$LiNi_{0.60}Co_{0.15}Mn_{0.25}O_2$、$LiNi_{0.6}Co_{0.2}Mn_{0.2}O_2$、$LiNi_{0.54}Co_{0.16}Mn_{0.30}O_2$和$LiNi_xCo_{0.16}Mn_{0.84-x}O_2$($x=0.64$、0.59和0.51)，均被设计并用来进一步提高正极材料的电化学性能。Lee及其同事针对外层厚度对全浓度梯度正极$LiNi_{0.6-x}Co_{0.15+x}Mn_{0.25}O_2$($x=0$、0.01和0.04)的影响进行了详细研究。结果表明，稳定外层厚度的增加可以改善全浓度梯度电极的循环和热稳定性，但这会牺牲其可逆容量、倍率容量和低温性能。最近，研究者还制备了两个具有核壳结构的全浓度梯度富镍层状氧化物正极，以获得最大可能的可逆容量和结构稳定性。碳纳米管/硅复合材料作为负极和两个核壳结构的全浓度梯度富镍层状氧化物作为正极的全电池可以表现出高达350Wh·kg^{-1}的超高能量密度，在500次循环中具有优异的容量保持率，这种全电池可以满足电动汽车应用的能量密度要求。

富锂锰基层状氧化物具有比容量高、成本低等优点，被认为是一种很有前途的锂离子电池正极材料。由于Li_2MnO_3组分的电化学活化高达4.6V(相对于Li/Li^+)，这些富Li正极材料可提供超过260mAh·g^{-1}的可逆容量，其中涉及氧和锂离子的反应。不幸的是，目前为了将其商业化，还需要解决一些主要的缺点：(1)Li_2MnO_3在初始充放电过程中的不可逆电化学活化会导致初始库仑效率低。在最初的活化循环中，大量金属锂沉积在碳负极中，导致实际锂离子电池存在严重的安全问题；(2)与商品化的正极材料$LiCoO_2$和$LiNi_{0.5}Co_{0.2}Mn_{0.3}O_2$相比，低堆积密度导致的体积能量密度是明显的短板；(3)由于电解质/电极在高度脱硫醇状态下的界面不稳定，在长时间循环后层状相转变为尖晶石相，循环稳定性较差；(4)循环期间放电中值电位的逐渐下降。因此，开发具有高初始库仑效率、满意的体积能量密度、稳定的循环稳定性和优越的锂离子电池安全性能的富锂正极材料是实现下一代高性能锂离子电池工作的重点。

2012年，Wang及其同事将核壳结构应用于改善富锂层状氧化物的性能。他们首先通过碳酸盐共沉淀法合成了核壳结构1的前驱体$[(Mn_{1/3}Ni_{1/3}Co_{1/3})_{0.5}(Ni_{1/4}Mn_{3/4})_{0.5}]CO_3$，如图5-7(a)所示。然后将前驱体与锂源混合，并在850℃下煅烧12h，以获得核壳结构富锂层状氧化物$Li_{1.15}[(Ni_{1/3}Co_{1/3}Mn_{1/3})_{0.5}$

$(Ni_{1/4}Mn_{3/4})_{0.5}]_{0.85}O_2$，如图 5-7(b)所示。与核心成分 $Li_{1.15}[Mn_{1/3}Co_{1/3}Mn_{1/3}]_{0.85}O_2$ 相比，核壳结构正极具有优异的锂离子插层/脱层稳定性，而且与从壳层材料 $Li_{1.15}[Ni_{1/4}Mn_{3/4}]_{0.85}O_2$ 相比，核壳结构正极也具有更好的倍率性能。电化学阻抗谱(Electrochemical Impedance Spectroscopy，EIS)结果进一步证实了 $Li/Li_{1.15}[(Ni_{1/3}Co_{1/3}Mn_{1/3})_{0.5}(Ni_{1/4}Mn_{3/4})_{0.5}]_{0.85}O_2$ 电池的复合正极接触电阻和界面电荷转移反应均低于 $Li/Li_{1.15}[Ni_{1/4}Mn_{3/4}]_{0.85}O_2$ 电池[图 5-7(c)]。通过形成核壳结构，实现了核壳材料之间正属性的协同效应。

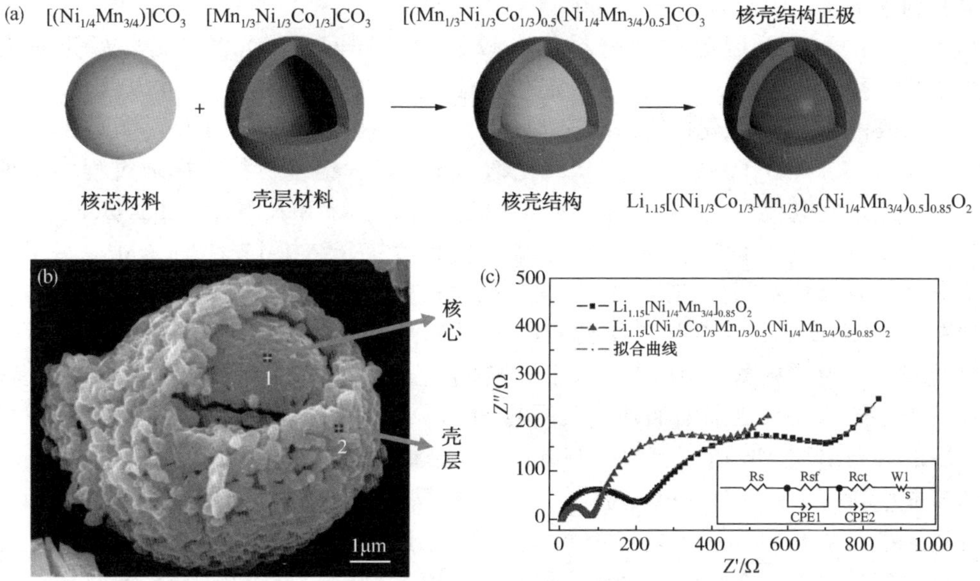

图 5-7　(a)球形核壳结构锂离子电池 $Li_{1.15}[(Ni_{1/3}Co_{1/3}Mn_{1/3})_{0.5}(Ni_{1/4}Mn_{3/4})_{0.5}]_{0.85}O_2$ 正极形成过程示意图；(b) $Li_{1.15}[(Ni_{1/3}Co_{1/3}Mn_{1/3})_{0.5}(Ni_{1/4}Mn_{3/4})_{0.5}]_{0.85}O_2$ 单颗粒核壳结构单核-壳横截面 EPMA 成分变化；(c)电化学阻抗谱(EIS)

后来，Wang 等人将浓度梯度结构引入富锂正极领域。他们合成了核壳结构 $Li_{1.13}[Mn_{0.534}Ni_{0.233}Co_{0.233}]_{0.87}O_2$ 正极材料，其每个材料颗粒均由一个内核和一个稳定的浓度梯度外层组成，其中锰含量逐渐增加。这种富锂层状浓度梯度正极可以提供 $220mAh \cdot g^{-1}$ 的比容量和很好的循环寿命以及优异的热稳定性。此外，全浓度梯度 $Li_{1.14}[Mn_{0.60}Ni_{0.25}Co_{0.15}]_{0.86}O_2$ 正极(其中 Mn 含量线性增加，Co 浓度从颗粒中心到外层逐渐降低)，多层壳 $Li_{1.5}Mn_{0.75}Ni_{0.15}Co_{0.10}O_{2+\delta}$ 正极微球也被相继报道出来。研究表明，上述两种正极材料均具有优异的电化学性能。

近年来，人们在富锂层状氧化物中引入了浓度梯度掺杂策略，以制备更稳定的正极材料表面和电极/电解液界面。Yang 及其同事通过一步共沉淀法，合理设计并合成了具有 Mg 浓度梯度壳层的球形核壳结构富锂层状氧化物。正如预期的那样，Mg 浓度梯度掺杂正极可以表现出优异的循环性能，在 100 次循环后容量保持率为 96.4%，在 1C(1C 对应 200mA · g^{-1})的高倍率充放电条件下仍具有 141.1mAh · g^{-1}的放电容量。此外，Gao 等人还报道了全浓度梯度 PO_4^{3-} 聚阴离子掺杂的富锂层状氧化物 $Li_{1.166}(Ni_{0.139}Co_{0.139}Mn_{0.556})O_2$。有趣的是，在 PO_4^{3-} 聚阴离子以浓度梯度的形式掺杂后，过渡金属元素 Ni、Co 和 Mn 在微米级和球形二级颗粒中的分布被梯度化，其中 Ni 和 Co 原子不断减少，Mn 原子从中心到表面逐渐增加。也就是说，PO_4^{3-} 聚阴离子和过渡金属离子在这种富锂正极中呈现双浓度梯度结构。因此，全浓度梯度掺杂 PO_4^{3-} 的正极形成了稳定的富锰和富 PO_4^{3-} 壳层，这有利于缓解高脱硫状态下 Ni^{4+}/Co^{4+} 与电解质之间的相互作用，抑制循环过程中初生晶粒的聚集，因此这种材料具有较长的循环寿命，400 次循环后仍具有 88.2%的容量保持率，并且其热稳定性也有所提高。

富镍和富锂层状氧化物的比容量都远高于其他正极(如 $LiCoO_2$、$LiNi_{1/3}Co_{1/3}Mn_{1/3}O_2$、$LiMn_2O_4$和 $LiFePO_4$)。与富镍层状氧化物相比，富锂锰基材料在循环过程中呈现出相对稳定的电极/电解质界面。为了同时实现高容量和长寿命，Ilias Belharouak 及其同事研发设计了混合正极材料，即浓度梯度核壳结构 $Li_{1.2}[Ni_{0.38}Mn_{0.62}]_{0.8}O_2$ 正极，其内部和外部分别为富镍层状氧化物和富锂锰基层状氧化物[图 5-8(a)]。如图 5-8(b)所示，混合核壳结构正极材料 $Li_{1.2}[Ni_{0.38}Mn_{0.62}]_{0.8}O_2$呈现出微米大小的球形形貌。从图 5-8(c)中单个颗粒横截面上的 EDS 结果可以看出，Mn 含量从中心的 37.3%逐渐增加到外表面的 61.6%，导致过渡金属元素在富锂层状材料中的分布出现 Mn 浓度梯度。$Li/Li_{1.2}[Ni_{0.38}Mn_{0.62}]_{0.8}O_2$纽扣电池首先以 0.1C 倍率充电至 4.9V(相对于 Li/Li^+)，再以相同的倍率放电至 2.0V(相对于 Li/Li^+)，然后在 2.0~4.6V(相对于 Li/Li^+)的电压范围内进行循环充放电测试。在初始循环过程中，充电和放电比容量约为 330 和 200mAh · g^{-1}[图 5-8(d)]，初始库仑效率约为 60%。相对于以 0.5C 的速率进行的初始循环，电池在 100 次循环后仍具有 97%的容量保持率[图 5-8(e)]。这种杂化材料融合了富镍和富锂层状氧化物的优点，为锂离子电池的高容量和耐久性正极提供了新的思路和方法。

近年来，Dahn 等人提出了以富镍层状氧化物为核心、富锰层状氧化物为壳层的核壳结构策略，在混合体系中平衡利用这些材料的优缺点。他们首先选择富镍正极材料 $Li_{1+x}(Ni_{0.67}Mn_{0.33})_{1-x}O_2$为核，以富锰正极材料 $Li_{1+y}(Ni_{0.2}Mn_{0.6}Co_{0.2})_{1-y}O_2$和 $Li_{1+y}(Ni_{0.4}Mn_{0.5}Co_{0.1})_{1-y}O_2$为两个独立的壳层。通过 x 和 y 值的变化设计了两个核壳结构正极系列：$0.67Li_{1+x}(Ni_{0.67}Mn_{0.33})_{1-x}O_2 \cdot 0.33Li_{1+y}(Ni_{0.4}Mn_{0.5}Co_{0.1})_{1-y}O_2$和 $0.67Li_{1+x}(Ni_{0.67}Mn_{0.33})_{1-x}O_2 \cdot 0.33Li_{1+y}(Ni_{0.2}Mn_{0.6}Co_{0.2})_{1-y}O_2$。

核壳前驱体 $0.67Ni_{0.67}Mn_{0.33}(OH)_2 \cdot 0.33Ni_{0.4}Mn_{0.5}Co_{0.1}(OH)_2$的横截面 EDS 如图 5-9(a)~(f)所示，其中呈现出富镍的核心，富锰和富钴的壳层。在 900℃下进行锂化后，钴在核壳之间的扩散非常严重，导致钴在核壳颗粒横截面上的分布大致均匀。有趣的是，图 5-9(A)~(F)中仍保留了富锰壳层。然而，由于壳中锰和镍之间的对比相对较弱，也可以观察到镍和锰在核和壳之间的一些扩散。

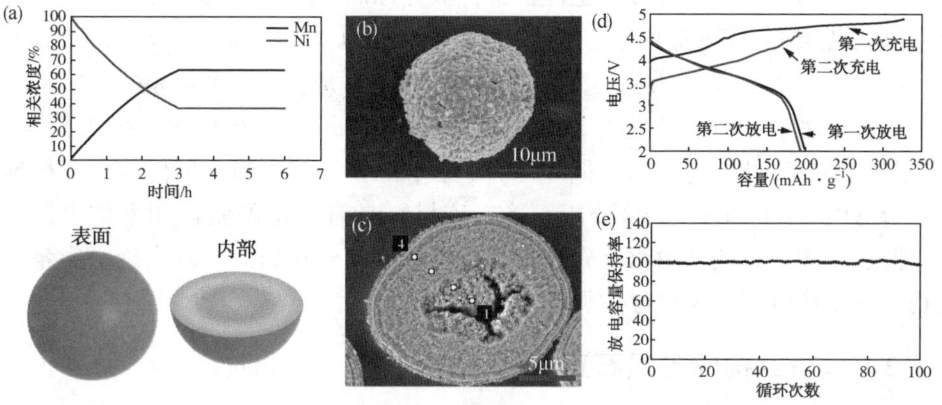

图 5-8 (a)锰和镍的相对浓度随反应时间的变化曲线及示意图；$Li_{1.2}[Ni_{0.38}Mn_{0.62}]_{0.8}O_2$ 正极颗粒(b)表面和(c)内部 SEM 图片；$Li_{1.2}[Ni_{0.38}Mn_{0.62}]_{0.8}O_2$ 正极(d)充放电曲线和(e)循环性能

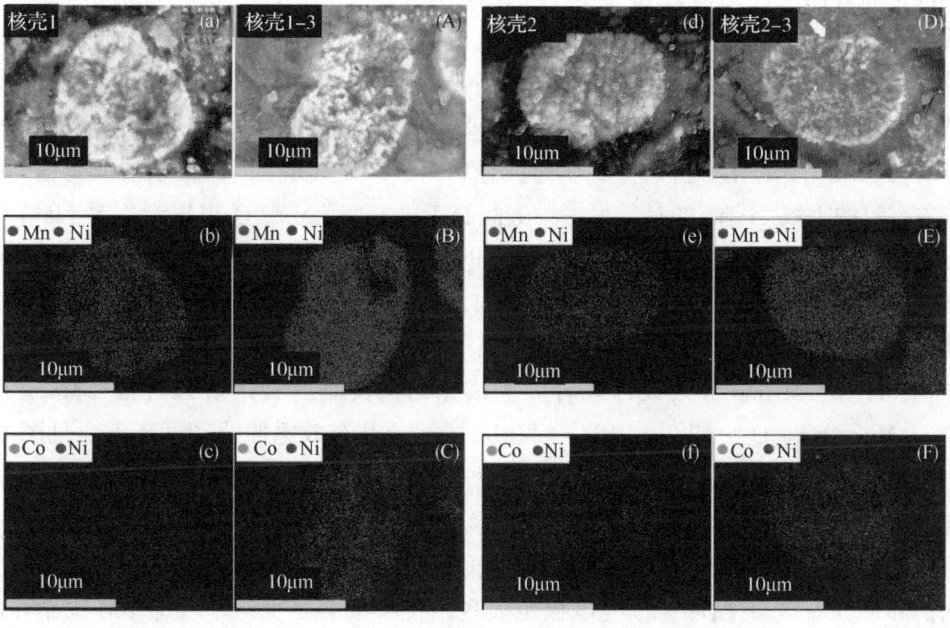

图 5-9 (a)、(b)、(c)核壳结构前驱体和相应的锂化产品(A)、(B)、(C) $0.67Li_{1+x}(Ni_{0.67}Mn_{0.33})_{1-x}O_2 \cdot 0.33Li_{1+y}(Ni_{0.4}Mn_{0.5}Co_{0.1})_{1-y}O_2$ 横截面的 SEM 图和相应的 EDS 图谱；核壳结构(d)、(e)、(f)前驱体和 $0.67Ni_{0.67}Mn_{0.33}(OH)_2 \cdot 0.33Ni_{0.4}Mn_{0.5}Co_{0.1}(OH)_2$ 和(D)、(E)、(F)相应锂化样品 $0.67Li_{1.04}(Ni_{0.67}Mn_{0.33})O_2 \cdot 0.33(Ni_{0.4}Mn_{0.5}Co_{0.1})_{0.92}O_2$ 横截面的 SEM 图和相应的 EDS 图谱

电化学测试表明，通过优化锂含量，核壳样品显示出低的不可逆容量、高比容量以及优异的循环稳定性。例如，核壳结构 $0.67Li_{1.04}(Ni_{0.67}Mn_{0.33})_{0.96}O_2 \cdot 0.33Li_{1.08}(Ni_{0.4}Mn_{0.5}Co_{0.1})_{0.92}O_2$具有较高的可逆容量，为 $218mAhg^{-1}$，不可逆容量仅为 12.3%。此外，它还显示出耐久的循环寿命。在 30℃下，在 2.5~4.6V（相对于 Li/Li^+）的电压窗口下循环 40 次后可展示出 98%的容量保持率。根据微分容量与电势（dQ/dV 与 V）分析，确定该材料具有稳定的阻抗和平均电压。因此，混合结构，即调节由富锰壳和富镍核组成的核壳材料，可以实现高容量、高且稳定的工作电压以及优异的循环寿命。

5.3.2 核壳结构的尖晶石正极

自 1983 年萨克雷首次报道尖晶石 $LiMn_2O_4$以来，这种尖晶石正极因其制备简单、成本低、无毒性而被广泛研究。该材料具有面心尖晶石结构，具有 $Fd-3m$ 空间群，其中 Mn、Li 和 O 离子分别位于 16d 八面体位、8a 四面体位和 32e 位。其特有的各向同性结构为 Li^+扩散提供了一个 3D 传输网络，使其可用于快速 Li^+插入/脱插入反应。然而，这种尖晶石电极在高温下循环时容量会明显衰减，这严重阻碍了其广泛的商业化应用。这一限制因素与 Mn^{3+}的歧化反应有关，即 $2Mn^{3+} \rightarrow Mn^{2+} + Mn^{4+}$。为了解决尖晶石正极 $LiMn_2O_4$的上述不足，人们广泛研究如何改善 Mn 离子的化学价态。二价过渡金属离子，尤其是 Ni^{2+}的掺杂被证明是一种非常有效的手段。有趣的是，另一种尖晶石正极 $LiNi_{0.5}Mn_{1.5}O_4$可以看作是 $LiMn_2O_4$衍生物，是将 $LiMn_2O_4$尖晶石中四分之一的 Mn 被 Ni 取代。这种 $LiNi_{0.5}Mn_{1.5}O_4$电极可以提供 4.7V 的高放电电压（相对于 Li/Li^+），良好的倍率容量，即使在高温下也具有出色的循环性能，因为它主要由 Mn^{4+}而不是 Mn^{3+}组成。

2011 年，Myung 等人设计并合成了核壳结构尖晶石氧化物 $Li[(Li_{0.05}Mn_{0.95})_{0.8}(Ni_{0.25}Mn_{0.75})_{0.2}]_2O_4$，如图 5-10（a）和（b）所示。其充放电曲线和循环寿命见图 5-10（c）和（d），在 60℃、3.0~5.0V（相对于 Li/Li^+）的电压范围内进行了研究。研究发现，在 $26mA \cdot g^{-1}$的电流密度下，核壳尖晶石正极可以提供 $116.8mAh \cdot g^{-1}$的高比容量。厚而稳定的外壳有可能在长周期内保护堆芯材料免受 HF 攻击。因此，即使在 60℃下循环，核壳电极也表现出优异的容量保持率，即 100 次循环后的容量保持率约为 95.2%。值得注意的是，它还显示出较高的初始库仑效率，初始不可逆容量仅为 2.1%。

图 5-10（e）中长循环核心和核-壳结构电极的 XRD 结果证实了在电化学反应过程中，壳层在核材料上产生了预期的保护作用。循环核心电极的 XRD 图谱显示原始立方相与新形成的四方相共存，表明存在 Mn^{2+}的歧化/溶解反应，这有可能是电解液中的 HF 侵蚀导致的。作为对比，在 60℃条件下，核壳结构

$Li[(Li_{0.05}Mn_{0.95})_{0.8}(Ni_{0.25}Mn_{0.75})_{0.2}]_2O_4$尖晶石正极在4.3V（相对于$Li/Li^+$）甚至5V（相对于$Li/Li^+$）下循环充放电后仍可以保持原来的立方结构。

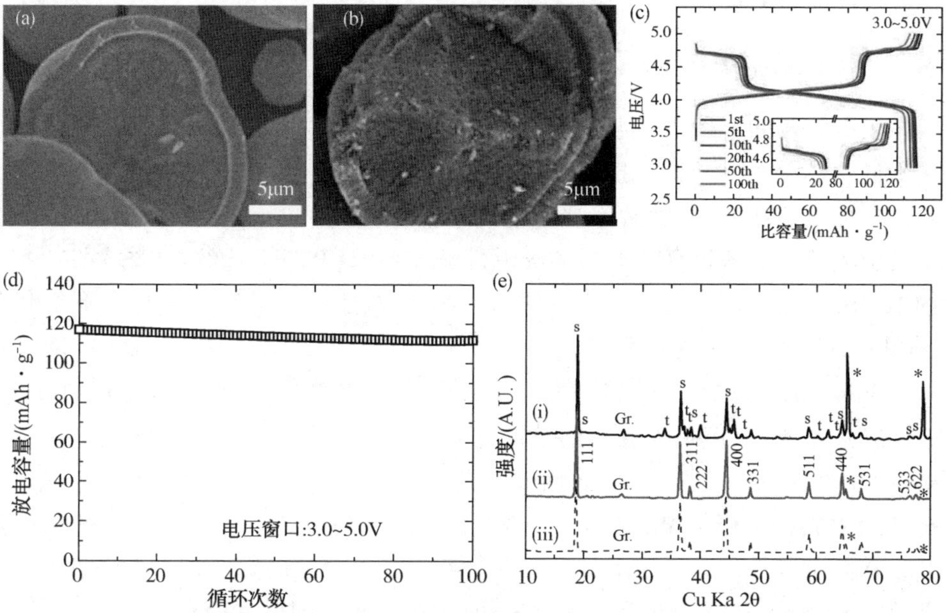

图 5-10　(a)核壳结构前驱体和(b)核壳结构锂化的尖晶石颗粒的SEM图像；核壳结构$Li[(Li_{0.05}Mn_{0.95})_{0.8}(Ni_{0.25}Mn_{0.75})_{0.2}]_2O_4$正极材料的(c)连续充放电曲线和(d)循环性能[60℃温度下，在3.0~5.0V（相对于Li/Li^+）电压范围内]；(e)60℃下循环后电极的XRD图谱：(e-i)$Li_{1.1}Mn_{1.9}O_4$核心在3~4.3V（相对于Li/Li^+）和核壳结构$Li[(Li_{0.05}Mn_{0.95})_{0.8}(Ni_{0.25}Mn_{0.75})_{0.2}]_2O_4$在(e-ii)3~4.3V（相对于$Li/Li^+$）和(e-iii)3~5V（相对于$Li/Li^+$）的电压范围内

Hu、Wang和同事在后续研究中合成了镍浓度梯度增加层，表层成分为$LiMn_{1.5}Ni_{0.5}O_4$的浓度梯度型核壳结构尖晶石阴极$LiMn_{1.87}Ni_{0.13}O_4$。与纯$LiMn_2O_4$相比，浓度梯度型核壳结构$LiMn_{1.87}Ni_{0.13}O_4$样品在电流密度为$74mA \cdot g^{-1}$、55℃情况下，在3.0~4.4V之间循环时的初始容量略微降低，为$108.2mAh \cdot g^{-1}$（相对于Li/Li^+），在200次循环中的容量保持率得到了显著提高，约为90.2%。此后，Wang和同事进一步制备了具有$LiMn_2O_4$核心和稳定浓度梯度包覆层的浓度梯度型核壳结构尖晶石正极$LiMn_{1.912}Ni_{0.072}Co_{0.016}O_4$，其中Ni和Co含量不断增加，而最外层的成分为$LiNi_{0.45}Co_{0.1}Mn_{1.45}O_4$。

根据上述研究结果，使用$LiMn_{1.5}Ni_{0.5}O_4$作为$LiMn_2O_4$表面的稳定保护层，可以提高尖晶石型$LiMn_2O_4$正极的循环稳定性。可以明确的是，保护层将防止核心直接接触电解液，从而限制循环期间锰的溶解和活性成分的损失。此外，保护层还起到对抗 HF 刻蚀的作用，因此可以保持稳定的表面结构。在 $LiMn_2O_4$表面设计并建立稳定的壳层和/或浓度梯度层是改善 $LiMn_2O_4$循环性能，尤其是在高温下循环性能的有效途径。

5.3.3 核壳结构的橄榄石正极

橄榄石结构的 $LiFePO_4$是 Goodenough 等人于 1997 年首次制备得到的，由于其成本低、环境友好，尤其是优越的热稳定性，目前已被广泛研究和使用。但其固有的低导电性和 Li^+传输效率严重限制了其在锂离子电池中的广泛应用。碳包覆层的引入可以显著提高该材料的导电性，在室温(RT)下从约 $10^{-8}S \cdot cm^{-1}$提高到约 $10^{-1}S \cdot cm^{-1}$，因此，它可以在 3.4V(相对于 Li/Li^+)工作电压下提供约 $160mAh \cdot g^{-1}$的大比容量。

$LiMnPO_4$是 $LiFePO_4$的同构体，由于其较高的工作电压(4.1V 相对于 Li/Li^+)，被认为是比 $LiFePO_4$更有前途的正极材料。然而，$LiMnPO_4$的电子导电性更差($<10^{-10}S \cdot cm^{-1}$)，而且它还面临着充电/放电过程中锰的溶解问题，这与前面提到的尖晶石正极 $LiMn_2O_4$类似。因此，$LiMnPO_4$的循环寿命难以令人满意，尤其是在高温条件下。关于 $LiMnPO_4$的研究主要集中在提高电化学循环性和导电性上。Sun、Scrosati 及其同事曾提出一种核壳结构，即微米级球形 $LiMn_{0.85}Fe_{0.15}PO_4$，然后采用 $LiFePO_4$ 对其进行表面改性，其中保护层 $LiFePO_4$(外壳)可以隔离核心成分 $LiMn_{0.85}Fe_{0.15}PO_4$与电解液之间的接触，而且在电化学反应中可以提供较强的电子导电性。他们为核壳结构 $LiMn_{0.85}Fe_{0.15}PO_4$@ $LiFePO_4$正极构筑了具有不同厚度的外壳层(0.2μm、0.3μm 和 0.5μm)，如图 5-11(a)~(f)所示。

正如预期所料，C/核壳结构 $LiMn_{0.85}Fe_{0.15}PO_4$@ $LiFePO_4$(外壳为 0.5μm)电池在 25℃、2.7~4.4V 的电压范围内(相对于 Li/Li^+)，经过 300 次循环后表现出高达 85%的优异容量保持率，远优于 C/块体 $LiMn_{0.85}Fe_{0.15}PO_4$电池，如图 5-11(g)和(h)所示。考虑到壳层 $LiFePO_4$具有较高的电子导电性，核壳核壳结构 $LiMn_{0.85}Fe_{0.15}PO_4$@ $LiFePO_4$电极的倍率容量也得到了相应的提高。此外，即使在 0℃和 20℃的低工作温度下，核壳结构的样品仍具有高容量和良好的容量保持性。众所周知，橄榄石型 $LiMnPO_4$的容量衰减与 Mn^{2+}溶解高度相关，这与尖晶石正极 $LiMn_2O_4$的容量衰减类似。图 5-11(i)显示了 60℃下 4 周内，Mn^{2+}在充满电的(相对于 Li/Li^+4.5V)核心 $LiMn_{0.85}Fe_{0.15}PO_4$和核壳结构 $LiMn_{0.85}Fe_{0.15}PO_4$@ $LiFePO_4$正极在电解液中的溶解情况。显然，由于 $LiFePO_4$外层阻止了核心 $LiMn_{0.85}Fe_{0.15}PO_4$与电解液之间的直接接触，核壳材料正极的 Mn^{2+}溶解被大幅减少。相应地，核壳结构 $LiMn_{0.85}Fe_{0.15}PO_4$@ $LiFePO_4$正极与核心组分 $LiMn_{0.85}Fe_{0.15}PO_4$相比也表现出更高的循环稳定性。

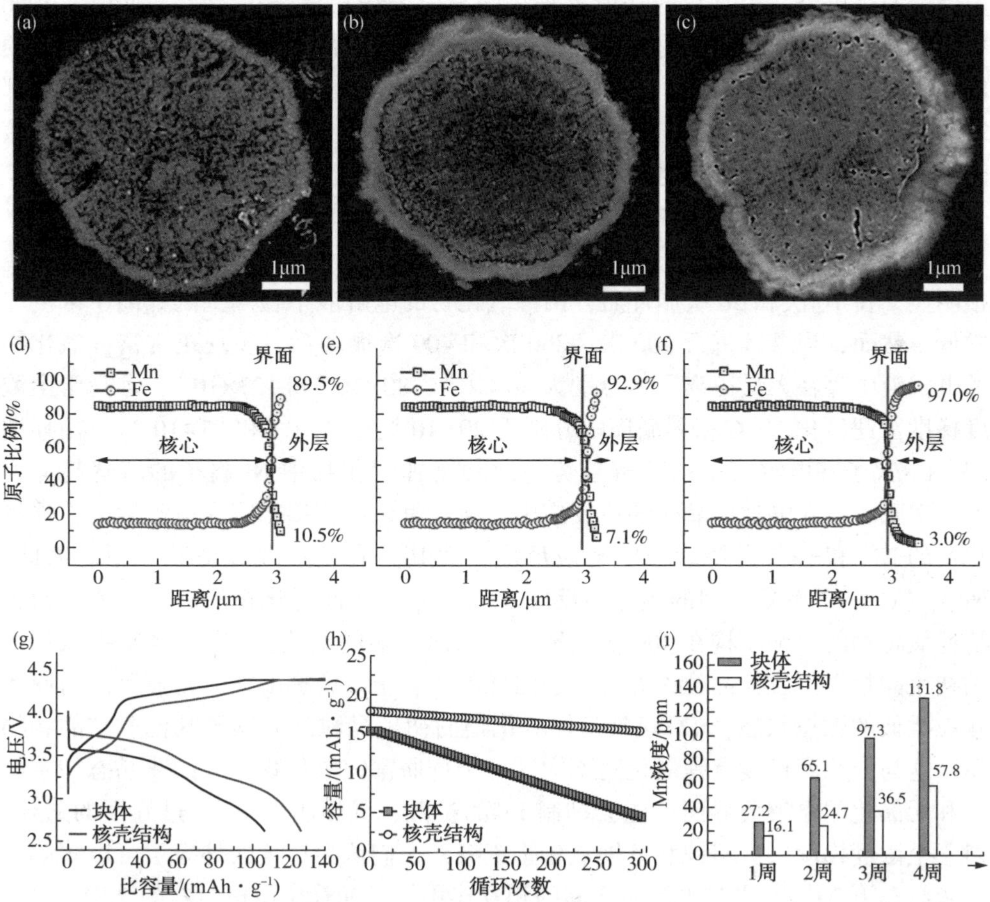

图 5-11　核壳结构 $LiMn_{0.85}Fe_{0.15}PO_4$@$LiFePO_4$ 单颗粒的 SEM 横截面图：外层厚度(a) 0.2μm，(b)0.3μm，(c)0.5μm；相应的合成核壳的 EDS 结果：外层厚度(d)0.2μm，(e) 0.3μm，(f)0.5μm；(g)以 $LiMn_{0.85}Fe_{0.15}PO_4$ 和 $LiMn_{0.85}Fe_{0.15}PO_4$@$LiFePO_4$ 为正极的全电池(采用石墨作为负极)的第一充放电曲线；(h)以 $LiMn_{0.85}Fe_{0.15}PO_4$ 和 $LiMn_{0.85}Fe_{0.15}PO_4$@$LiFePO_4$ 为正极的全电池(采用石墨作为负极)的循环寿命[电池在25℃、2.7~4.4V(相对于 Li/Li^+)电压范围内，以 8.5mA · g^{-1}(0.05C 倍率)充电，并以 85mA · g^{-1}(0.5C 倍率)放电]；(i)在 60℃下，锰在充满电(相对于 Li/Li^+)的核心和核壳电极的电解液中的溶解试验

5.3.4　具有浓度梯度的核壳结构正极性能改善的原因

如上所述，与这些核心和/块体材料相比，具有浓度梯度的核壳结构正极材料能表现出更好的电化学性能，尤其是在延长循环寿命、提高倍率容量和安全性方面。了解改善材料性能的根源，对于设计性能优异的新型理想正极非常有益。因此，需要对电极循环过程中的结构转变进行研究，以揭示这些性能改善的根本

原因。通过单个一次晶粒的透射电子显微镜成分线扫描结果证实，即使在 3000 次循环后，镍和锰的原始浓度梯度趋势仍能很好地保持，这表明尽管存在重复的 Li^+脱出/插入，全浓度梯度正极的成分梯度仍保持稳定。此外，结构稳定的外部浓度梯度和/或壳层可以作为内核成分的保护层。因此，这些具有浓度梯度的核壳结构正极材料有望抑制电极表面和电解质之间的副反应以及结构转变。

为了说明富锰和 PO_4^{3+} 掺杂的外壳层在全浓度梯度富锂层状氧化物中的作用，Gao 等人研究了不同循环次数中溶解在电解质中的镍和钴离子的浓度变化。很明显，在 10 次和 50 次循环后，两种氧化物的电解液中检测到的镍离子浓度非常低。然而，当继续进行 100 次、200 次和 400 次循环后，发现正常富锂氧化物的电解液中存在大量镍离子，分别为 40×10^{-6}、80×10^{-6}和 123×10^{-6}，远高于全浓度梯度富锂氧化物(在相同循环中分别为 20×10^{-6}、27×10^{-6}和 53×10^{-6})。循环期间，Co 离子在电解液中的溶解趋势与两种富锂氧化物中 Ni 离子的溶解趋势相似。实际上，在电池的氧化还原反应中，活性氧化物直接暴露在电解液中，强氧化性的 Ni^{4+}和 Co^{4+}会持续与电解液反应，尤其是在高度脱硫醇状态下。因此，Ni^{4+}、Co^{4+}和电解质之间的额外副反应严重破坏了活性氧化物的表面性质。两种活性氧化物的精细结构在 400 次循环后显示出明显的变化：(1)正常富锂氧化物的初生晶粒聚集成大晶粒，并开始趋向非晶化，全浓度梯度样品则显示出与原始颗粒类似的颗粒状态；(2)正常富锂氧化物的初生晶粒间充满了其他非结晶状物质，这与全浓度梯度富锂氧化物不同。对于普通富锂氧化物，大的非晶态初生晶粒和无晶化的电解质界面可能会抑制 Li^+的扩散，甚至阻断 Li^+穿过界面的路径。对于全浓度梯度层状富镍和富锂氧化物正极，人们认为稳定的外壳层可以缓解高脱硫状态下 Ni^{4+}/Co^{4+}与电解质之间的相互作用，进而稳定电极材料的结构。

Aurbach 及其同事研究了普通块体材料和全浓度梯度富镍层状氧化物 $LiNi_{0.65}Co_{0.08}Mn_{0.27}O_2$在循环过程中的结构演变。选区电子衍射(Selected Area Electron Diffraction，SAED)结果清楚地表明，普通块体材料的颗粒在循环后表面含有 R-$3m$ 空间群的菱面体相和 Fd-$3m$ 空间群的尖晶石立方相，而全浓度梯度颗粒在循环后仅能检测到菱面体相。这证实，形成的尖晶石相沿着纳米棒形态颗粒的裂缝和空隙分布在整个微球体中。形成微球的初级颗粒之间的间距使电解质在充电/放电操作期间能够穿透，从而会沿颗粒内部的溶液-电极界面形成尖晶石相。

Zhang 及其同事研究了新形成的尖晶石富镍层状氧化物 $LiNi_{0.5}Co_{0.2}Mn_{0.3}O_2$正极电化学阻抗谱的影响。他们认为，尖晶石相在循环过程中会形成大量结构缺陷，并且颗粒表面上出现的尖晶石/层状混合相会导致高的界面电阻 Rest 和电荷转移电阻(Rct)，电化学电阻的急剧增加将阻碍电子和 Li^+的顺利迁移，进而导致可逆容量的衰减。Sun 等人研究了充电至 4.5V(相对于 Li/Li^+)的锂/全浓度梯度正极和锂/块体正极电池的电化学阻抗谱相对于循环次数的变化情况。结果显示

Li/全浓度梯度正极电池的静态电荷转移电阻 Rct 较低。他们认为，在颗粒表面具有较高锰含量的全浓度梯度核壳结构电极能够保持表面稳定，并在循环时保持较低的电化学阻抗。

基于上述结果和相关分析，认为外层浓度梯度和/或壳层在实现正极材料优异的电化学性能方面起着重要作用。首先，外部浓度梯度和外壳层可以防止敏感活性核心直接接触电解质，避免或限制活性成分的损失。其次，稳定的外浓度梯度和壳层可能会抑制 Ni^{4+} 和 Co^{4+} 与电解质界面上的相互作用引起的相变，尤其是在高度脱硫状态下，这有助于维持低的电化学阻抗。因此，具有浓度梯度的核壳结构正极材料具有延长循环寿命、提高倍率和热稳定性能的作用。

5.4 总结与展望

核壳结构能够利用核心和壳层组分相互之间的优势，然后调节制备出新的功能材料。这一概念在材料科学和工程领域得到了广泛的应用和推广。在过去的三十年里，开发更高的能量密度、更高的功率、更安全和更耐用的电极材料，尤其是正极材料，是锂离子电池领域的主要驱动力。三种主要类型的正极材料，层状镍钴锰氧化物，包括高容量富锂氧化物、尖晶石 LiM_2O_4(M=Mn 或 Ni)和橄榄石 $LiMPO_4$(M=Fe 或 Mn)，已被广泛研究使用，并被认为是有希望替代高成本商业化 $LiCoO_2$的候选材料。尽管这些正极具有诱人的电化学性能，但在这些候选正极广泛应用于锂离子电池系统之前，必须解决一些难以令人满意的缺陷(例如，富镍层状氧化物的内部热稳定性和较差的循环寿命，尖晶石 $LiMn_2O_4$在高温下的寿命不足，以及橄榄石 $LiMPO_4$的导电性较差)。现在普遍认为，电极材料颗粒的表面包覆层在保持优越的化学、电化学和物理性能方面起着至关重要的作用，构建一个多功能表面对于开发锂离子电池所需的正极非常有帮助。近十年来，人们引入了核壳结构和浓度梯度结构策略来改善上述正极的电化学和物理性能。通常，核心是高比容量和/或高压电极材料，例如富镍 $LiNi_{0.8}Co_{0.1}Mn_{0.1}O_2$、富锂$Li_{1.2}Ni_{0.13}Co_{0.13}Mn_{0.54}O_2$和 $LiMnPO_4$。而壳层一般采用结构和热稳定良好，且具有快速电子和锂离子传输的材料，包括高锰含量层状氧化物 $LiNi_xCo_{1-2x}Mn_xO_2$ ($1/3\leqslant x\leqslant 1/2$)和 $LiNi_{0.5}Mn_{1.5}O_4$，这些材料具有三维结构的锂离子迁移通道。许多研究人员合理地制备了许多核壳结构正极，正如预期的那样，这些电极材料显示出优异的电化学和物理性能，尤其是在延长使用寿命、提高倍率性能、保持安全性方面。尽管在具有浓度梯度的核壳结构正极材料方面取得了令人振奋的成就，但这些改进性能的原理直到现在还不完全清楚。目前普遍认为首先是由于外层浓度梯度和壳层防止敏感活性核心直接接触电解液，避免或限制了活性成分的损失。其次，稳定的外浓度梯度和壳层可能会抑制 Ni^{4+}/Co^{4+}与电解质界面的相互作用引起的相变，尤其是在高度脱硫状态下，这有助于维持低的电化学阻抗。尽管具有浓度梯度的核壳结构正极的性能改善机制已经引起了人们的关注，但未来仍需要做更多的工作来阐明其根本原因。具有浓度梯度的核壳结构正极中的杂化结构，即它包含两种或两种以上不同的晶体结构(例如，富镍层状核和富锰尖晶石壳)，可能可以提供所需的性能。由具有核壳结构或浓缩结构的富镍和/或富锂正极以及硅基负极制成的高能量高功率型锂离子电池被认为是最有前途的下一代产品。然而，必须在科学和工程领域进行大量工作，以达到其适合锂离子电池商业化应用的水平。

6 基于核壳结构的超级电容器电极材料

设计核壳结构是实现超级电容器电极材料大表面积和高电导率的有效途径之一，可以为电化学反应提供更多的法拉第反应位点，加速电荷转移，从而提高其电容性能。为了更好地理解核壳结构电极材料的优势，本章主要对核壳结构的材料种类、形态、合成方法以及电化学性能进行了比较。超级电容器的电活性材料包括碳材料、导电聚合物、金属、金属氢氧化物、金属氧化物和金属硫化物，而核壳结构电极材料更考虑了零维、一维、二维和三维的形貌特征优势。本章主要概述了过去几年制造核壳材料最常用的方法，并指出了核壳结构材料类别和形态的最有效组合。通过了解核壳结构的细节，可以在材料类别和形态的选择方面实现更有效的设计，从而实现超级电容器更好的电容性能。

6.1 核壳材料的电极材料的进展

核壳结构通常由位于中心的一个核心和其表面的一个壳层组成。核壳结构可以通过结合两种具有不同固有特性的材料来设计，例如高导电性或高电化学活性。通过构建核-壳系统，还可以组装两种相互合适且匹配的形态，例如在高速电荷转移核上涂覆薄膜壳，以及在纳米棒/纳米管/纳米颗粒核心上生长垂直纳米片。与单一材料结构相比，核壳结构通过结合具有互补性质的另一种材料，可以部分或完全消除某种材料的短缺，获得更好的储能能力。因此，构建核壳结构的主要优势在于，将具有互补固有特性和合适形貌的多种材料结合在一起时具有很高的灵活性。核壳结构在电化学领域也有着广泛的应用，如电催化和储能。

2007 年首次报道了核壳材料在超级电容器研究领域的应用。Mi 等人利用微波辅助聚合技术合成了聚苯胺(PANI)和多壁碳纳米管(MWCNT)的核壳结构。多壁碳纳米管用于增强聚苯胺的导电性。当电流密度为 $1mA/cm^2$时，比电容(C_F)为 322F/g，是多壁碳纳米管电极的 12 倍。2008 年，同一组报告了一种核壳聚吡咯/聚苯胺(PPy/PANI)复合材料，由聚吡咯纳米管通过苯胺单体原位化学氧化聚合而成。在 1M H_2SO_4电解液中，该体系的比电容值为 416F/g。2010 年，Liu 等人报道了第一篇金属氧化物碳核壳结构的文献。他们采用正极电沉积的方法，在一个碳纳米纤维阵列上制备了垂直包覆的同轴氧化锰薄膜作为超级电容器电极。碳质核心提供高导电性，锰氧化物外壳提供大且有效的表面积。这种电极材料在

0.10M Na_2SO_4水溶液中，当电流密度为0.050mA/cm^2时，可获得65F/g的比电容。与前几年相比，2011年后，关于超级电容器电极核壳结构的报告数量迅速增长。Bao等人首次报道了由双金属氧化物核心和金属氧化物壳层组成的核壳结构。他们为超级电容器电极制备了一种Zn_2SnO_4@MnO_2核壳结构电极。在1M Na_2SO_4水溶液中，当电流密度为1A/g时，可以得到642.4F/g的比电容。Dong等人首次报道了由碳质核心和碳壳层组成的核壳结构超级电容器电极。他们提出了一种疏水性单壁碳纳米管(SWCNT)和两亲性氧化石墨烯(GO)纳米片通过超声混合的水性分散体，用于超级电容器的应用。在0.8A/g的电流密度下，该体系的比电容为195F/g。同年，Kim等人首次报道了金属核心和金属氧化物壳层核壳结构。他们使用模板辅助电化学方法合成了三维Ni核心-NiO壳层核壳结构作为超级电容器的电极。在0.2mA/cm^2的电流密度条件下，该核壳结构电极的比电容约为96F/g。2011年，Wang等人提出将导电聚合物和金属氧化物结合起来，形成用于超级电容器的核壳结构电极。他们合成了一系列氧化镨/聚吡咯(Pr_6O_{11}/PPy)纳米复合材料，采用基于胺功能化Pr_6O_{11}材料的表面原位引发聚合技术，并将其应用于电化学能量存储，在1.0M $NaNO_3$电解质溶液中，电流密度10mA/cm^2下可获得400F/g的比电容。Zhou等人提出了一种基于氮化物的核壳结构，并使用同轴静电纺丝技术制备了用于超级电容器的氮化钛-氮化钒(TiN-VN)纤维核壳结构电极。这些核壳纤维将介孔结构引入到电子导电的过渡氮化物杂化物中，以利用VN的高比电容和TiN良好的倍率性能。在2mV/s时，该核壳电极的比电容值约为247.5F/g。随后又有人提出了一种用于超级电容器的金属氢氧化物和金属氧化物核壳结构。Jiang等人设计了一种以纳米片表面为超级电容器电极的$Ni(OH)_2$@MnO_2纳米线的核壳结构，在中性电解质和碱性电解质中分别获得了355和487.4F/g的比电容。其电容性能的增强是由于一维$Ni(OH)_2$纳米线核心上存在具有大接触面积的MnO_2纳米片壳层，该壳层既是电容主链又是导电通路。此外，这种核壳材料也都是良好的赝电容材料。碳材料、导电聚合物、金属氧化物、金属硫化物和金属氮化物均可被用于构建核壳结构。不同材料的组合会产生不同的功能，并对复合材料产生协同效应。随后，核壳结构的超级电容器电极得到蓬勃发展。在超级电容器的核壳结构中，以镍和钴为基础的双金属氧化物主要用作核心材料。

在下面章节中，将分别讨论用于超级电容器核壳结构电极的核心与壳层的材料和形态。

6.2 核心材料

核心的功能是更有效地转移电荷，同时贡献电容。核心材料可分为三类，即碳材料、金属和半导体。与半导体相比，碳材料和金属具有很高的导电性。碳质核心和金属核心的作用主要是促进充放电过程中的电荷转移。

6.2.1 基于碳核的核壳结构

碳材料，如碳球、碳纤维、活性炭、石墨烯和碳纳米管，均可作为超级电容器核壳结构中的核心。Lamiel 等人使用水热方法合成了介孔碳球/镍钴硫化物(CS@ Ni-Co-S)核壳纳米结构。介孔碳质核心具有优异的导电性、化学稳定性和较低的生产成本。CS/Ni-Co-S 超级电容器电极在 2A/g 的电流密度下的比电容为 724. 4F/g，而且在 2000 次充放电循环后的比电容保持率仍高达 97. 9%。Zhou 等人通过酸氧化处理制备了多孔核壳结构的碳纤维。在 1mol H_2SO_4电解液中，在 0. 5A/g 电流密度条件下，可获得 98F/g 的比电容，并且在 3000 次循环后，比电容保留率可达到 98. 5%。Lqbal 等人利用掺杂炭黑的碳纳米纤维/聚苯胺核壳纳米纤维制造了一种柔性超级电容器电极，该器件在 0. 5A/g 的电流密度下的比电容为 501. 6F/g，在 5000 次循环后的比电容保持率可达到 91%。Xie 等人以蚕丝为模板，通过浸涂法制备了石墨烯包裹的掺氮活性碳纤维核壳结构(ACF@ GR)。天然蚕丝由氨基酸组成，其官能团为$-NH_2$和-COOH。而氧化石墨纳米片的表面含有羟基、环氧化物、二醇、酮和羧基等含氧基团。氧化石墨和丝之间的强相互作用可以通过离子键($—COO—NH^{3+}$)、氢键或范德瓦尔斯力发生，从而形成丝状氧化石墨包覆层(silk@ GO)的核壳结构。然后通过炭化处理获得纤维@ 还原的氧化石墨烯(ACF@ GR)，该电极在 0. 1A/g 的电流密度下的比电容为 552. 8F/g，在 2000 次充放电循环后的可保持 71. 3%的比电容。使用生物质丝模板合成碳基核壳结构是相对新颖的。一维丝状核心具有较低固有电阻和高比表面积的中空特性。Jia 等人制作了用作超级电容器电极的核壳结构石墨烯@ MnO_2纳米片阵列(G@ MnO_2纳米片)。G@ MnO_2纳米片电极在 2mV/s 时的比电容高达 1176F/g，其循环寿命非常可观，在 10000 次循环后电容损失可忽略不计。

另一方面，碳纳米管在近几年内被大量用作核壳结构的碳质核心。Wu 等人合成了一维碳纳米管@ MnO_2纳米片与二维还原氧化石墨烯(rGO)纳米片核壳结构，其在 0. 5A/g 电流密度下的比电容为 298F/g，在 5000 次循环后可保持 90. 3%的比电容。Changzhou 等人合成了多壁碳纳米管核/聚苯胺壳纳米复合材料，其在 2A/g 的电流密度下的比电容为 296F/g，1000 次循环后可获得 84%的容量保持率。

使用碳材料作为核心来构建核壳结构的主要优点是高导电性，以增强核壳结构中心的电荷转移，并且碳的生产成本低，甚至可以从废弃生物材料中生产。另一方面，在核壳结构中使用碳质核心的缺点是碳材料的电化学储能能力相对较差。因此，外壳材料需提供高效的电化学储能，以补偿此类系统中碳质核心的小电容。

6.2.2 基于金属核的核壳结构

金属是天然的核心材料，例如，金属铜和镍均被用作超级电容器核壳结构的核心。Kim 等人合成了三维 Ni 核心@ NiO(反蛋白石壳层)作为超级电容器电极，在 0.2mA/cm^{2}下获得了约 96F/g 的比电容。Deng 等人制备了三维锰核心@ 锰氧化物膜赝电容器电极。在 5mV/s 时，其比电容可达 1200F/g，而且可以获得令人满意的倍率性能和循环性能。Chen 等人通过水热方法制备了铜@ 镍基二氧化锰核壳纳米结构。空心金属核心具有高导电性，这保证了在电解质/电极界面处有效的电荷转移。该电极在 0.25A/g 的电流密度下的比电容为 374F/g，3000 次循环后的比电容保留率为 86.9%。研究者们还开发了金属核心和相应的金属氧化物壳层的核壳结构电极材料。Wang 等人通过水热法在泡沫镍上合成了 Co/CoO 核壳纳米结构电极。装配器件后在 1mA/cm^{2}的电流密度下的面积电容为 1.62F/cm^2，在 10000 次充放电循环后的电容保持率为 85%。Liu 等人通过水热法和热处理的氧化还原反应，构建了以纳米颗粒为核心、NiO 为壳层、rGO 为导电层的 Ni@ NiO@ rGO 三维核壳结构。制备的电极材料在 1A/g 电流密度下的比电容为 2048.3F/g。该电极材料的循环稳定性也非常好，在 50℃下进行 10000 次循环后，电容保持率可达到 77.8%。金属核心能够为加速电荷转移提供高导电性，但形态设计相对困难，用于电荷存储的电化学反应也较少。因此，金属氧化物复合壳层是以金属为核心弥补金属短缺的核壳结构中不可或缺的一部分。

6.2.3 基于半导体核心的核壳结构

另一种核心材料是半导体，这是超级电容器应用的核心/外壳结构中最常用的类别。这种核心的功能主要是为电荷积累提供高的电容能力。因此，作为这类材料的核心，以镍和钴化合物为主的高电容材料非常受欢迎。一方面，考虑到非金属部分，半导体核心可分为金属氢氧化物、金属氧化物和金属硫化物。另一方面，考虑到化合物中涉及的金属部分，半导体核心可分为单金属化合物和双金属化合物。双金属化合物作为核心比单一金属化合物更受欢迎，因为其在充电/放电过程中会发生更多法拉第氧化还原反应，并且基于氧化物的半导体在大气中更稳定。其中，又以镍钴氧化物作为超级电容器核壳结构中的核心的研究报道最多。

6.2.3.1 镍钴氧化物核壳结构

以下讨论基于 $NiCo_2O_4$核心的不同壳层材料的核壳结构。壳层材料可以有很多种。双金属氧化物是 $NiCo_2O_4$基核壳结构超级电容器研究最多的外壳材料，主要是因为两种金属氧化物的充电和放电过程中发生了更多的法拉第反应。

Liu 等人采用水热法和化学浴沉积法制备了超级电容器电极用 $NiCo_2O_4$@

$NiCo_2O_4$核心@ 纳米片壳层核壳结构，在 5mA/cm^2的电流密度下，其比电容为 2.20F/cm^2，在 4000 次循环后，比电容保持率为 98.6%。$NiCo_2O_4$纳米片核心提供快速的离子/电子转移和大量的活性中心。Zhou 等人使用溶液法作为超级电容器电极，合成了均匀的 $NiCo_2O_4$纳米片@ $NiCo_2O_4$纳米棒和异质的 $NiCo_2O_4$纳米片@ NiO 纳米片核心-阵列壳核壳结构。$NiCo_2O_4$纳米片核心可以改善离子/电子转移，提高结构稳定性。$NiCo_2O_4$@ $NiCo_2O_4$和 $NiCo_2O_4$@ NiO 核壳结构电容器电极，在 0.5A/g 电流密度下，分别获得了 1925 和 2210F/g 的比电容。在 2000 次循环后，$NiCo_2O_4$/NiO 电极表现出 85.4%的比电容保持率，而 $NiCo_2O_4$@ $NiCo_2O_4$电极在 3500 次循环后显示出了 90.1%的比电容保持率。Cheng 等人通过水热和煅烧工艺制备了赝电容器用三维 $NiCo_2O_4$@ $NiMoO_4$核壳结构纳米线@ 纳米片阵列壳。研究发现，在杂化体中，纳米线 $NiCo_2O_4$核心表现出快速电子传输。相关电极在 10mA/cm^2的电流密度下的面积电容为 5.80F/cm^2，在 5000 次循环中，比电容的保持率为 81.8%。Huang 等人采用两步水热法制备了核壳结构 $NiCo_2O_4$/$NiMoO_4$纳米线。在 2mA/cm^2下的面积电容为 2.917F/cm^2，在 2000 次循环后可获得 90.6%的比电容保持率。据报他们的报道，$NiCo_2O_4$纳米线芯具有快速的电子和离子转移路径。Zhang 等人分别根据纳米片@ 纳米片和纳米针@ 纳米片的配置制造了 $NiCo_2O_4$@ $NiMoO_4$核壳结构，以验证不同形态的纳米材料在电子传输方面具有不同的特性。这两种电极结构的面积电容分别达到 7.29F/cm^2和 5.96F/cm^2(2mA/cm^2)。在 5000 次充放电循环后，比电容的保持率分别为 88.5%和 83.4%。Gu 等人通过在泡沫镍上生长 $NiCo_2O_4$@ $NiMoO_4$复合纳米线制备了非对称超级电容器。相关电极在 60mA/cm^2的电流密度下的面积电容为 6.30F/cm^2(比电容为 1242F/g)，在 5000 次循环后比电容保持率为 87%。纳米线核心能够为电解质提供方便快捷的扩散通道，并增强电容能力。Lin 等人开发了全固态对称超级电容器，具有三维分级结构 $NiCo_2O_4$@ $ZnWO_4$核壳结构。其在 4mA/cm^2的电流密度下比电容为 288.4mF/cm^2，在 3mA/cm^2下进行 5000 次循环后，电容保持率 97.5%。Yuan 等人证明了这一点，$NiCo_2O_4$@ $MnMoO_4$核壳纳米阵列电极在 2.5mA/cm^2下的比电容为 4.24F/cm^2，10000 次循环后的比电容保持率为 96.45%。

另一方面，金属氧化物和金属氢氧化物也被用于以 $NiCo_2O_4$为核心的核壳结构的超级电容器应用中。Yu 等人证明，$NiCo_2O_4$纳米线的核心具有良好的导电性，并被用作电荷存储的主干和电子高速通道，克服了 MnO_2的导电性限制。纳米线核心在电极/电解质界面上也有很大的接触面积。Li 等人采用水热法和电沉积法合成了泡沫镍支撑的 $NiCo_2S_4$/$Co(OH)_2$纳米管阵列。核心的一维纳米管结构能够有效地提供电荷转移。在 2mA/cm^2的电流密度下，电容为 9.6F/cm^2，而且在 5000 次循环后，比电容保持率为 70.01%。Yin 等人使用水热法和溶液法来制备 $NiCo_2O_4$@ $Ni(OH)_2$核壳结构。该电极在 2.5mA/cm^2的电流密度下的比电容为

2079F/g，在 1000 次充电/放电循环后，比电容保持率为 96.5%。Bao 等人通过两步水热法在泡沫镍上合成了 $NiCo_2O_4$@MnO_2 核壳结构纳米片阵列作为超级电容器的电极。在 40mA/cm^2 下获得比电容为 2.39F/cm^2，2000 次充放电循环后，比容量保持率为 92.6%，这优于由 $NiCo_2O_4$ 纳米片组成的电极。Luo 等人还将 MnO_2 纳米片阵列壳层应用于 $NiCo_2O_4$ 核心上。他们还研究了在 $NiCo_2O_4$ 纳米线阵列上电沉积 NiFe 层状双氢氧化物用作赝电容的活性材料。在 1A/cm^2 时，其比电容为 1.9F/cm^2，在 1000 次充电/放电循环后，比电容保持率为 79%。

除了氧化物之外，金属硫化物、金属氮化物和导电聚合物等壳层材料也被应用于超级电容器应用中以 $NiCo_2O_4$ 为核心的核-壳结构中。Liu 等人合成了泡沫镍支撑的三维 $NiCo_2O_4$@Ni_3S_2 纳米线阵列核壳结构。Ni_3S_2 起到保护壳的作用，以减少核心纳米结构的退化。在 5mA/cm^2 的电流密度下，该电池材料的比表面积电容为 3.0F/cm^2，在 10000 次充放电循环后，电容保持率为 93.3%。Wang 等人报告称，$NiCo_2O_4$ 的倍率性能不令人满意是其商业应用的主要障碍。他们通过使用原子层沉积在 $NiCo_2O_4$ 纳米纤维阵列上生长 TiN，为全固态超级电容器开发出了 $NiCo_2O_4$@TiN 核壳纳米结构。在 20000 次充放电循环后，$NiCo_2O_4$@TiN 全固态电极显示出 70%的比电容保持率。$NiCo_2O_4$ 核心还可用于改善核壳结构中导电聚合物的结构不稳定性。Jabeen 等人设计了一种核壳结构的 $NiCo_2O_4$@聚苯胺纳米棒阵列——超级电容器电致变色材料的外壳。多孔的 $NiCo_2O_4$ 芯作为聚苯胺层的应变缓冲载体。该电极在 1A/g 电流密度下的比电容为 901F/g，在 10A/g 电流密度下进行 3000 次充放电循环后，比电容保持率为 91%。其他双金属氧化物也可以被用作核心材料，如 Zn_2SnO_4、$CoMoO_4$、$CuCo_2O_4$、$ZnCo_2O_4$、$NiMoO_4$ 和 $NiFe_2O_4$。

6.2.3.2 单金属氧化物核壳结构

单金属氧化物作为超级电容器核壳结构中的核心也很有吸引力，因为它具有低成本、天然丰度高和很好的环境相容性等优点。氧化钴是超级电容器核壳结构中最常用的单金属氧化物。在超级电容器应用中，高电容双金属氧化物作为以钴氧化物为核心的核壳结构的外壳也很受欢迎。

Xu 等人将 Co_3O_4@CoO_4@rGO 核壳纳米针状物排列生长在镍泡沫上，这种电极在 0.5A/g 电流密度下可获得 386F/g 的比电容，5000 次充电/放电循环后，容量保持率为 88.8%。Zhang 等人报道了通过水热和后退火处理合成的泡沫镍支撑的三维 Co_3O_4@$NiMoO_4$ 核壳结构电极，Co_3O_4 纳米线作为 $NiMoO_4$ 纳米片生长的支架。这种电极在 5mA/cm^2 的电流密度下可以获得 636.8C/g 的比容量，在 20mA/cm^2 的电流密度下经过 2000 次充放电循环，比电容保持率可达 84.1%。Xu 等人为提升超级电容设计合成了 Co_3O_4@$NiCo_2O_4$ 核壳结构纳米片。在 3mA/cm^2 下，该电极的比电容为 1.33F/cm^2，在 5000 次循环后，循环稳定性非常好，容量可达到初始容量的 100.7%。

单一金属氧化物和氢氧化物，如 MnO_2、$Ni(OH)_2$和 NiO_y，也常被用作超级电容器应用中以钴氧化物为核心的核壳结构的壳层材料。Wang 等人还利用 MnO_2 纳米片作为壳，通过两步溶液和后退火处理，实现了以 CoO 纳米线为核心的核壳结构。该电极在 $2mA/cm^2$ 的电流密度下的比表面积电容为 $3.03F/cm^2$。Huang 等人采用水热方法制备了泡沫 Ni 支撑的 Co_3O_4@ MnO_2 核壳结构阵列。该电极在 0.2A/g 的电流密度下的比电容为 560F/g，在 5000 次循环后的充放电循环稳定性依然很好，比电容保持率可以达到 95%。Zhang 等人合成了一种用于储能的 Co_3O_4@ $Ni(OH)_2$核壳结构纳米线阵列，在 1A/g 的电流密度下的比容量可以达到 912C/g。Zhu 等人制备了以微孔 CoO_x(H-CoO_x)纳米线作为导电支架来支撑$Ni(OH)_2$纳米片的核-壳纳米线异质核壳结构。H-CoO_x纳米线核心可以提供有效的电荷传输途径，在 2A/g 电流密度下获得 2196F/g($5.73F/cm^2$的面积电容)的比电容。Xia 等人提出了一种两步溶液法，用于在导电基板上合成 Co_3O_4纳米线@ NiO 纳米片核壳结构阵列。由于独特的多孔核壳纳米线结构和电化学活性材料的合理组合，电极在 2A/g 的条件下，经历 6000 次循环后的比电容为 853F/g。

此外，金属硫化物和导电聚合物也常被用于超级电容器应用中基于钴氧化物核壳结构的壳材料。Zhang 等人通过两步法合成思路设计合成了泡沫镍支撑的三维 Co_3O_4@ Ni_3S_2核壳结构纳米线阵列用于超级电容器应用。由于两种电化学赝电容器材料的合理组合，Co_3O_4@ Ni_3S_2 电极在 1A/g 的电流密度下的比电容为 1710F/g，在 5000 次充放电循环后的比电容保持率为 83.5%。Zhou 等人开发了一种超级电容器电极，该电极由生长在泡沫镍上的 CoO 纳米线阵列组成，将聚吡咯包覆在纳米线上，以利用聚吡咯的高电子导电性和 CoO 纳米线的短离子扩散路径。在 2000 次充放电循环后，比电容为 2223F/g，比电容保持率为 99.8%。Guo 等人利用了无模板水热法结合原位化学聚合制备出了 Co_3O_4@ 聚吡咯核壳结构复合纳米线。在 $5mA/cm^2$的电流密度下，该材料的比电容为 $3.18F/cm^2$，在 $25mA/cm^2$、循环充放电 25000 次后，比电容保持率为 77.8%。

其他种类的单一金属氧化物也常被用作核壳结构的核心，例如锰氧化物、铁氧化物、铜氧化物和镍氧化物。Hu 等人在苎麻衍生的碳纤维上生长 MnO_2纳米片，并在其表面包覆聚(3,4-亚乙基二氧噻吩)(PEDOT)包裹层。二氧化锰纳米片具有很高的电容活性，而聚合物薄膜则可以提供优异的导电性。该电极在1A/g 的电流密度下的比电容为 922F/g，在 10000 次充放电循环后的比电容保持率为 83%。Ma 等人采用溶液相技术制备了 α-MnO_2纳米线@ δ-MnO_2核壳结构纳米片，以解决 MnO_2导电性差和机械不稳定性差的问题。在 20A/g 的电流密度下，比电容为 153.8F/g，10000 次充电放电循环后，比电容保持在 98.1%。Tian 等人设计了一种复合结构，是将 $Ni(OH)_2$纳米片包覆到 Fe_2O_3纳米线阵列表面。这个Fe_2O_3

纳米线作为核心支撑的 $Ni(OH)_2$ 具有很好的氧化还原活性比表面积。在 5000 次充放电循环后，比电容保持率超过 85.7%。Nie 等人通过两步方法实现了 Fe_2O_3 纳米管@ MnO_2 纳米层状结构网络。在 1A/g 的电流密度下经过 1200 次充放电循环，比电容仍可保持在 289.9F/g，保持率为 85.3%。Zhao 等人通过在铜箔上结合化学沉积和后热退火工艺，构建了 CuO@ Cu_2O 纳米线@ CoO 纳米片核壳结构纳米线阵列。该电极在 $1mA/cm^2$ 下的面积比电容为 $280mF/cm^2$，3000 次充放电循环后，比容量可以维持在初始电容的 90.7%。Chai 等人在 Cu_2O 八面体微晶上用 MnO_2 纳米片构建了核壳异质结构。这种自支撑核壳结构 Cu_2O@ MnO_2 电极在 0.5A/g 的电流密度下的比电容为 371F/g，2000 次循环后电容保持率为 95.8%。Liu 等人通过水热处理在泡沫镍上制备 NiO 棒@ 球形 MnO_2 核壳结构作为超级电容器电极。在 $5mA/cm^2$ 的电流密度下，核壳电极的面积电容为 $3.584F/cm^2$。Jiang 等人通过共静电纺丝方法和热处理的方法制备了 NiO@ Co_3O_4 核壳结构纳米纤维，并将将其用作超级电容器电极。在 1A/g 的电流密度下，这种核壳结构纳米纤维比电容为 437F/g，在 5A/g 电流密度下进行 1000 次循环后，比电容保留率为 82.9%。

6.2.3.3 金属硫化物核壳结构

金属硫化物由于具有高导电性、良好的机械和热稳定性以及优异的电化学性能，也可被用作超级电容器电极核壳结构中的核心，但与以金属氧化物为核心的核壳电极相比，相关文献报道较少。

由于镍和钴化合物具有优异的电容性能，镍和钴基双金属硫化物是这类材料中最常用的芯材。Niu 等人通过水热法和共沉淀法在泡沫镍上合成了 $NiCo_2S_4$ 纳米线@ $Ni_3V_2O_8$ 纳米颗粒核壳结构复合物。由于离子和电子传输性质的改善，这种复合物在 1A/g 电流密度下获得了 512C/g 的比电容。Yang 等人开发了一种由 $NiCo_2S_4$@ $Ni(OH)_2$ 核壳结构纳米片阵列构成的超级电容器电极。$NiCo_2S_4$ 纳米片核心是电沉积 $Ni(OH)_2$ 纳米片壳层的理想导电支架。优化合成的 $NiCo_2S_4$@ $Ni(OH)_2$ 电极在 $5mA/cm^2$ 电流密度下的面积容量为 240.3mAh/g，在 2000 次充电放电循环后的电容保持率在 81.4%以上。Fu 等人通过在 $NiCo_2S_4$ 纳米管阵列和外壳上电沉积硫化钴纳米片，制备了一种用于超级电容器的核壳结构复合电极。由于两种电活性材料的相互配置提供了更多的电子传输路径，并提高了电极材料的利用率，因此在 $5mA/cm^2$ 的电流密度下获得了 $4.74F/cm^2$ 的面积电容，并且在 1500 次充放电循环后仍具有 76.1%的电容保持率。Patil 等人设计制备了一种用于全固态超级电容器的核壳结构电极 CoMoS@ $Co(OH)_2$，在 $20mA/cm^2$ 的电流密度下，比电容为 1711F/g，在 8000 次循环后，电容保持率为 91.47%。

使用半导体作为核心材料的优点在于高电化学活性和设计明确纳米结构的高灵活性，但半导体的低导电性可能是降低基于半导体核心的核壳电极电化学性能的主要因素，尤其是对于金属氧化物为核心的核壳结构体系。因此，通常采用结合碳或导电聚合物来增强电极的导电性。而设计独特的形貌，如一维纳米结构，是增强导电性的另一种方法。

6.2.4　不同核形态的核壳结构

在对基于不同核材料的超级电容器应用的核壳结构进行了一系列讨论之后，接下来讨论不同形态核心的核壳结构超级电容器用电极材料。对于核壳结构的电极材料，其核心的形态可以在零维到多维之间任意调控(图 6-1)。首先，可以采用零维(0D)结构的材料作为核壳结构的核心。Liuo 等人构建了 Ni@ Ni/OrGO 三维核壳结构，由镍纳米颗粒作为核心，NiO 作为外壳，rGO 作为导电层，以此作为超级电容器的活性材料。Yu 等人合成了具有 $NiCo_2S_4$ 纳米颗粒核心和超薄石墨烯层壳的 $NiCo_2S_4$@ 石墨烯核壳结构并用作超级电容器电极材料。

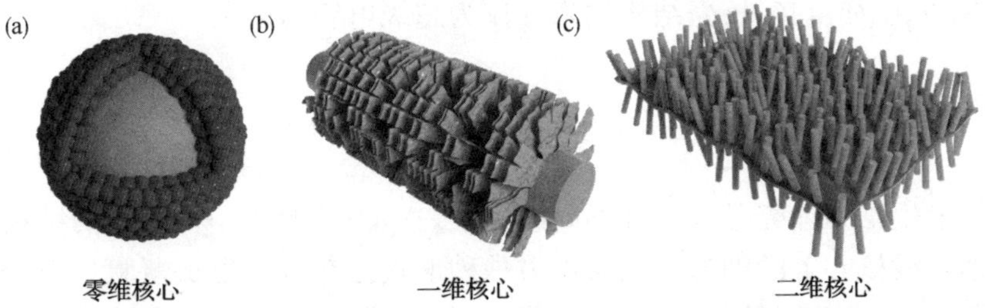

图 6-1　不同核心形态的核壳结构超级电容器用电极材料

核心最常用的形态是一维(1D)纳米结构，因为这有利于电荷转移，其横向 360°区域可以生长的特性适合作为壳的基础架构。对于超级电容器电极材料的核壳结构主要采用一维纳米线或纳米棒作为核心形态。关于纳米线核心的部分报告如下，Cheng 等人制作了用于赝电容器的 $NiCo_2O_4$@ $NiMoO_4$ 核壳结构纳米线@ 纳米片阵列。Huang 等人制作了用于赝电容器的核壳结构 $NiCo_2O_4$@ $NiMoO_4$ 纳米线。

Wang 等人用 MnO_2 纳米片壳层和 CoO 纳米线核心作为超级电容器电极的活性材料，制作了一系列的核壳结构。Gu 等人通过在泡沫镍上生长 $NiCo_2O_4$@ $NiMoO_4$ 核壳结构纳米线来制造超级电容器用复合电极。Xia 等人开发了一种用于超级电容器的 Co_3O_4 纳米线核心和 NiO 纳米片壳层构成的阵列。Zhang 等人合成了 Co_3O_4@ $Ni(OH)_2$ 核壳结构纳米线作为超级电容器电极。Zhu 等人制备了 H-CoO_x 核心和 $Ni(OH)_2$ 壳层组成的纳米线核壳异质结构，以实现超级电容器的高比电容。Zhang 等人设计了 Co_3O_4@ Ni_3S_2 核壳结构纳米线阵列作为超级电容器电极。Zhou 等人开发了一种由 CoO 纳米线阵列和聚吡咯外壳组成的超级电容器电极。Ma 等人报道了一种用于超级电容器的 α-MnO_2 纳米线@ δ-MnO_2 纳米片核壳纳米结构。Tian 等人设计了一种 $Ni(OH)_2$ 纳米片包覆的 α-Fe_2O_3 纳米线核壳结构的阵列，以实现超级电容器的高循环稳定性。Zhao 等人构建了 CuO@ Cu_2O 纳米线@ CoO 纳米片核壳结构的阵列作为超级电容器的活性材料。Liu 等人编造了 NiO 纳米线@ MnO_2球形核壳结构超级电容器电极。也可将一维纳米管用作核壳超级电容器电极的核形态。Li 等人构筑了 $NiCo_2S_4$@ $Co(OH)_2$纳米管核壳结构的阵列作为超级电容器电极，例如 Fu 等人在 $NiCo_2S_4$纳米管阵列核心上制备了一种 CoS 纳米片用作超级电容器的电极。Nie 等人则制备出了核壳结构 Fe_2O_3纳米管@ MnO_2纳米片分级网络用作超级电容器电极。

此外，二维(2D)纳米片结构作为核心的形态也很常见。虽然 2D 纳米片不能提供有效的电荷转移路径，但 2D 结构可以为电荷反应提供大的表面积。Zhou 等人合成了 Ni_2O_2纳米片@ NiO 纳米片核壳结构阵列用作超级电容器。Yang 等人报道了一种由 $NiCo_2S_4$@ $Ni(OH)_2$纳米片核壳结构阵列用作超级电容器。Zhang 等人制作了纳米片 $NiCo_2O_4/NiMoO_4$ 核壳结构作为超级电容器的活性材料。Bao 等人合成了 $NiCo_2O_4$@ MnO_2核壳结构纳米片作为超级电容器电极。

6.3 外壳材料

内核上生长的外壳呈现两种不同的配置。一种是形成一种独特的结构，比如生长在纳米线核心上的纳米片壳层；另一种形式是在核上生长薄膜，因此核壳结构的配置与核的形态相同。外壳的功能主要是为积累电荷提供大的表面积，并为进行法拉第氧化还原反应提供丰富的活性位点。外壳材料可分为三类，即碳材料、导电聚合物和半导体。与用于核心的材料相比，在之前的报告中，金属仅用作核心材料，而导电聚合物仅用作外壳材料。与金属氧化物和金属硫化物相比，碳材料和导电聚合物很少用作超级电容器电极核壳结构中的壳材料。

6.3.1 基于碳壳层的核壳结构

如果形态接近 2D 结构，则碳材料可提供较大的表面积，同时碳的性质可改善核壳系统的导电性。然而，碳材料被归类为电化学双层电容器材料。与电容金属化合物相比，这种材料所能提供的比电容相对较小。碳纳米管(CNT)、石墨烯和还原的氧化石墨(rGO)等碳材料均已被用作超级电容器电极核壳结构的外壳。Zhang 等人制造了一种 VN@ 非晶态碳纳米管复合材料用于非对称超级电容器，在 5mV/s 下的比电容为 $65mF/cm^2$，6000 次循环后的电容保持率为 86%。Yu 等人合成了一种 $NiCo_2S_4$@ 石墨烯复合材料，其中 $NiCo_2S_4$被超薄石墨烯层包裹，形成核壳结构($NiCo_2S_4$@ G)，这种 $NiCo_2S_4$@ G 电极在 1A/g 的电流密度下的比电容为 1432F/g，在 5000 次充放电循环后，比电容保持率为 83.4%。Xu 等人利用水热反应合成了 Co_3O_4@ $CoWO_4$/rGO 核壳结构纳米针阵列，rGO 具有较大的比表面积和较高的导电性，在 0.5A/g 的电流密度下，经过 5000 次充放电循环后，该核壳电极的比电容为386F/g，电容保持率为88.8%。

碳壳能够提供较大的表面积，同时保持较高的导电性，但碳的电容相对较小，导致壳层中碳材料的利用率较低。

6.3.2 基于导电聚合物壳的核壳结构

导电聚合物，即聚吡咯、聚苯胺和聚(3,4-亚乙基二氧噻吩)(PEDOT)也被用作超级电容器应用的核壳结构中的壳。导电聚合物可以改善基于半导体核心的核壳结构的导电性，并且如果导电聚合物的形态设计良好，还可以增强核壳结构的表面积。此外，以导电聚合物为壳层的核壳结构的特殊功能是利用半导体核来实现导电聚合物的均匀生长。Zhou 等人在 CoO 纳米线阵列上成功引入了一层聚吡咯(PPy)薄膜，以增强导电性并帮助其均匀生长。CoO@ PPy 核壳结构的 TEM 图像如图 6-2 所示。2000 次充放电循环后，该电极的比电容高达 2223F/g，比电

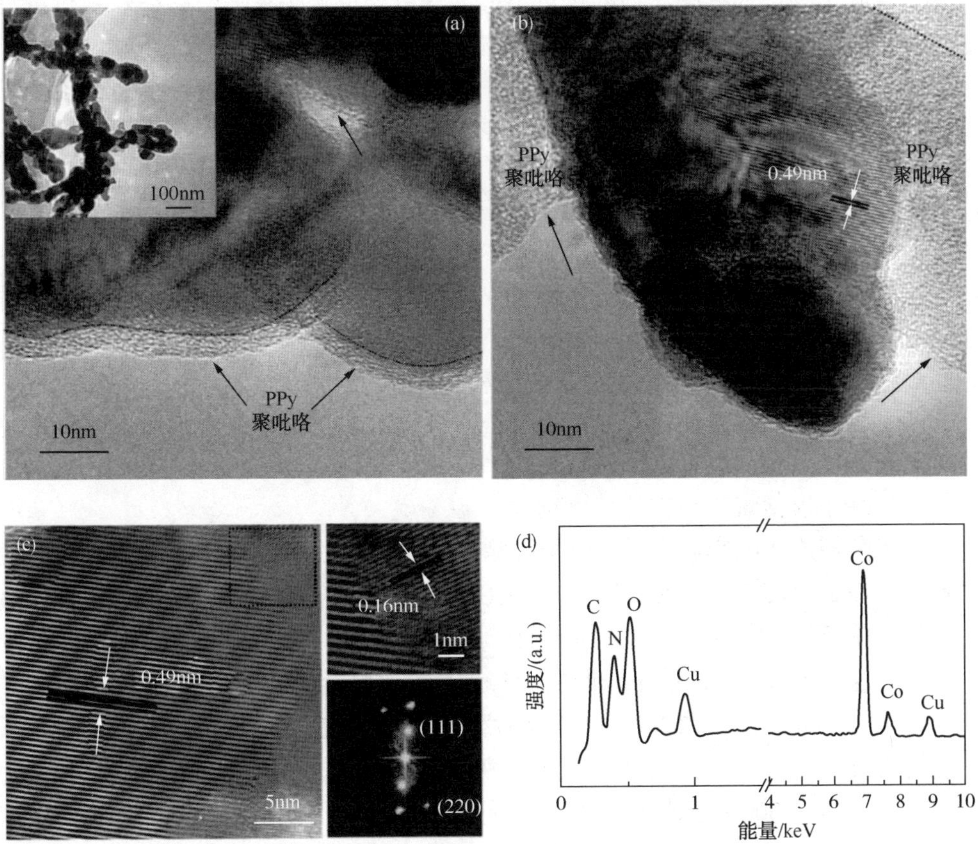

图 6-2 CoO/PPy 核壳结构的[(a)，(b)]TEM 图像；
(c)高分辨 TEM 图像；(d)能谱数据曲线

容保持率为 99.8%。Gao 等人开发了海胆状 $MgCo_2O_4$@PPy 用于超级电容器电极的泡沫镍复合材料，在 1A/g 的电流密度下的比电容高达 1079.6F/g，1000 次循环后的比电容保持率稳定为 97.4%。Jabeen 等人使用电沉积方法在 $NiCo_2O_4$纳米棒阵列上包覆聚苯胺膜，通过使用多孔 $NiCo_2O_4$核心，聚苯胺的生长得到了改善并且成功成膜，该电极在 1A/g 电流密度下的比电容为 901F/g，在 10A/g 电流密度下进行 3000 次充放电循环后，比电容保持率可达 91%。Kwon 等人将 RuO_2纳米颗粒嵌入到聚苯乙烯纳米球上之后再包覆聚苯胺聚（PANI），以制备 RuO_2@PANI 核壳结构用作超级电容器的电极，在 10mV/s 时，可获得 1570F/g 的比电容，5000 次循环后比电容保持率为 76.2%。Hu 等人使用电化学聚合方法在 MnO_2纳米片上沉积聚噻吩，在聚噻吩壳层的帮助下，核壳结构整体的导电性得到增强，相关电极在 1A/g 电流密度下的比电容为 922F/g，在 10000 次充放电循环后比电容保持率为 83%。

与以碳为壳层的核壳结构的优点类似，导电聚合物壳核壳结构能够提供高导电性和大表面积。此外，导电聚合物的电化学储能能力和活性要优于碳材料。但是，导电聚合物在充放电过程中可能会发生较大的体积变化，这会导致其电化学性能发生严重退化。将导电聚合物沉积在核心材料上能够减少导电聚合物的体积变化，从而避免其电化学性能的退化。

6.3.3 基于半导体壳的核壳结构

在超级电容器电极的核壳结构中，半导体是最受欢迎的一种，因为其赝电容性质能够提供比电化学双层电容器材料更高的比电容。

6.3.3.1 基于双金属氧化物壳的核壳结构

在半导体中，双金属化合物理论上会产生更多法拉第反应，因此在这种情况下可以获得更高的比电容。

（1）基于镍钴氧化物壳的核壳结构

由于高理论比电容和高电容性能，镍和钴基化合物主要用作半导体类的外壳材料。Huang 等人使用电沉积技术在多孔 $NiCo_2O_4$纳米线上沉积了 $Co_xNi_{1-x}(OH)$纳米片。$Co_xNi_{1-x}(OH)$纳米片壳层具有较大的表面积，电子和离子的扩散路径较短。因此这种电极在 $2mA/cm^2$和高循环率下的比电容可以达到 $1.64F/cm^2$。Liu 等人采用化学浴沉积法在 $NiCo_2O_4$纳米片阵列核心上制备了二级 $NiCo_2O_4$片壳层，为法拉第反应提供了高比表面积。该电极在 $5mA/cm^2$的电流密度下的比电容为 $2.20F/cm^2$，在 4000 次循环后的比电容保持率仍高达 98.6%。Zhou 等人采用溶液法合成了 $NiCo_2O_4$纳米片@$NiCo_2O_4$纳米棒核壳结构阵列，并将其用作超级电容器电极。$NiCo_2O_4$纳米片核心可以改善离子/电子转移，提高结构稳定性。电极在 0.5A/g 的电流密度下的比电容为 1925F/g，在 3500 次充放电循环后，比电容保持率为90.1%。Ko等人使用干合成技术制备了CNTs@ $NiCo_2O_4$纳米颗粒核壳结构。在多壁碳纳米管上修饰$NiCo_2O_4$纳米颗粒可以提高比表面积，在5.0mV/s时，该电极材料的比电容为822F/g。Ai等人利用两步水热工艺设计了镍泡沫支撑的$CoMoO_4$纳米线@ $NiCoO_2$纳米针核壳结构阵列。该电极在$5mA/cm^2$的电流密度下的比表面积电容为$5.31F/cm^2$，在5000次充放电循环后的比电容保持率为95.7%。Zhou等人用两步溶液法合成了MnO_2@ $NiCo_2O_4$超级电容器用核壳结构纳米球电极。在1A/g电流密度下，这种纳米球电极的比电容可以达到1127F/g，在10A/g电流密度下进行10000次循环后，其比电容保持率达到96.3%。Lamiel等人使用水热方法在介孔碳球核上包覆了镍钴硫化物壳层。镍钴硫化物外壳具有更大的表面积和高的电容性质。该电极在2A/g的电流密度下的比电容为724.4F/g，在2000次充放电循环后的比电容保持率为97.9%。Chen等人采用两步法在泡沫镍上制备$NiMoO_4$@ Ni-Co-S纳米棒以制备无粘结剂的电极，在$5mA/cm^2$的电流密度下其比电容为$2.27F/cm^2$，经历6000次循环后该电机比电容保持率为91.7%。

（2）基于镍钼氧化物壳的核壳结构

尽管使用镍钴化合物仅仅常被作为外壳材料，但镍钼氧化物也因其优异的电化学性能和高导电性而引起了人们极大的研究兴趣。Cheng等人应用水热和煅烧工艺制备了三维$NiCo_2O_4$纳米线@ $NiMoO_4$纳米片核壳结构阵列用于赝电容超级电容器。二维的$NiMoO_4$纳米片可以在复合材料中提供较大的表面积。该电极在$10mA/cm^2$的电流密度下的面积电容为$5.80F/cm^2$，在5000次充放电循环后的比电容保持率稳定在81.8%。Zhang等人制备了不同形态的$NiCo_2O_4$@ $NiMoO_4$核壳结构，并在$2mA/cm^2$电流密度下获得了$7.29F/cm^2$的面积电容，在5000次充电/放电循环后获得了88%的比电容保持率。Zhang等人将水热处理和后退火处理相结合，制备了一种由镍泡沫支撑三维Co_3O_4@ $NiMoO_4$核壳结构组成的超级电容器电极。氧化镍纳米片增强了核壳结构整体的表面积，在$5mA/cm^2$的电流密度下，其比容量为636.8C/g，在2000次充放电循环后，容量保持率稳定在84.1%。Gu等人使用水热方法在$NiCo_2O_4$纳米线上生长了$NiMoO_4$纳米片并将其用作超级电容器电极，获得$6.30F/cm^2$的面积电容，在$60mA/cm^2$的电流密度下其比电容可达到1242F/g，充放电循环5000次后可获得87%的比电容保持率。纳米片壳为进行法拉第反应提供了较大的表面积，从而增强了整个核壳结构系统的电容能力。Huang等人采用两步水热法制备了核壳结构的$NiCo_2O_4$纳米线@ $NiMoO_4$纳米片结构。他们发现$NiMoO_4$纳米片壳为法拉第反应提供了较大的表面积。在$2mA/cm^2$的电流密度下，这种电极材料的面积电容为$2.917F/cm^2$，在2000次循环后可保持90.6%的初始电容。Chen等人报道了一种分级核壳结构的方法并制备出了Ni_3S_2@ $NiMoO_4$不对称超级电容器的电极，在$2mA/cm^2$的电流密度下其比容量为

$1327.3\mu A \cdot h/cm^2$，在 $20mA/cm^2$ 下连续充电和放电 6000 次后，容量保持率高达 96.7%。

（3）其他基于双金属氧化物壳的核壳结构

其他双金属氧化物也可被用作超级电容器电极核壳结构的外壳。Cai 等人提出了两步水热和退火方法，将 $NiCo_2O_4$ 纳米线和 $CoMoO_4$ 纳米板集成到核壳纳米线阵列中。该 $NiCo_2O_4$@$CoMoO_4$ 核壳结构电极在 $60mA/cm^2$ 的电流密度下的比电容为 $9.66F/cm^2$，在 1000 次充放电循环后其比电容保持率为 74.1%。$CoMoO_4$ 纳米片由于具有二维纳米结构，因此可以为电极反应提供了较大的表面积。Niu 等人结合水热法和共沉淀法合成了 $NiCo_2S_4$ 纳米线@$Ni_3V_2O_8$ 纳米颗粒核壳结构。其中的 $Ni_3V_2O_8$ 呈现纳米颗粒形态，而不是常见的二维形态，因此其对增强表面积的贡献有限。然而他们构造的这种纳米颗粒组装的壳层，可以为电容器的电化学反应提供更多的法拉第反应。该电极在 1A/g 的电流密度下的比容量为 512C/g。Xie 等人通过两步水热法在泡沫镍基底上合成了 $ZnCo_2O_4$@$ZnWO_4$ 核壳结构纳米线阵列。该电极在 $4mA/cm^2$ 的电流密度下的比电容为 $13.4F/cm^2$，在 $100mA/cm^2$ 下连续 5000 次充放电循环后，比电容保持率为 98.5%。Xu 等人利用水热反应在 Co_3O_4 纳米针阵列上生长了 CoO_4/rGO 纳米片壳层，在 0.5A/g 的条件下，相关电极比电容为 386F/g，在 5000 次充放电循环后可以获得 88.8% 的比电容保持率，这些性能得益于外壳层的高比表面积。

6.3.3.2 基于单金属复合壳层的核壳结构

单一金属氢氧化物、氧化物和硫化物也可被用作核壳结构电容器电极材料的外壳层。

（1）基于镍和氢氧化钴壳的核壳结构

镍和钴的氢氧化物常被用作超级电容器核壳结构中的壳材料。在这些氢氧化物中，氢氧化镍是最常用的外壳材料。Yin 等人使用溶液法在 $NiCo_2O_4$ 核心上沉积 $Ni(OH)_2$ 壳层，并用于制作超级电容器电极，在 $2.5mA/cm^2$ 下该电极的比电容为 2079F/g，在 1000 次充放电循环后，比电容保持率为 96.5%。Zhang 等人使用电沉积技术在用于储能装置的 Co_3O_4 纳米线上生长 $Ni(OH)_2$ 纳米片。相关电极在 1A/g 电流密度下可获得 912C/g 的比容量，这样的效果部分得益于 $Ni(OH)_2$ 纳米片壳层增强了材料的表面积。Zhu 等人利用水热反应制备了由 H-CoO_x 纳米线核心和 $Ni(OH)_2$ 纳米片壳层组成的核壳异质结构。$Ni(OH)_2$ 纳米片壳层可以提供较大的表面积以贡献更多的法拉第电容，该电极可以获得 2196F/g 的比电容和 $5.73F/cm^2$ 的面积电容。Tian 等人利用水热反应在 Fe_2O_3 纳米线表面制备了由 $Ni(OH)_2$ 纳米片组成的核壳结构阵列。得益于 $Ni(OH)_2$ 纳米片外壳的大表面积，在 5000 次充电放电循环后，电极的比电容保持率超过 85.7%。Zhang 等在碳纳米管纤维上构筑了 CoO@$Ni(OH)_2$ 纳米线阵列核壳结构，并用于非对称锌镍超级电容器。该装置在 $1mA/cm^2$ 的电流密度下的比电容为 $10.68F/cm^2$，在 $6mA/cm^2$ 的电流密度下充放电循环 3000 次后，比电容可以保留其初始电容的 90.3%。也有一些文献报道了以氢氧化钴为壳层的核壳结构电极材料。Li 等人采用电沉积方法在 $NiCo_2S_4$ 纳米管阵列上沉积 $CoNi(OH)_2$ 纳米片壳层，并将其作为超级电容器电极。借助于二维 $CoNi(OH)_2$ 纳米片壳层为系统提供的表面积，该电极在 $2mA/cm^2$ 下的表面积电容为 $9.6F/cm^2$，在 5000 次充放电循环后，比电容保持率为 70.01%。Patil 等人设计了 CoMoS@ $Co(OH)_2$ 核-壳结构电极，并将其用于柔性全固态超级电容器，在 $20mA/cm^2$ 的电流密度下，其比电容可达 1711F/g，经过 8000 次充放电循环后的电容保持率为 91.47%。

（2）基于单金属氧化物壳层的核壳结构

镍、钴和锰氧化物也常被用作超级电容器电极核壳结构中的壳层材料。在这些氧化物中，锰氧化物是最常用的外壳层材料。Jiang 等人合成了具有纳米片表面层的 $Ni(OH)_2$@ MnO_2 核壳结构纳米线，由于一维核心和二维壳层之间的协同效应，其比电容可达到 487.4F/g。Yu 等人证明，MnO_2 纳米片壳可以在导电 $NiCo_2O_4$ 核心周围提供更大的表面积用于电荷的存储。Wu 等人制作了一种基于一维碳纳米管的柔性三维电极 CNT@ MnO_2 纳米片核壳结构，并将其用于超级电容器电极，该电极在 0.5A/g 的电流密度下可表现出 298F/g 的比电容，在 5000 次充放电循环后，其比电容可以保持在 90.3%左右。Chen 等人使用水热方法制备了用于超级电容器电极的铜/镍基二氧化锰核壳纳米结构电极材料。MnO_2 的纳米片壳层可以增加材料的表面积，而铜/镍基金属核心可以提供高导电性，得到的电极在 0.25A/g 的电流密度下的比电容为 374F/g，3000 次充放电循环后其比电容保持率为 86.9%。

Wang 等人通过两步溶液和后退火处理，设计合成了一种 CoO 纳米线@ MnO_2 纳米片阵列核壳纳米结构，该电极在 $2mA/cm^2$ 的电流密度下获得了 $3.03F/cm^2$ 的比表面积电容。Bao 等人采用两步水热法在泡沫镍基底上合成了 $NiCo_2O_4$@ MnO_2 纳米片核壳结构作为超级电容器用电极，在 2000 次充放电循环后，其面积比电容为 $2.39F/cm^2$，维持在初始容量的 92.6%。Zhang 等人在泡沫镍基底上合成了 $NiFe_2O_4$@ MnO_2 纳米片核壳结构，并将其作为超级电容器的复合电极，在 $2mA/cm^2$ 的电流密度下，其比电容可以达到 1391F/g，在 $10mA/cm^2$ 的电流密度下，进行 3000 次充放电循环后，比电容保持率为 88.6%。Huang 等人还使用水热方法在泡沫镍基底上合成制备了 Co_3O_4@ MnO_2 核壳结构纳米线阵列。由于二氧化锰纳米片壳的大比表面积，该电极在 0.2A/g 的电流密度下的比电容为 560F/g，5000 次充放电循环后的比电容保持率稳定在 95%。Ma 等人采用溶液相技术制备了 α-MnO_2 纳米线@ δ-MnO_2 纳米片核壳纳米结构。据报道，纳米片壳再次为电极提供了较大的表面积。在 20A/g 的电流密度下，其比电容为 153.8F/g，10000 次充电放电循环后，比电容保持在98.1%。Liu等人使用水热方法在NiO棒阵列上修饰了MnO_2球体。在$5mA/cm^2$的电流密度下，该核壳电极的面积比电容为$3.584F/cm^2$。

（3）基于镍和钴氧化物壳层的核壳结构

镍氧化物和钴氧化物也被用作超级电容器核壳结构电极中钴氧化物核心的外壳层材料。Zhou等人采用溶液法合成了$NiCo_2O_4$纳米片@NiO纳米片核-壳阵列-壳作为超级电容器电极。NiO纳米片壳可以提供较大的表面积，以提高电极的电化学性能。该电极在0.5A/g的电流密度下的比电容为2210F/g，在2000次充放电循环后，比电容保持率为85.4%。Liu等人为超级电容器电极制作了Ni@NiO/rGO核壳结构电极，该材料由金属Ni纳米颗粒作为核心，NiO纳米片作为壳层，还原的氧化石墨（rGO）作为导电层组成，在1A/g的电流密度下其比电容为2048.3F/g。在50℃下进行10000次充放电循环后，其电容保持率为77.8%。Xia等人则采用两步溶液法将NiO纳米片壳沉积在Co_3O_4纳米线芯上。在导电纳米线上配置薄片构筑核壳结构是为增大电极比表面积而设计的。在2A/g的电流密度下，经过6000次充放电循环后，其比电容达到853F/g。Zhao等人使用化学沉积的方法将CoO纳米片壳沉积在CuO/Cu_2O纳米线核心上。核壳结构的SEM、TEM图像和EDX元素图如图6-3所示。该电极在$1mA/cm^2$的电流密度下的面积电容为$280mF/cm^2$，3000次充放电循环后的电容保持率为90.7%。Chen等人设计了分层结构$CoMn_2O_4$@Co_3O_4纳米针@纳米片核壳结构超级电容器电极，其在1A/g电流密度下的比电容为125.8F/g，在2A/g电流密度下经过5000次充放电循环后的比电容保持率为89.2%。

（4）镍和钴硫化物壳层构筑的核壳结构

在超级电容器电极的核壳结构中，镍和钴硫化物也常被用作壳层材料。Chu等人使用电沉积方法在$NiCo_2O_4$纳米片阵列上包覆了NiS壳层以制备核壳电极。在$8mA/cm^2$的电流密度下，获得了$1.85F/cm^2$的面积电容。该电极的电容衰减归因于硫化镍纳米片的表面粗化。Liu等人还报告了以Ni_3S_2作为保护壳的作用是减少核心纳米结构的退化。他们在泡沫镍上合成了三维结构的$NiCo_2O_4$@Ni_3S_2阵列核壳结构，该电极在$5mA/cm^2$的电流密度下可获得$3.0F/cm^2$的比电容，在10000次充放电循环后，这种三维结构的电极可以保持93.3%的比电容。Cheng等人采用Ni_3S_2/NiS空心亚微米球为核心包覆Ni_3S_4纳米片壳层制备出了空心核@纳米片壳层亚微米球，用于超级电容器电极，结果表明，在40A/g电流密度下该电极的容量可达到614.4C/g，在10A/g电流密度下进行3000次充放电循环后的电容保持率为90.3%。Zhang等人采用两步路线设计制备了三维结构Co_3O_4纳米线@Ni_3S_2纳米片核壳结构，并将其用于超级电容器应用。由于两种电化学赝电容器材料的合理组合，电极在1A/g电流密度下的比电容为1710F/g，在5000次充放电循环后比电容保持率为83.5%。Fu等人还使用电沉积方法在$NiCo_2S_4$纳米管阵列上制备

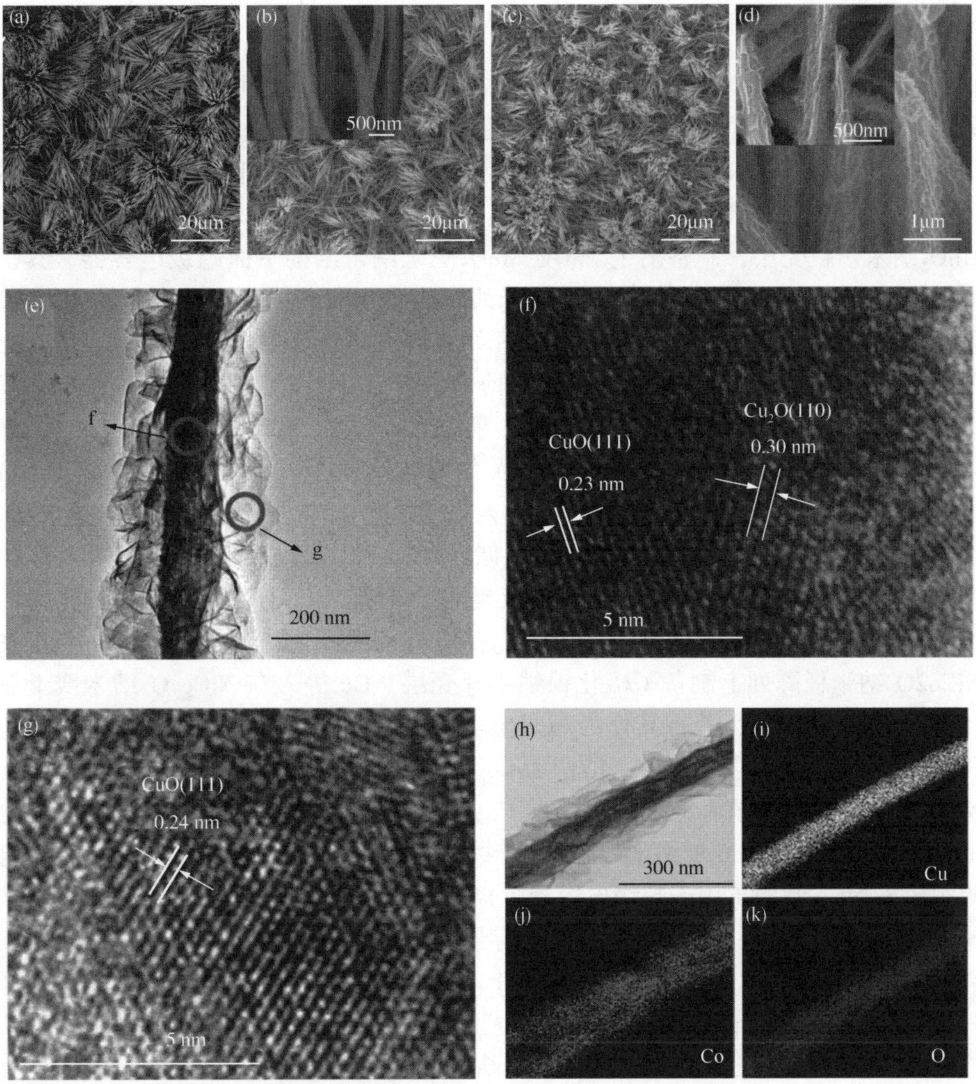

图 6-3 (a)$Cu(OH)_2$纳米线阵列；(b)CuO@ Cu_2O 核壳结构纳米线阵列；(c)、(d)Cu-Co 纳米线阵列的 SEM 图片；CoO@ CuO/Cu_2O 核壳结构电极的[(e)~(g)]TEM 图像和相应的(h)~(k)的 EDX 元素分布图像

了由 CoS 纳米片组成的复合电极，该电极在 $5mA/cm^2$的电流密度下的面积电容为 $4.74F/cm^2$，经过 1500 次充放电循环后的电容保持率为 76.1%。

(5) 基于氮化钛壳层的核壳结构

Wang 等人提出了一种独特的 TiN 壳层。他们使用原子层沉积方法在 $NiCo_2O_4$纳米纤维阵列上生长 TiN，以开发 $NiCo_2O_4$@ TiN 核壳纳米结构。TiN 壳层主要用于增强 $NiCo_2O_4$核心的倍率性能，在 20000 次充放电循环后，其比电容保持在 70%左右。

6.3.4 不同形态壳层的核壳结构

零维到多维的不同壳形态结构均可以被用作超级电容器核壳结构电极材料的外壳层(图 6-4)。首先零维结构的纳米颗粒就可被用作外壳材料。Niu 等人合成了 $NiCo_2S_4$纳米线@ $Ni_3V_2O_8$纳米颗粒核壳结构，纳米颗粒堆积而成的壳层具有较大的比表面积。Raj 等人通过连续多次离子层吸附和反应沉积在 ZnO 核上生长了 MnO_2纳米颗粒壳层，制备出了 ZnO@ MnO_2三维纳米结构平面超级电容器。其次一些核壳结构也采用一维纳米棒或纳米线作为壳层材料的微观形态。Ai 等人设计了 $CoMoO_4$纳米线@ $CoNiO_2$纳米针核壳结构阵列用于超级电容器电极。最常见的壳层形态是二维结构的纳米片或纳米薄片，因为壳层的主要功能是增强电荷积累和进行法拉第反应的电容面积。Jiang 等人合成了用于超级电容器的 $Ni(OII)_2$纳米线@ MnO_2纳米片核壳结构。Huang 等人在 $NiCo_2O_4$纳米线上制备了 $Co_xNi_{1-x}(OH)$纳米片并将其用于超级电容器电极 Yu 等人在导电的 Co_2O_4核心上制作了一个 MnO_2纳米片壳，用于超级电容器的电荷存储。Zhou 等人合成了 $NiCo_2O_4$纳米片@ $NiCo_2O_4$纳米棒核壳结构阵列作为超级电容器电极。Cheng 等人制作了三维的 $NiCo_2O_4$ 纳米线@ $NiMoO_4$ 纳米片核壳结构阵列用作赝电容器。Chu 等人在 $NiCo2O_4$纳米板阵列上制备了硫化镍纳米片壳层。Gu 等人在 $NiCo_2O_4$纳米线上制备了 $NiMoO_4$纳米片，并将其作为超级电容器的活性材料。Huang 等人制作了一种用于超级电容器应用的核壳结构 $NiCo_2O_4$纳米线@ $NiMoO_4$纳米片。Li 等人在 $NiCo_2S_4$纳米管阵列核心上沉积了一层 $Co(OH)_2$纳米片壳层，作为超级电容器电极。Yang 等人在 $NiCo_2S_4$纳米片阵列上制备了 $Ni(OH)_2$纳米片用于超级电容器电极。Chen 等人制备了用于超级电容器电极的铜/镍基二氧化锰纳米片核壳纳米结构。Wang 等人设计了一种用于超级电容器的 CoO 纳米线/MnO_2纳米片阵列蛋黄壳的核壳纳米结构。Bao 等人合成了用于超级电容器电极的 $NiCo_2O_4$@ MnO_2纳米片核壳结构阵列。Huang 等人在镍泡沫基底制作了 Co_3O_4@ MnO_2纳米片核壳阵列作为超级电容器电极。Xu 等人在 Co_3O_4纳米针阵列蛋黄壳上生长了 CoO_4/rGO 复合纳米片壳层，并将其作为超级电容器的活性材料。Zhang 等人在 Co_3O_4纳米线上生长 $Ni(OH)_2$纳米片，用于超级电容器储能装置。Zhang 等人制作了一种超级电容器电极，由镍泡沫支撑的三维 Co_3O_4@ $NiMoO_4$纳米片核壳结构阵列构成。Zhu 等人为超级电容器制作了由 H-CoO_x 纳米线核心和 $Ni(OH)_2$纳米片壳组成的核壳异质结构电极。Xia 等人在 Co_3O_4纳米线核心上沉积了 NiO 纳米片壳层作为超级电容器电极。Ma 等人为超级电容器制作了 α-MnO_2纳米线@ δ-MnO_2纳米片核壳纳米结构电极。

应用半导体类材料作为外壳可以为超级电容器储能提供丰富的电化学氧化还原反应。壳层位于核壳结构的外侧，可以与电解液之间发生更多的接触，这对于

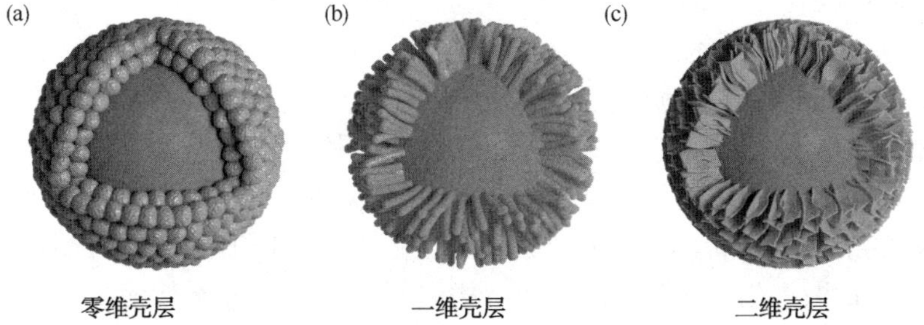

图 6-4　不同壳层形态的核壳结构超级电容器用电极材料

进行氧化还原反应以获得更好的能量存储是很好的选择。此外，半导体的结构设计更加灵活，更好的形态设计有利于提供高材料整体的导电性和大的比表面积，构筑合适的形态有望使核壳电极具有更好的储能能力。由于固有特性，半导体本身的低导电性可能是使用半导体作为外壳的核壳结构材料的不足之处。

6.3.5　双壳层(双核心)核壳结构

与单核单壳核壳结构不同，本节讨论了一种特殊的三层核壳结构。这种三层结构可以定义为具有双壳或双核的核壳结构，这两种结构都包括在这类结构中。三层结构基本均会选择一个碳材料层组成的壳，作为增强导电性的骨架。另外两层则一般由导电聚合物和金属化合物(如氧化物和硫化物)组成，以改善界面连接、提高电化学储能能力。Oliveira 等人开发了一种多壁碳纳米管(MWCNT)、二氧化锰纳米片和聚吡咯组成的多层核壳结构 $MWCNT@MnO_2@PPy$，并批量生产用于超级电容器电极。改变复合材料中碳纳米管的相对比例，即可优化双层电容对器件整体响应的贡献。Li 等人制造了一个碳纳米管@聚吡咯@二氧化锰($CNT@PPy@MnO_2$)双壳层海绵状电极作为独立的、可压缩的超级电容器电极。碳纳米管核心主要作为柔性导电骨架，聚吡咯可以提供良好的界面，二氧化锰层可以提供更大的电容表面积。Wang 等人在镍泡沫框架上构筑了以 $NiMoO_4$ 纳米线为核心、碳质内壳层和 Ni_3S_2 纳米片为外壳层组成的双壳层核壳结构，这种三元异质结构在尺寸、界面、表面结构和成分上表现出协同效应。Li 等人构筑了由碳质材料、Ni_3S_2 和 MoS_2 组成的 $C@Ni_3S_2@MoS_2$ 双壳层纳米棒，其中 $C@Ni_3S_2$ 纳米棒是提高器件倍率性能的支柱，而互相连通的 MoS_2 纳米片外壳提供了许多与电解液接触的表界面。Lu 等人用聚(丙烯酸)和二氧化锰作为核心、用聚吡咯作为壳层制备了复合核壳结构纳米纤维，二氧化锰是用作高容量材料，而聚吡咯主要是为了防止了二氧化锰在充放电过程中的结构损失。

双壳或双核的核壳结构比单核和单壳的核壳结构具有更多的功能，因为前者有三层纳米材料，通过将高导电碳材料、高电化学活性半导体、甚至导电聚合物在三层核壳结构中的特定优势相结合，可以更容易实现好的电化学储能能力。然而，这种材料的合成可能更为复杂，并且由于该系统应加入一种或多种纳米材料，因此更难获得明确的结构参数。

为了更清楚地理解核壳电极的储能能力与核壳材料和结构之间的关系，图6-5给出了近几年比电容高于2000F/g或在金属核、碳核、半导体核、碳壳、导电聚合物壳层各类核壳结构中容量表现最好的材料。实际上，由于测量条件不同，合成核壳结构的环境也不同，因此很难用文献中报道的比电容简单地比较出储能能力的强弱。该图中报告的核壳结构表明，无论其形态如何，镍基半导体更适合构建核壳结构，而$NiCo_2O_4$更适合作为核心材料。然而，有人建议，通过设计明确的形貌，选择功能互补的材料，并合理地将核与壳结合以避免界面处的能量损失，有望开发出高效的核壳电极，用于超级电容储能装置。

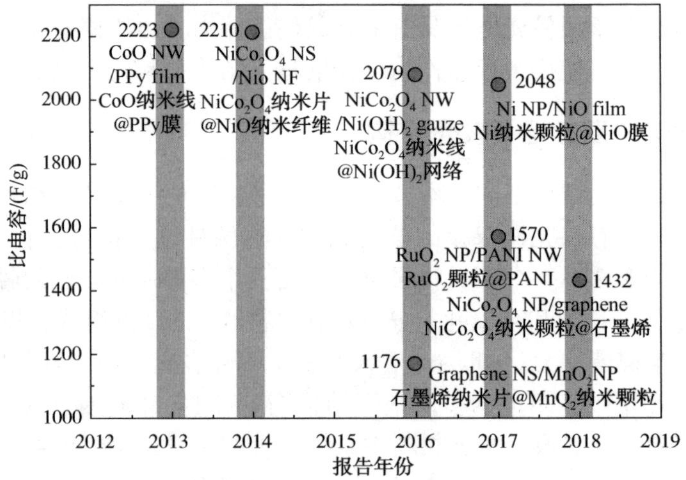

图6-5 报告年份与核壳电极的比电容关系图(比电容高于2000F/g，或在特定分类中表现最佳的电极材料，例如金属核、碳核、半导体核、碳壳、导电聚合物壳层)

6.4 总结和展望

从2007年开始，开发超级电容器应用的核壳结构已经开启了研究。科研人员认为，一维结构和双金属氧化物分别是最适合核的形态和材料，因为核心的主要功能是增强电荷转移并为壳层生长提供支持；而二维结构和金属氧化物是最常用的壳层形态和材料，因为其具有大的电荷积累面积和丰富的电活性中心。因此，由一维双金属氧化物纳米线/纳米棒核和二维金属氧化物纳米片壳组成的核壳结构的报道最多。碳材料、导电聚合物，甚至纯金属都可以用来增强核壳结构的导电性。几乎所有的核心材料都是通过水热反应合成的，壳层是通过水热或电沉积方法在核上制备的。另一方面，根据大量有关超级电容器核壳结构的文献报道，由于核壳材料之间的协同效应，核壳结构电极一般要比单组分电极具有更好的电容性能。合理的形态设计也是核壳结构性能增强的主要原因。设计核壳结构并在储能装置上应用必须以研究核壳之间的相互作用为前提。

为了方便理解研究者提出"协同效应"的机理，协同效应通常被认为是核壳电极比单一材料电极具有更好电化学性能的主要原因。除了简单地提出用两种或三种材料组合来构建核壳电极外，材料效应和生长顺序效应等问题也很值得人们去研究，以便更深入地理解核壳结构的生长。可以通过消除形貌的影响来讨论材料效应，换言之，为了找到核壳结构的合适材料组合，应就物理性能和电化学性能，尤其是储能能力，对基于高度相似形态的核壳材料的不同组合进行比较。此外，在核壳位置交换材料后，核壳电极的形态和电容性能变化也值得研究。由于核壳材料之间的界面可能是相同的，即使交换核壳材料，两种电容材料的生长顺序也值得研究，以更好地理解核壳结构超级电容器电极材料的组装。

7 用于光催化的核壳纳米结构

所有光催化反应都是由电荷载体驱动的，其行为可分为电荷产生、分离、迁移和表面反应，每一步的电荷利用效率决定了光催化的整体性能。蛋黄蛋壳类核壳结构可以为电荷载体的有效利用提供理想的平台。通常，蛋黄蛋壳类核壳结构由空心壳层和内核构成，这可以增强中空空间中的光散射，并提供更大的有效表面以创建足够的活性位点，这两者都可以提高电荷利用效率。此外，可以采用多种策略来修改蛋黄蛋壳型核壳结构，以进一步增强光催过程每个步骤中的电荷行为。本章综述了不同形态的蛋黄蛋壳型核壳结构光催化剂对光生载流子行为的合理调控，旨在提高核壳结构在多相光催化反应中的效应。

7.1 光催化简介

随着有限化石燃料的持续消耗，不可再生资源的枯竭和环境污染将制约社会发展和人类生存，发展潮汐能、核能、地热能等可再生、环保的替代能源迫在眉睫。太阳能以其独特的优势被认为是最有前途的能源之一。每年约有 1575～49387EJ 的太阳能通过辐射传输到地球，远远超过全球能源消耗总量(每年 559.8EJ)，单一使用太阳能足以推动人类的发展。此外，太阳能在地球上分布广泛，打破了地理位置的限制，避免了远距离传输。

光催化是将太阳能转化为化学能的一种广泛应用的策略，它由作为能量转换枢纽的光催化剂所驱动。通常情况下，非均相光催化剂由具有合适能带结构的半导体组成，用于激发电子-空穴对以驱动光催化反应。能带结构是描述固体材料中电子能量分布的基础理论。具体来说，能带结构主要包含填充的离域轨道(价带，Valence band，VB)的低能带和一系列主要由空的离域轨道(导带，Conduction band，CB)组成的高能带，如图 7-1(a)所示。在金属材料中，价带和导带相互重叠，形成电子的连续能量状态，使电子易于传输到离域空轨道，从而产生自由电子，自由电子可以移动到电场中，因此金属的导电性很高。然而，对于半导体来说，根据量子力学理论，导带价带被电子的禁带隔开，这就是带隙(E_g)。价带和导带之间的表观能量间隔导致价带几乎完全填满，而导带实际上是空的，因此两个带之间的电子跃迁需要更高的能量。由于这些较少的空态存在于接近全态能量的位置，因此更难用外加电场驱动电子，从而导致导电性降低。

电子从价带到导带的激发可以提高电迁移率。在能量等于或高于 Eg($h\upsilon \geqslant Eg$，其中 h 指普朗克常数，υ 代表光子频率，$h\upsilon$ 代表一个光子的能量)的光子照射下，电子将被激发到导带，在价带中留下空态，被视为带正电荷的空穴。作为光催化的基本活性元素，电子和空穴也被称为电荷载体。

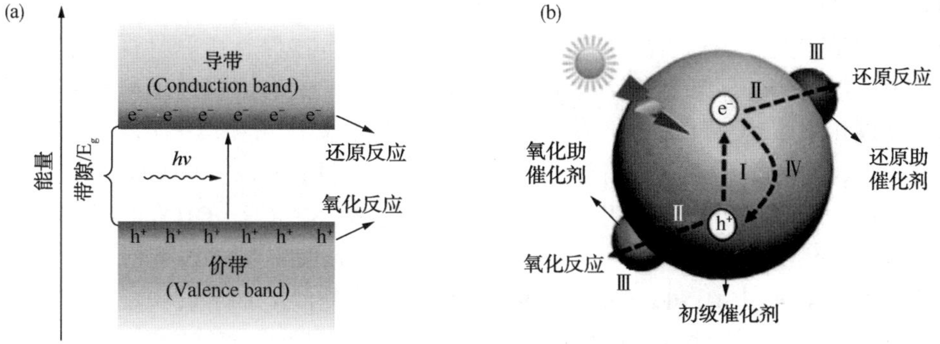

图 7-1 (a)光催化用半导体的能带结构，以及电荷产生和氧化还原反应的机理：当输入的太阳能大于 Eg 时，电子将从几乎满的价带激发到几乎空的导带，并在价带中留下空态，这可以被视为带正电的空穴。还原和氧化反应分别由电子和空穴驱动；(b)非均相光催化的典型结构和光催化过程中载流子行为的步骤：过程Ⅰ：电荷产生，过程Ⅱ：电荷分离和迁移，过程Ⅲ：表面反应，过程Ⅳ：电荷复合

通常，在半导体光催化剂上的完整反应过程主要可分为三个步骤[图 7-1(b)]。如上所述，在光子辐照下产生电荷载流子是反应的第一步(过程Ⅰ)。载流子生成后，电子和空穴应分离并迁移到光催化剂表面，这被视为反应的第二步(过程Ⅱ)。在这个过程中，电子和空穴有一定的概率再次结合(过程Ⅳ)，这将降低电荷分离的效率，因此应该加以限制。电荷载体的第三步是进行表面反应(过程Ⅲ)。迁移到表面后，电荷载流子应输送到反应物中以促成光反应。电子和空穴分别用于驱动还原和氧化反应。一般来说，光催化剂的整体活性取决于每个步骤中的电荷行为的效率。

虽然光催化剂主要由半导体构成，在辐照下可产生电荷载体，但单个组分的效率可能较低，因此，非典型多相光催化剂由半导体(称为初级催化剂)和辅助组分(称为助催化剂)组成[图 7-1(b)]。共催化剂可以捕获电荷并修饰催化剂材料表面，从而大大增强光催化过程。通常，助催化剂是沉积在半导体表面的金属或金属氧化物纳米颗粒。它们可进一步分为还原型和氧化型助催化剂。金属颗粒通常被用作还原性共催化剂，因为当它们的费米能级低于半导体的导带，高于目标反应的氧化还原电位时，可以充当电子穿梭器。另外，倾向于捕捉孔洞的金属氧化物颗粒通常被用作氧化助催化剂。通常，金属和金属氧化物颗粒的共沉积可以分别捕获电子和空穴，同时改善还原和氧化反应。

光催化在环境、能源等领域有着广泛的应用，近年来在以下四大类应用领域得到了蓬勃发展。(1)有机污染物的光降解。光降解可以为环境保护提供经济而简单的策略。通常，在水溶液中，有机分子主要通过电子和空穴产生的·OH和·O_2^-分解为 CO_2 和 H_2O。在评估光催化剂效果的实验中，甲基橙(Methyl Orange，MO)、VI 价铬还原、亚甲基蓝(Methylene Blue，MB)、罗丹明 B(Rhodamine B，RhB)和四环素(Tetracycline，TC)通常被用作模型反应底物。(2)光合作用。在化学工业中，物质的转化和合成是生产的基本过程。几乎所有的过程都需要通过传统方法使用不可再生的化石燃料输入能量。如果这些过程可以由太阳能通过光催化来驱动，那么就可以很好地实现自然资源的可持续利用和环境保护。一般来说，研究主要集中在简单反应和特殊化学基团上，以支持复杂反应路径的设计。评估催化剂最广泛使用的模型之一是苯甲醇($Rh-CH_2-OH$)的选择性氧化，以产生苯甲醛($Rh-CH=O$)。(3)光催化分解水。光催化分解水是指光生电子和空穴通过 H_2O 产生 H_2 和 O_2 的氧化还原反应。与之前的能量下坡光反应不同，水的光分裂是 $\Delta G>0$ 的能量上坡反应。光催化分解水提供了一种清洁、可持续的制氢方法，氢气是一种重要的能源基质和工业化学品。当 ΔG 为正值时，光催化剂实际上驱动了一个根据热力学不能自发发生的反应。通过克服产物和反应物之间的能量屏障，太阳能将储存在 H_2 分子中。虽然理想的反应是同时在电子驱动下产生 H_2、空穴驱动下产生 O_2 的完全水分解反应，但还原和氧化反应之间的相互限制可能会导致活性降低。为了更好地理解两个半反应中的一个，通常会添加牺牲剂以排除另一半反应的影响。空穴牺牲剂用于快速消耗空穴以促进析氢反应(Hydrogen Evolution Reactions，HER)，而电子牺牲剂有助于析氧反应(Oxygen Evolution Reactions，OER)。(4)光催化二氧化碳还原反应(Photocatalytic Carbon Dioxide Reduction Reaction，PCRR)。光催化二氧化碳还原反应是指将 CO_2 和 H_2O 还原，合成重要的能源和化工的有机化合物，如 CO、HCOOH、HCOH、CH_3OH 和 CH_4 等。而且光催化二氧化碳还原也是链接温室气体 CO_2 和有用工业原料之间的重要桥梁，可以综合解决环境和资源问题。与水分解一样，光催化二氧化碳还原也是一种能量上坡的反应，可以广泛用于太阳能的储存。

尽管光催化反应的形式多种多样，但所有的光催化反应都是由电荷载体驱动的，完全遵循三个必要的步骤。因此，通过形态设计来合理调节电荷载体的有效利用是提高光催化剂效率的基本途径。作为纳米颗粒的重要类别，蛋黄蛋壳类核壳结构，也被称为核心-空隙-壳层类核壳结构，具有优化和可调节的化学和物理性质，为调节电荷载体的行为提供了一个可靠的适用平台。一般情况下，这种结构由一个空心壳和一个内核组成，通常被称为 A@B 蛋黄-蛋壳结构(A 代表核心，B 代表外壳)。空心结构可以看作是一种特殊的壳层结构。虽然普通的核壳结构也可用作光催化剂，但是带有空隙或空心结构的蛋黄蛋壳类核壳结构更利于光的折射和吸收。因此，本章着重介绍此类核壳结构在光催化领域的应用。

蛋黄蛋壳类核壳结构的光催化剂其基本形态可以大致分为六类(图 7-2)。一般来说，这六种形态都可以通过基于三种机制的方法合成，包括柯肯达尔效应、奥瓦德熟化和逐层沉积。如图 7-2 所示，这些形态包括：(1)单一核心@单一壳层。作为蛋黄蛋壳类核壳结构的基本形态，这种结构为优化光催化性能提供了广阔的空间。空腔空间允许光在壳内反射，增强光散射，因此可以利用更多的光子能量来产生电荷载流子。较小的壳层厚度缩短了电荷的扩散距离，有利于电荷的迁移。此外，内表面和外表面的差异导致相对较大的比表面积，这可以增强表面反应。(2)多重核心@单一壳层。在这种结构中，核子女可以很好地分散在壳体内。对于设计为共催化剂的蛋黄蛋壳类核壳结构，其分散性有利于增强其光催化性能。(3)空心核心@单一壳层。这种结构也称为空心结构，它也是一种基础结构。较大的比表面积增强了催化剂与反应物之间的接触，有利于表面反应。此外，空腔空间允许入射光在壳体内反射，从而延长光的路径以增强吸收。(4)单一核心@多重壳层。多壳蛋黄蛋壳结构可以在每个空隙空间内实现多次光散射和反射，从而进一步增强光吸收能力。增强的吸收光能力可以提高电荷产生率，从而增强光活性。(5)多重核心@多重壳层。这种结构由多个核和多个壳组成。这种结构的催化剂具有丰富的活性中心和增强的光散射，通常表现出电荷生成和表面反应的协同增强。(6)空心核心@多重壳层。多个壳允许在每个壳内进行多次光散射，这可以促进光的吸收。因此，蛋黄蛋壳型核壳结构是促进光催化反应的

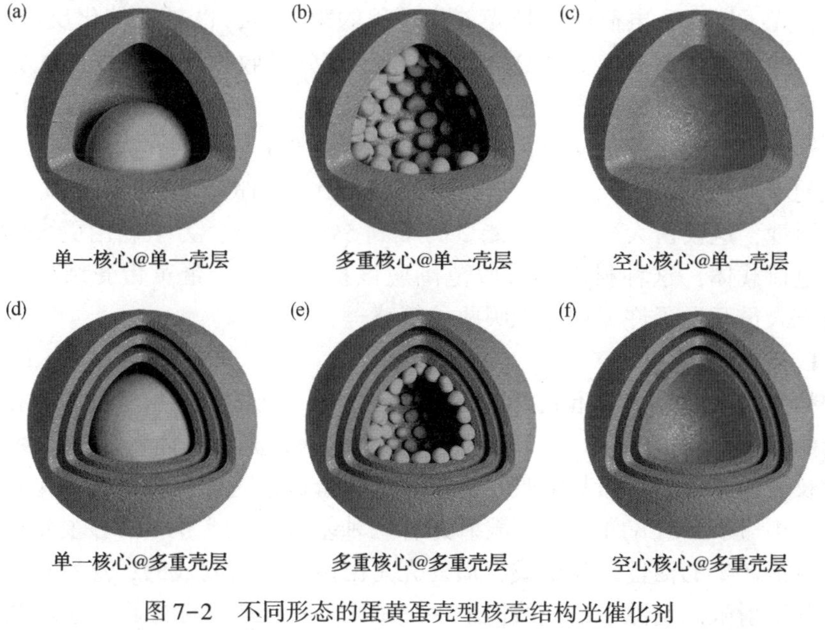

图 7-2　不同形态的蛋黄蛋壳型核壳结构光催化剂

(a)单一核心@单一壳层；(b)多重核心@单一壳层；(c)空心核心@单一壳层；(d)单一核心@多重壳层；(e)多重核心@多重壳层；(f)空心核心@多重壳层

理想结构。基于此类结构，研究者们采取了许多策略来进一步促进电荷的行为。

关于蛋黄蛋壳结构的应用研究已经初显成效，然而，这些研究主要集中在蛋黄蛋壳类核壳结构的一般应用上，基于蛋黄蛋壳核壳结构的改性和设计以改善光催化活性的策略、过程和机制并没有详细说明。本章首先介绍了蛋黄蛋壳类核壳结构的合成策略，然后主要讨论了在每一步中通过调节电荷载体来提高光催化性能的过程，并提供了它们背后的基本机制。

7.2 蛋黄蛋壳类核壳结构对光催化的调节作用

可以通过调节电荷载体的行为来提高光催化的每一步效率，包括产生、分离、迁移和表面反应，对于提高整体光催化效率具有重要意义。蛋黄蛋壳类核壳结构具有结构灵活、比表面积大、空间充足、组分丰富等优点，为光催化设计提供了可靠的设计平台，以期在每一步中有效利用电荷载体。基于蛋黄蛋壳类核壳结构，研究者们采取了许多策略来合理调节电荷载体的催化行为。尽管可以对电荷载体的行为进行有序地分类，但大多数催化剂通常被设计为综合性增强光催化中的一个或所有步骤。

7.2.1 增强电荷产生

吸收光子以产生电荷载体是光催化过程的第一步，也是光催化反应的基础。然而，一些半导体材料，如 TiO_2和 ZnO 不能充分吸收太阳能。以 TiO_2为例。由于其具有稳定性好、活性高、无毒和经济等优点，自 1972 年以来已被广泛应用于几乎所有类型的光催化反应，但光吸收仍然是 TiO_2应用的一大缺陷。由于其具有较大的带隙(锐钛矿为 3.2eV，金红石为 3.0eV)，TiO_2仅在紫外光(UV)区域显示出高活性，这仅占太阳光谱总能量的不到 5%。因此，为了利用更多的太阳能来产生电荷载体，这种材料的吸收范围应该扩大。基于蛋黄蛋壳结构的独特结构，研究人员开发了许多加速光吸收的策略。

7.2.1.1 散射增强

颗粒中的空隙是蛋黄蛋壳类核壳结构的一个常见特征。与仅依靠直接辐照激发电荷的固体颗粒[图 7-3(a)]相比，空隙允许入射光在壳体内多次反射和散射，从而延长光的路径以增强其吸收。对于典型的蛋黄蛋壳类核壳结构，单核心封装在单壳层中[图 7-3(b)]，利用散射光有三种基本形式：(1)核心主要由用于光吸收和电荷产生的活性颗粒组成，而外壳是由惰性材料制成的，这些材料用于通过反射和散射限制空隙中的光线[图 7-3(c)]。一个典型的例子就是 Li 等人报道的 TiO_2@ SiO_2蛋黄蛋壳类核壳结构，在紫外线照射下促进钼的光催化分解。光通过 SiO_2壳层，在壳层和核心之间的空隙内经历连续散射，并激发核心上的电荷，这可以极大地提高一阶速率常数(Ka)。(2)与第一种结构相反，壳层可以用活性粒子合成以产生电荷，而核心由具有高反射率的惰性材料组成，以将光连续反射到壳层上[图 7-3(f)]。如 Yooper 等人构建的 SiO_2@ <Pt>TiO_2蛋黄蛋壳结构，SiO_2核心被封装在 TiO_2壳层中，铂颗粒分散在核壳之间的空隙中，作为光催化制氢的共催化剂。空隙空间中的光也可以在核心上连续反射从而延长光路，并在壳层中激发更多的电荷。(3)核和壳均由光催化活性材料组成。光会在核和壳之间散射，核和壳的协同作用将极大地提高电荷载体的性能[图 7-3(g)]。例如，Li 等人报道合成了 Bi_2MoO_6@ Bi_2MoO_6蛋黄蛋壳类核壳结构，光在空隙中散射，导致在核心和壳层上都会产生电荷。另一个例子是，Sun 等人合成了 Au@ TiO_2蛋黄蛋壳类核壳结构，空隙中的光散射激发了 TiO_2壳层中的电荷，并产生热电子，然后注入 TiO_2的导带。

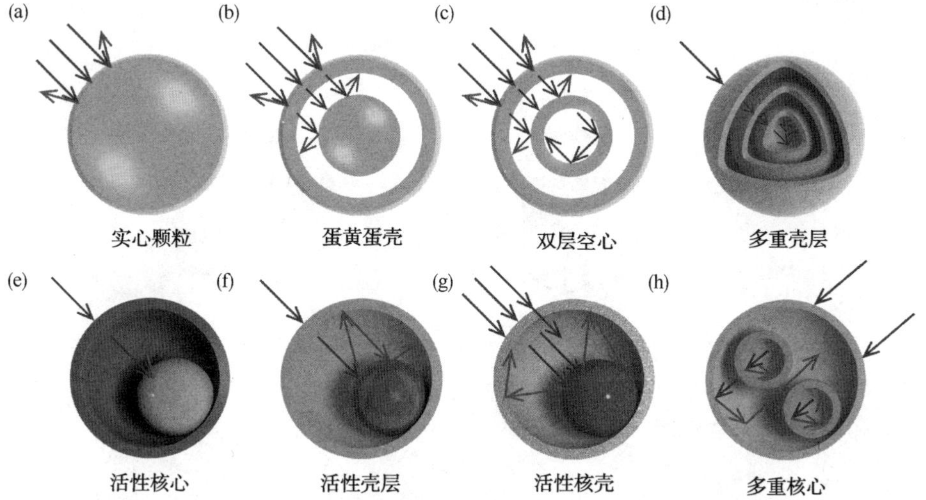

图 7-3　不同形态的蛋黄蛋壳型核壳结构通过延长光路增强光吸收示意图

(a)实心颗粒、(b)蛋黄蛋壳、(c)双层空心和(d)多重壳层结构上光散射形式示意图；(e)活性核心@惰性壳层；(f)惰性核心@活性壳层；(g)活性核心@活性壳层；(h)双黄蛋核壳结构

为了进一步增强散射，研究者们合成了具有双壳层的蛋黄蛋壳类核壳结构[图 7-3(c)]。正如 Wang 等人所报道的，除了内部空隙空间外，入射光将在两层壳层之间散射，因此光的路径将进一步延长，这将进一步提高对光的吸收。此外，研究者们还开发出了具有多个壳(两层以上)的蛋黄蛋壳类核壳结构[图 7-3(d)]。多壳蛋黄蛋壳结构可以在每个空隙之间实现多次光散射和反射，提供更高效的光吸收。基于散射效应，蛋黄蛋壳类核壳结构的其他形态也有报道。例如，Dinh 等人报道了用于异丙醇光催化分解的 Au@ TiO_2蛋黄蛋壳类核壳结构的三维有序组装。光不仅在空心 TiO_2壳层的内部空间反射，还可以在 TiO_2阵列的壳之间反射。Wang 等人合成了一种独特的双黄蛋结构，两个 ZnO 空心核封装在一

个空心 ZnO 壳中[图 7-3(h)]。与普通蛋黄蛋壳类核壳结构相比，双黄蛋结构可以增强光散射，从而提高光催化活性。

7.2.1.2 局部表面等离子体共振(等离子体共振)

等离子体共振效应是指等离子体金属纳米颗粒中的自由电子响应外部振荡电场的相干振荡，例如光催化情况下的太阳辐射[图 7-4(a)]。一般来说，在外部振荡电场中，等离子体纳米颗粒表面附近的电子云倾向于不对称分布，从而在正负电子之间产生库仑回复力，导致电子相对于核骨架的一系列振荡，就像拉伸弹簧的振荡一样。因此，会产生一个与外部电场方向相反的振荡电场，这可以归因于电荷密度的重新分布。对于仅对紫外光($\lambda<420$nm)有响应的大带隙半导体，例如 TiO_2 和 ZnO，适当的等离子体颗粒(例如 Au 和 Ag)可以有效地将光吸收扩展到可见光甚至红外区域($\lambda>420$nm)。通常，等离子体吸收由等离子体材料的固有特性和形态特征决定。

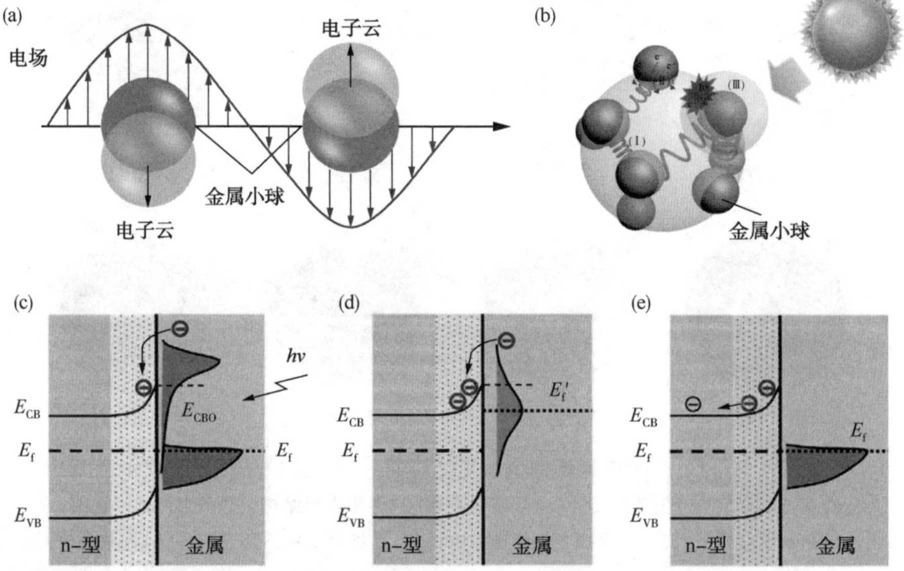

图 7-4 等离子体共振：(a)描述等离激元粒子上等离激元振荡的示意图，传导电子电荷云相对于原子核的振荡是由外部振荡电场建立的；(b)该示意图阐明了增强等离子体材料光催化的三种机制：光的吸收和散射、热电子的注入和等离子体激元共振能量转移；(c)~(e)说明热电子注入效应的详细方案，E_{CB}、E_{VB} 和 E_f 分别表示导带、价带和费米能级的能量

对于光催化，有三种基于等离子体共振的机制可以用来增强光吸收和电荷产生[图 7-4(b)]。第一种是等离子体材料的光散射[图 7-4(b)，机制一]。等离子体金属可以起到镜面反射的作用，延长光催化剂和等离子体金属表面附近光子

的总传输路径，因此可以使用更多的光子来激发电子-空穴对。第二种是热电子注入[图 7-4(b)，机制二]。根据 Zhang 等人的描述，这个过程始于建立等离子体纳米颗粒中电子态的连续费米-狄拉克(Fermi-Dirac)分布。在辐照下建立等离子体共振，并导致电子能量状态的上升，能量上升的电子将被注入相邻半导体的导带，这些电子被称为热电子[图 7-4(c)]。随后，等离子体材料中电子的能量状态通过电子-电子弛豫恢复费米-狄拉克分布，并达到较高的费米能级[在图 7-4(d)中表示为 E_f']。在这种情况下，能量高于 E_f'的电子分布尾部的电子将迁移到相邻半导体的导带中，如图 7-4(d)。如果表面等离子体的能量消失，等离子体共振效应将消失，电子的标准费米-狄拉克分布将再次建立，如图 7-4(e)。应该注意的是，只有当半导体光催化剂直接接触等离子体材料时，热电子注入过程才可能发生，其中形成肖特基势垒的等离子体金属的功函数低于 p 型半导体或高于 n 型半导体。第三种是等离子体诱导共振能量转移可以被视为通过偶极-偶极相互作用和电磁场将等离子体振荡能量从等离子体材料转移到半导体光催化剂中[图 7-4(b)，机制三]。由于电子和空穴的受迫方向相反，这种电磁场有助于电荷载流子的分离。此外，等离子体共振在等离子体材料(被认为是近场)附近产生的电磁场强度远强于触发光子的强度。因此，等离子体粒子可以被视为一个聚光器来放大近场电磁共振的强度。

等离子体共振增强的具体机制主要取决于辐照条件、催化剂的结构和材料的性质等。Cushing 等人通过实验和理论计算研究了特定等离子体共振机制的决定因素。他们合成了四种核壳结构，包括 Au@ TiO_2，Ag@ TiO_2，Au@ SiO_2@ TiO_2和 Ag@ SiO_2@ TiO_2。Au 和 Ag 颗粒用于提供不同的等离子体共振响应范围，而 SiO_2用于隔离等离子体共振颗粒和半导体(此处使用 TiO_2作为半导体的代表)。可以得出结论，热电子注入和等离子体共振能量转移都对特定波长敏感。如果光源的波长范围能够覆盖等离子体共振能量转移的敏感区域，则等离子体共振能量转移机制可以发挥作用。至于热电子注入机制，除了适当的光源波长外，等离子体共振粒子与半导体的接触也是必要的。对于所有基于热电子注入机制的蛋黄蛋壳类核壳结构，金属和半导体之间的接触均是必要的。在适当的照明和 Au/TiO_2之间的充分接触下，基于热电子注入和等离子体共振能量转移机制可以获得等离子体共振的增强。

Sun 等人通过将金核封装到 TiO_2壳层中以实现了可见光的光降解，展示了基于等离子体共振的增强光吸收的典型过程。封装金核后，在 555nm 处出现吸收峰，即将吸收扩展到可见范围。在可见光照射下，金粒子附近的 TiO_2壳层会受到等离子体场的影响，从而增强电荷分离。同时，可见光会穿过壳层，激发热电子，然后从核心转移到导带，在金颗粒上留下正电荷，可见光下产生的电子和正电荷可以有效地催化光降解。Wang 等人和 Cai 等人在 TiO_2空心壳层的内表面上负载了多重金纳米颗粒核心，这也可以增强光催化剂对可见光的响应。为了通过等离子体共振进一步增强可见光的吸收，Li 等人合成了一种蛋黄蛋壳类核壳结构，以锦纳米棒为核心，TiO_2空心球为壳层。与球形的金纳米颗粒不同，使用金纳米棒时会出现两个吸收峰，从而增强了太阳能的吸收。此外，可以通过改变金纳米棒的纵横比(长度与直径的大小比)轻松调整吸收峰的波长，从而允许灵活设计适应各种照明条件的光催化剂。

7.2.1.3 掺杂

光吸收范围窄的根本原因可以归因于形成蛋黄蛋壳类核壳结构的材料的大带隙。掺杂适当的金属或非金属元素可以在带隙内产生中间能级，为电子的跃迁提供跳板，从而允许吸收波长较长的低能光子，从而扩大光吸收范围。Shi 等人报道了这样一个典型的例子，即 Eu-N-共掺杂的 TiO_2@ TiO_2蛋黄蛋壳核壳结构光降解催化剂。Eu 被用来促进表面反应，而 N 的掺杂将产生一个中间能级，在电子从价带迁移到导带的过程中，它可以充当跳板。因此，TiO_2光吸收范围从紫外线区域被扩展到可见光范围。类似地，Wan 等人报道了 Fe-N 共掺杂 TiO_2空心壳，它可以通过带隙内的新能级将带隙从 3. 2eV(纯 TiO_2)缩小到 2. 8eV。自掺杂是一种主要用于金属氧化物的特殊掺杂策略。在没有其他元素的情况下，材料通常会在产生氧空位时掺杂具有较低价态的同一金属元素，这可以提升带，降低导带，从而缩小带隙。例如，通过在 TiO_2中 Ti^{4+}的基体中掺杂 Ti^{3+}，可以提高价带，从而将禁带从 3. 0eV 缩小到 2. 7eV(图 7-5)。Sun 等人报道了 Bi_2O_3的自掺杂，合成了含氧缺陷的壳层 BiO_{2-x}，在带隙的能量范围内有一个空位态，为能被低能量光子激发的电子提供了跳板。

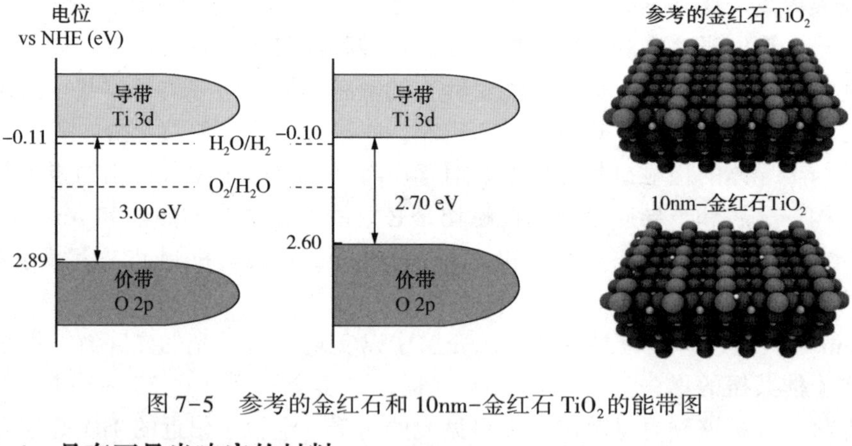

图 7-5　参考的金红石和 10nm-金红石 TiO_2的能带图

7.2.1.4 具有可见光响应的材料

虽然 TiO_2和 ZnO 等材料因其良好的稳定性、高活性、无毒性和低成本而被广泛使用，但较大的禁带导致其光吸收很差，这限制了它们的应用。而能对可见光做出响应的窄带隙材料，如 Ni_3S_2、In_2O_3、C_3N_4、NiO、$BiVO_4$、Bi_2S_3、Co_9S_8、Zn_2SnO_4、CeO_2和 $NiTiO_3$，均可构建蛋黄蛋壳类核壳结构来增强对光的响应和吸收。Li 等人报道了一个利用窄带隙材料增强光吸收的典型案例，即通过合成含有 TiO_2和 In_2O_3双壳层的蛋黄蛋壳类核壳结构。In_2O_3被用作吸收可见光的敏化剂，TiO_2对吸收紫外光有效，使催化剂在大波长范围内的辐照下有效。核壳结构的核心也可以由对可见光响应的材料制成，以增强光吸收，例如 Zhang 等人合成的 Ce_2O@ TiO_2蛋黄蛋壳类核壳结构。此外，研究者们还合成了大量的 C_3N_4、NiO 等敏化的 TiO_2蛋黄蛋壳类核壳结构，并实现了更好的光吸收。具体来说，染料是一类重要的敏化剂，它对可见光有很强的吸收，还可以将电子传递给半导体进行光催化反应。Zhu 等报道，红素黄(ErY，一种染料)可以负载在 CNT@ Ni_3S_2的空心外壳载体上，从而有效吸收可见光，并将产生的电子传输至 Ni_3S_2，催化 H_2O 生成 H_2。对可见光响应的材料也可以直接用于构建蛋黄蛋壳结构的壳层。Dong 等人合成了 SiO_2@ $NiTiO_3$蛋黄蛋壳类核壳结构，其在可见光下能有效催化亚甲基蓝的降解。将形态设计与共催化剂的修饰相结合，这种光敏材料可以获得很好的活性，例如 Co–C@ Co_9S_8双壳层结构，就具有很好的光催化制氢活性。

7.2.1.5 光子上转换及光子上转换装置

波长比激发光短的发射光，称为反斯托克斯型发射(Anti–Stokes Type Emission)、辐射能量转移(Irradiation Energy Transfer)或荧光共振能量转移(Fluorescence Resonance Energy Transfer)。对于光催化，入射光的波长可以通过生物转化材料缩短，因此具有相对较大带隙的半导体可以被波长较短的会聚光激发。上转换材料等离子体共振的使用为利用低能光子(如红外光)提供了合适的策略和方法。可作为上转换材料的化合物主要包括稀土离子掺杂的氟化物、氧化物、硫化物、卤化物等或半导体量子点，如掺杂 Er^{3+}、Yb^{3+}、Tm^{3+}、Yb^{3+} 的 $NaYF_4$、$LiYF_4$、$NaGdF_4$、CaF_2、Gd_2O_3、YF_3，或 CdSe、PbS 和 PbSe 量子点，其中 $NaYF_4$是最有效的上转换材料之一。

无机光催化材料的光子上转换机制主要分为激发态吸收(Excited–State Absorption)和能量转移上转换(Energy Transfer Upconversion)。在激发态吸收过程中，基态的电子在吸收光子后将过渡到中间亚稳态，如果光子的振动能量能够与中间态和更高激发态之间的能量间隔精确匹配，电子将依次过渡到更高激发态。在适当的条件下，一些处于较高激发态的电子会直接跃迁到基态，释放出比所有吸收光子能量更高的光子。因此，两个或更多光子的连续吸收可以转换为波长更短的光子。在能量转移上转换过程中，一些激发离子将通过非放射性跃迁转移到基态，并将能量传递到激发态的其他离子，使它们更易于转移到更高的激发态，然后一些高激发态的离子直接跃迁到基态，释放出更高能量的光子。

蛋黄蛋壳类核壳结构为利用上转换纳米颗粒催化光催化反应提供了合适的反

应平台。例如，Wang 等人报道了 $Zn_xCd_{1-x}S$ 光催化壳层封装的上转换纳米颗粒（$NaYF_4$：Yb/Tm@ $NaYF_4$：Yb/Er）蛋黄蛋壳类核壳结构，用于光催化降解。$Zn_xCd_{1-x}S$ 在可见光下具有活性（吸收边约为 560nm），但它不能吸收近红外光子。然而有了这种蛋黄蛋壳类核壳结构，通过壳层入射光中的近红外光将被上转换纳米颗粒的核心转化为可见光，然后用于产生电荷载体，从而提高太阳能的利用率。

7.2.2 促进电荷分离和迁移

分离和迁移是光催化中电荷的第二步反应过程。半导体光催化剂产生电荷后，必须迁移到材料表面与反应物接触并参与反应才能发挥催化效果。在这个过程中，电子和空穴倾向于重新结合，因此，促进电荷分离也具有重要意义。

7.2.2.1 异质结

异质结是指具有不同能带结构的两种不同材料之间形成的结。通常，根据能带的相对关系，异质结可分为三种形式，其中Ⅱ型异质结可用于有效抑制电子-空穴对的复合，以增强电荷分离。如图 7-6(a)所示，Ⅱ型异质结由两个相交的能带结构组成，这将驱动电子流向其中的一种材料，而空穴流向另一种材料，从而在异质结的界面上实现有效的电荷分离。

对于蛋黄蛋壳类核壳结构，异质结可以在壳层和核心（类型Ⅰ）、不同层次壳材料（类型Ⅱ）或壳层和核心中分散的不同材料的多晶小颗粒（类型Ⅲ）之间构建。TiO_2@CeO_2核壳结构对亚甲基蓝的光降解过程即是蛋黄蛋壳异质结类型Ⅰ过程的完美诠释。在紫外光照射下，TiO_2核心和 CeO_2壳层上都会产生电子-空穴对。由于 TiO_2（-0.30eV）的导带边缘电位比 CeO_2（-0.42eV）的导带边缘电位更正，因此具有更高电势的 CeO_2壳层导带中的电子将迁移到 TiO_2核心的导带。由于 CeO_2（2.54eV）的价带边缘电位比 TiO_2（2.92eV）的价带边缘电位更低，因此也类似地发生了空穴从 TiO_2核心的价带到 CeO_2壳层的转移。由于不同电荷的迁移方向不同，电子与空穴相遇的可能性较小，因此复合将受到极大地抑制。同样的，Ce_2O@TiO_2蛋黄蛋壳结构也被构建出来，并按照同样的机制显示出增强的光活性。

Sun 等人通过在 TiO_2和 MoS_2之间构建多重壳层，提供了具有蛋黄蛋壳类核壳结构的异质结类型Ⅱ的典型示例。在适当的能带结构下，电子从 MoS_2的导带迁移到 TiO_2的导带，而空穴从 TiO_2的价带流动到 MoS_2的价带，从而增强了壳内的电荷分离，提高了对亚甲基蓝光降解的整体活性。Li 等人报道的 TiO_2@ In_2O_3多重壳层结构能够有效改善壳层体相的电荷分离。还可以在具有匹配能带结构的材料之间构建异质结的多重壳层结构，例如 Jiang 等人和 Zou 等人利用不同的方法构建的 TiO_2@ g-C_3N_4多重壳层空心异质结壳层即可以实现增强电荷分离和光催化活性的目的。

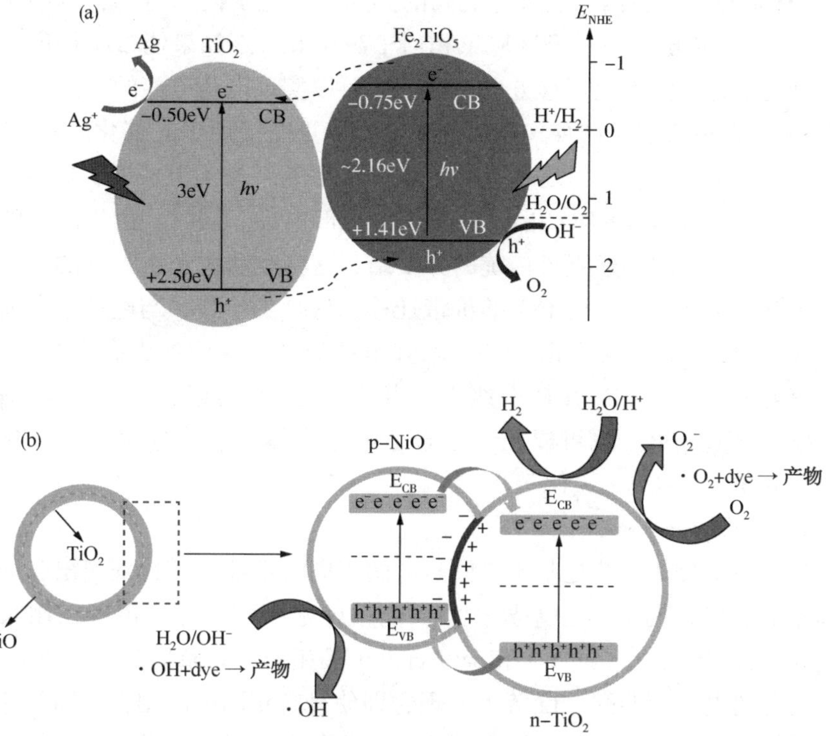

图 7-6 (a) TiO_2 和 Fe_2TiO_3 之间形成的异质结结构示意图；(b) p-NiO 和 n-TiO_2 之间形成的 p-n 结结构示意图，在两种材料的界面上建立了一个内部场

异质结类型Ⅲ的蛋黄壳是由不同材料的多晶小颗粒构成的，这在材料中创造了许多异质结界面。正如 Jin 等人所证明的那样，他们构建了一种带有 WO_3 和 $BiVO_4$ 多晶小颗粒的蛋黄蛋壳类核壳结构，可以增强光催化水分解过程中的电荷分离，从而获得了良好的活性。类似地，这种多晶小颗粒异质结的形式也可以由其他材料构成，例如 $BiVO_4/Bi_2S_3$、TiO_xN_y/TiN，或者由 ZnS/CdS、$Zn_2SnO_4/SnO_2TiO_2/Fe_2TiO_5$ 组成的多重壳层结构等等。

此外，蛋黄蛋壳类核壳结构可以用作形成异质结的通用材料，据 Chiu 等人的报道，他们首先合成蛋黄蛋壳类核壳结构的 Au@ Cu_2O 和 Au@ Cu_7S_4，然后将其负载到 TiO_2 纳米棒上，以构建 TiO_2 和壳层之间的异质结。电子和空穴通过异质结分离后，由于金核具有较大的功函数，电子将转移到金核，并参与光还原。空穴将直接驱动 · OH 自由基的生成，从而降解污染物。可以预见，蛋黄蛋壳类核壳结构将为更多形式的基于异质结的电荷分离提供平台。

7.2.2.2 p-n 结

p-n 结是一类特殊的异质结，可以进一步改善电荷分离。当 p-n 结由 n 型和

p 型半导体形成时，在两个半导体之间的界面处建立了内部电场，其中正电荷在 n 型区域累积，负电荷在 p 型区域累积[图 7-6(b)]。如果能带结构产生的电荷迁移与电场中电荷的受迫迁移方向一致，则可以实现电荷分离的增强。

Wang 等人报道了 TiO_2@ NiO 的分级空心多重壳层用于光催化降解产 H_2。由于 NiO 是 p 型半导体，TiO_2是 n 型半导体，因此在 p-NiO 和 n-TiO_2的界面内形成了 p-n 结，建立了从 n-TiO_2指向 p-NiO 的内部电场。同时，由于匹配的能带结构，NiO 和 TiO_2之间也建立了传统的异质结，这将驱动电子从 NiO 的导带迁移到 TiO_2的导带，并驱动空穴从 TiO_2的价带迁移到 NiO 的价带，与电场中电荷的强制方向一致，因此，p-n 结可以进一步增强电荷分离，从而产生高光活性。Guann 等人报道的 n-$BiVO_4$@ p-Bi_2O_3分级空心多重壳层，也可以在壳层内构建 p-n 结，有效地改善电荷分离。也可以在许多合适的半导体之间构建用于光催化的 p-n 结，例如 n-$BiVO_4$和 p-Co_3O_4等。

7.2.2.3 同质结

通过异质结分离电荷是基于不同材料的不同能带结构，特别指出，同一材料中不同相的能带结构也存在差异，如果能很好地匹配带隙，也可以用来分离电荷。例如，Liu 等人发现锐钛矿和金红石由于晶相的不同而具有不同的能带结构，这可以与分离电荷相匹配。Li 等人发现，即使具有相同的晶相，不同晶体表面之间的能带结构仍然存在差异，这也可用于电荷分离。同一材料中不同相的能带结构之间的连接被称为同质连接。

Liu 等人报道了一项关于 C@ TiO_2蛋黄-蛋壳核壳结构的研究。通过控制温度、保护层和合成条件，他们用锐钛矿和金红石混合构建了 TiO_2壳层。他们发现锐钛矿-金红石混合相的光降解活性显著增强，这可归因于锐钛矿和金红石颗粒之间形成的同质连接。Zhao 等人报道了一种由锐钛矿-布鲁克石双相组成的蛋黄蛋壳类核壳结构，在降解罗丹明和苯酚方面也表现出良好的光催化性能。

7.2.2.4 共催化剂的负载和空间分离作用

异质结、同质结、p-n 结和特殊核壳结构方案的不同材料、相或晶面之间的结可以有效地抑制电子和空穴的复合。然而，在结的构造中存在一些缺点，其中最严重的是在结的不同部分之间的界面处引入了重组中心。为了进一步提高电荷分离效率，研究者们还提出了一种利用不同共催化剂的空间分离作用来抑制无结电荷复合的方法。众所周知，用于光催化氧化还原反应的共催化剂有两种，一种因其较大的功函数而可用作电子陷阱，如金属颗粒(称为还原共催化剂，或辅助还原催化剂)，另一种是空穴陷阱，如 MnO_x、PbO_2和 PbS 等(称为氧化共催化剂，或辅助氧化催化剂)。共催化剂的存在可以锚定电子或空穴以减少电荷复合的可能性，同时负载还原和氧化共催化剂可以进一步增强电荷分离。

然而，如果随机加载不同的共催化剂，主催化剂中产生的电子和空穴也会随机流向其陷阱，反而会增加电子和空穴遇到的可能性。这种问题可以通过建造蛋黄蛋壳类核壳结构来解决，蛋黄蛋壳类核壳结构将空间自然地分成两部分，包括中空壳的内部空间和外部空间，分别可以装载或负载不同的助催化剂[图 7-7(a)]。空间分离的共催化剂将驱动壳中的不同电荷流向相反的方向[图 7-7(b)和(c)]，这可以极大地抑制电荷空穴的复合。基于这一策略，Li 等人报告了 Pt@ TiO_2@ MnO_x蛋黄蛋壳结构，在不引入抑制结的情况下促进电荷分离。电子在TiO_2壳层中生成后，将被还原型共催化剂 Pt 捕获，空穴将被氧化型共催化剂MnO_x吸引，从而导致 TiO_2中不同电荷的整体迁移，因此，电荷的复合受到抑制，这可以通过光致发光光谱来证明。Zheng 等人则分别使用 Pt、C_3N_4和 Co_3O_4作为还原助催化剂，结合主要光催化剂和氧化助催化剂构造了 Pt@ C_3N_4@ Co_3O_4蛋黄蛋壳类核壳结构，由于其适当的带结构，也大大改善了电荷分离效果，材料表现出了优异的水分解活性。此外，类似的结构如 Pt@ TiO_2@ RuO_2和 Pt@ Ta_3N_5@ IrO_2也被合成出来，用于在空间上分离不同的共催化剂，以改善电荷分离。Dong 等人也报道了空心壳层与分离的共催化剂的三维组合。除了空心球壳层外，由主要光催化剂组成的其他形态的空心结构也可用于空间分离共催化剂。Zhang 等人报道了一种 TiO_2纳米管，其内表面和外表面分别负载了 Pt 和 CoO_x作为还原和氧化共催化剂，这种空间分离的共催化剂也可以增强电荷分离。

进一步的研究发现，空间分离的共催化剂仅对表面电荷分离有促进作用，而对体相电荷分离似乎没有促进作用。为了同时增强表面和体相的电荷分离，Li 等人将单组分空心壳层改为超薄异质结，分别以 Pt 和 MnO_x为还原和氧化共催化剂构建合成了 Pt@ TiO_2@ In_2O_3@ MnO_x蛋黄蛋壳类核壳结构[图 7-7(d)]。空间分离的共催化剂会将表面附近的空穴和电子驱动到相反的方向，超薄异质结可以分离体相中的电荷，并使它们转移到表面/亚表面区域[图 7-7(f)]，这可以通过时间分辨荧光光谱(Time Resolved Fluorescence Spectroscopy，TRPL)证明。电荷在壳层中的扩散长度可以用寿命和电荷密度来计算。

如图 7-7(e)所示，电荷的迁移率等于或大于外壳的厚度。这表明，在空间分离的共催化剂和薄层异质结的协同作用下，表面或本体中的电荷分离都可以得到有效改善。在紫外光(254nm)和可见光(435nm)照射下，苯甲醇选择性光催化氧化制苯甲醛的表观量子效率(AQE)分别达到 49.2%和 24.2%。类似地，Wang 等人合成了 Pt@ TiO_2@ CdS@ Co_3O_4蛋黄蛋壳结构，其中 Pt 和 Co_3O_4充当还原和氧化共催化剂，并拥有一个由 TiO_2@ CdS 组成的薄层异质结，这种催化剂在可见光驱动的 H_2O 分解析氢反应中表现出更强的活性。

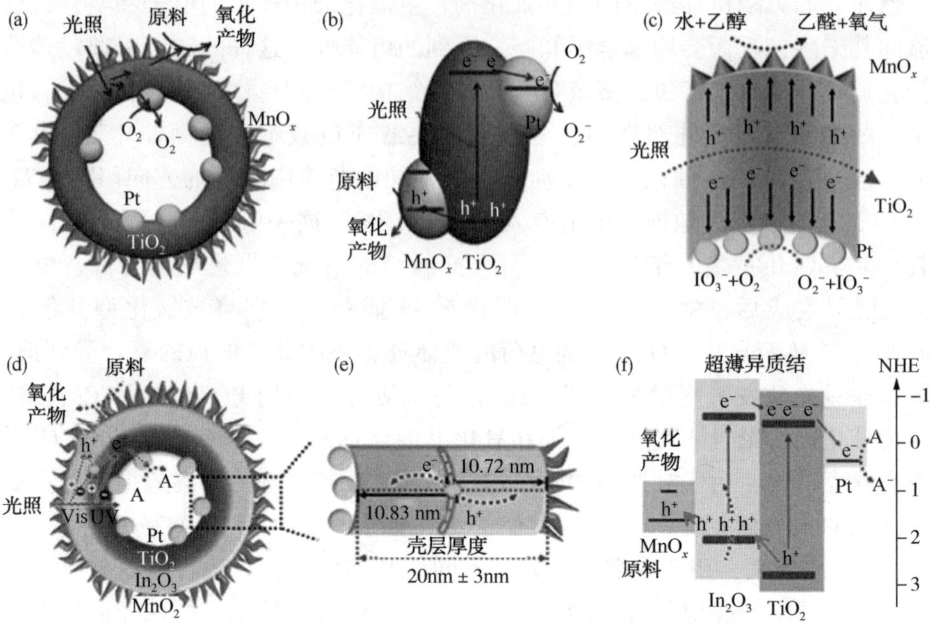

图 7-7 (a) Pt@ TiO_2@ MnO_x，二氧化钛空心壳层在空间上分离了不同助催化剂，用于光催化氧化；(b)催化剂和辅助催化剂之间的带结构与电荷捕获的关系；(c)分离的助催化剂驱动的电子和空穴的流动方向；(d)将薄异质结效应和空间分离的助催化剂结合在一起的结构 Pt@ TiO_2@ In_2O_3@ MnO_x；(e)在空间分离的助催化剂和薄异质结的协同作用下，电荷在壳层中的扩散长度可以通过寿命(由 TRPL 检测)和电荷迁移率计算得出，其为 21.55nm(加上 10.83nm 的电子和 10.72nm 的空穴)，等于或大于壳层厚度(20±3nm)；(f)该结构的能带结构包括分离的助催化剂和超薄异质结壳层，以及不同材料之间的电荷行为

7.2.2.5 结晶度

结晶度高的半导体不仅有利于电荷的产生，而且有利于电荷的迁移，从而实现有效的电荷分离和快速的表面反应。同时，在由多晶颗粒组成的材料中，这些颗粒之间的界面将充当复合中心，这也会阻碍电荷迁移，降低电荷分离效率。因此，高结晶度和大晶粒的材料更适合用于光催化。

通常，提高热处理温度有利于形成更高的结晶度和更大的颗粒。然而，如果温度升高到一定值，晶相可能转变为另一个光活性较低的晶相。例如，在 450~550℃下，TiO_2从非晶态到锐钛矿的结晶对于光催化是有效的，但当温度达到 600-700℃时，锐钛矿将转化为金红石相，与锐钛矿相比，其活性较低。Joo 等人采用了保护性煅烧的策略来解决这个问题。在煅烧之前，在非晶 TiO_2层的外表面上涂覆一层 SiO_2保护层以形成 SiO_2@ TiO_2@ SiO_2球体，可以将锐钛矿到金红石的转变温度提高到 900℃以上，从而改善锐钛矿的结晶。

进一步研究发现，通过该方法合成的多晶 TiO_2 壳层由更小尺寸的纳米晶组成，这可能是由于硅酸盐物种渗透到 TiO_2 基体中，阻止了颗粒的生长。为了增加晶粒尺寸，Joo 等人进一步开发了“部分蚀刻和再煅烧”工艺。首先合成 SiO_2@TiO_2@SiO_2 球体，然后进行煅烧，然后用 NaOH 对样品进行部分蚀刻，以便在 TiO_2 的两侧形成一些空间，从而进一步生长 TiO_2。然后重新煅烧样品，使 TiO_2 颗粒不断长大。这种工艺可以产生具有高结晶度的较大晶粒，但是同时也存在涉及包覆层、蚀刻和煅烧多个步骤的复杂合成过程的明显缺点。因此，Liu 等人开发了一种新的保护性煅烧工艺，他们用酚醛树脂代替 SiO_2 作为保护层。酚醛树脂不会穿透 TiO_2 基体以阻止晶粒生长，晶粒生长可能直接来自结晶度较高的较大晶粒。此外，Wang 等人报道了一种独特的崩解-重组路线来合成 TiO_2 空心壳，这将进一步提高结晶度并促进光活性。

7.2.2.6　电荷的快速传导

提高光催化剂的导电性可以有效地提高电荷的迁移率。由于高导电性，催化剂中的电子和空穴在生成后将迅速离开半导体，并被输送到导电材料或直接输送到反应物以驱动反应，从而改善电荷分离。同时，对于容易被电子和空穴腐蚀的不稳定半导体，则可以得到很好的保护，因为电荷会迅速离开这些半导体。通常，碳材料和金属是提高光催化剂导电性的理想材料。考虑到成本，碳材料被频繁使用。特定的形态，如一维形态，也有利于电荷的传导。基于蛋黄蛋壳结构，可以采用许多策略。第一种策略是用半导体和导电材料构建一个分层的外壳。Cai 等人报道了一种 TiO_2@Au@C 生成的复合多重壳层用于光催化产 H_2。在 TiO_2 和 Au 上产生的电子和空穴可以快速传递到碳层参与光反应。碳材料也可以构造为具有特定形态的内层。例如，Zhu 等人报道了一种 Ni_3S_2 空心壳层包覆的碳纳米管（CNT@Ni_3S_2）核壳结构用于光催化 H_2O 分解制氢。由于碳纳米管的高导电性和一维结构，电子会迅速传导到反应物中，这将降低电荷复合的可能性。另一种策略是将碳质材料混合到半导体外壳中，这种形态没有明显的层次结构，电荷生成后可以立即导出。Wang 等人将碳纳米线与 TiO_2/NiO 空心壳混合，以增强颗粒的导电性。还原石墨烯（r-GO）作为一种导电性较高的碳材料，也被混合在碳纳米管@Au@TiO_2 蛋黄蛋壳结构的壳中，结果证明这是一种电荷传输和分离的优秀材料。碳材料也可以被构造成蛋黄蛋壳类核壳结构中的核心，以传递半导体壳层产生的电荷。Joo 等人报道了一种以 C@TiO_2 蛋黄蛋壳结构用于罗丹明 B 的光降解。TiO_2 上产生的电荷会在产生后立即输送到碳质核心，从而降低复合的可能性，并加速光反应过程。蛋黄蛋壳类核壳结构也可以仅由碳材料组成，而这种碳材料非常适合用作半导体颗粒的负载基底。Han 等人合成了一种 C@C 蛋黄壳作为载体，可以为光催化提供增强的光散射、大比表面积和高导电性等，并在其上负载 Cu_2O 颗粒。这种结构大幅度提高了光生载体的效率和 Cu_2O 的稳定性。正如 Chen 等人所报告的，金和钯等金属颗粒也可以将光生电子传递给反应物，以增强电荷迁移和分离。

7.2.2.7 扩散距离的减小

缩短电荷从产生位置到表面的扩散距离是促进电荷分离的另一个有用策略。对于蛋黄蛋壳类核壳结构，壳层上产生的电荷具有较短的扩散距离。为了进一步缩短距离，壳体的厚度应进一步减小。例如，Zhang 等人报道了一种由 ZnS 和 CdS 组成的多重薄壳结构，并观察到电荷的扩散长度缩短。Li 等人还报道了一种由 TiO_2 和 In_2O_3 组成的异质结壳层，壳层的厚度较小，这也为电荷传输提供了较短的扩散距离[图 7-7(d)和(e)]。

7.2.3 表面反应的改进

表面反应是整个光催化过程中电荷载体反应的最后一步。在产生并迁移到表面后，电荷应输送到基底以驱动氧化还原反应。这一步的效率也是整个活动的决定因素。通常，表面反应步骤中电荷的性能主要取决于表面的性质。可以采用各种策略来提高表面反应的效率。

7.2.3.1 活性中心增加，吸附增强

具有大表面积、多个反应位点以及与反应物和电荷适当相互作用的表面有利于表面反应。作为所有蛋黄蛋壳类核壳结构的一个普遍关注点，空腔的形成可以提供更多的空间和表面接触来吸附反应物分子，从而使电子和空穴的反应更有效。蛋黄蛋壳类核壳结构的中空结构还可以为光催化过程中的氧化还原反应提供大的表面积和丰富的活性位点，因为与只有一个表面的其他结构相比，空腔会导致内表面的出现，使表面积增加一倍。

为了使表面反应更有效，人们报道了许多进一步扩大表面积的策略。第一种策略是在空心壳上引入介孔结构。通常，当使用碳质小球通过硬模板法合成蛋黄蛋壳类核壳结构时，焙烧过程中会产生 CO_2 气体以去除模板，并通过壳层形成蛋黄蛋壳类核壳结构。Zhou 等人即利用这种方法合成了 Au@ Ce_2O 蛋黄蛋壳结构，并证明介孔材料的比表面积可以增加到 82.5m^2。不同材料之间的相互作用也有利于介孔的形成。例如，使用 SiO_2 作为模板形成 TiO_2 空心壳可以很好地构筑介孔，这是由于在壳层的结晶过程中硅酸盐物种渗透到 TiO_2 基体中而产生的。又例如，Wang 等人使用 SiO_2 作为硬模板合成了 r-GO/Au/介孔 TiO_2 空心壳层，从而将表面积提高到 171.4$m^2 \cdot g^{-1}$。Chen 等人还报道了通过类似方法合成的表面积为 236.3$m^2 \cdot g^{-1}$的介孔壳层。Li 等人报道，通过在煅烧前沉积最外层的保护层并提高煅烧温度，表面积可以进一步增加到 288~321$m^2 \cdot g^{-1}$。

另一种增加表面积的策略是将蛋黄蛋壳类核壳结构与纳米片结合，或直接用纳米片构建壳层。Zhu 等人报道了由高比表面积为 139.5$m^2 \cdot g^{-1}$的超薄 Fe_2O_3 纳

米片组成的分级空心壳，以实现在光催化水氧化中的优异活性。Wang 等人将 $ZnIn_2S_4$纳米片负载到 In_2O_3纳米管上，形成表面积为 $128m^2 \cdot g^{-1}$的管状分层空心壳层。通过将某些表面活性剂与前驱体混合，Zhang 等人制造出了由 TiO_2纳米片组成的空心壳层，其具有的表面积高达 $417.6m^2 \cdot g^{-1}$。

除了增加蛋黄蛋壳结构的表面积外，还可以采取创造不完美表面(粗糙表面)的策略来促进表面反应。Gupta 等人通过腐蚀性方法制造了一个 CdS/CdO 核心颗粒，该颗粒具有丰富的悬挂键，对表面反应具有很好的促进作用。Jin 等人报道了将超细金属铂纳米团簇固定在 TiO_2蛋黄蛋壳类核壳结构上用于光催化制氢，成功合成后，再用碱处理 TiO_2蛋黄蛋壳类核壳结构，在表面生成丰富的羟基，这有利于负载氧化的 Pt(II)纳米颗粒。进一步的研究发现，这些催化剂从 H_2O 生成 H_2的的浓度效率可达 $20.88mmolh^{-1} \cdot g^{-1}$，这是前所未有的高活性。化学反应条件对表面反应也很重要。Liang 等人发现，随着环境 pH 值的降低，水甲醇溶液在层状 KNb_3O_8蛋黄蛋壳类核壳结构上的光催化制氢反应活性会增加。高浓度的反应物也有利于促进反应。通常，如果蛋黄壳由合适的材料制成，蛋黄蛋壳类核壳结构可以将化学物质集中在空隙中，这将创造一个有利的局部环境，以改善表面反应。

7.2.3.2 核心上活性位点的释放

虽然惰性的包覆层可以有效地提高稳定性，但核心上的活性中心会同时被惰性壳屏蔽，从而阻碍表面反应。蛋黄蛋壳类核壳结构可以完全分离核和壳，从而释放核上的活性位点，与进入空隙空间的反应物有效接触。例如，Ren 等人报告了 TiO_2@SiO_2蛋黄蛋壳结构，可保护 TiO_2核心在罗丹明 B 降解过程中不受损坏。罗丹明 B 分子首先通过 SiO_2壳层，聚集在 SiO_2的中空空腔，然后吸附在 TiO_2的表面。来自光生空穴和电子的正电荷和自由基证明了分子在 TiO_2核心上释放的活性位点上的吸附。Li 等人还报道了 Au 纳米棒@TiO_2蛋黄蛋壳结构对苯甲醇选择性光氧化生成苯甲醛的活性位点的释放，其催化活性中心被证明位于纳米棒状核心上。核心和壳层的空间分离促使苯甲醇能够吸附在纳米棒的氧化活性位点上，苯甲醇可以被等离子体共振产生的正电荷选择性的氧化为苯甲醛。

7.2.3.3 增强壳体之间的物质传输

壳层间的物质传输是影响表面反应效率的一个重要因素。Li 等人详细研究了液相中蛋黄蛋壳类核壳结构多孔氧化物壳层的物质传输机制和特征。结果表明，这种迁移是由于介孔结构的存在，它为参与光催化反应的大分子提供了迁移途径。因此，第 7.2.3.1 节中介绍的所有由介孔材料构成的蛋黄蛋壳类核壳结构都有利于物质传输。此外，Li 等人还得出结论，分子的运输主要依赖于溶剂和溶质通过壳层的转移，而不是溶质的扩散，因此，使用对溶剂具有高亲和力的材料构建壳也有利于物质传输。

7.2.3.4 相对反应位点的空间分离

几乎所有的光反应都由还原和氧化反应组成，如果还原和氧化的活性中心太近，就会发生交叉或逆反应，从而降低表面反应的效率。为了解决这个问题，不同的活动位点应该被空间隔离，甚至应该被分隔在不同的反应空间。蛋黄蛋壳结构为这种分离提供了极好的空间平台。Kim 等人报道了一种 SiO_2 纳米管来分隔不同的反应位点。导电的线性有机分子被掺合在 SiO_2 中以传递电子。通过将活性层或颗粒作为光催化剂，再将催化剂搭载在纳米管外部，构建蛋黄壳或多壳层次结构以分离活性位点。在理想情况下，还原反应和氧化反应在不同的空间中分别起到相应的催化作用，它们之间没有任何接触。由于活性中心通常由氧化还原共催化剂提供，基于蛋黄蛋壳类核壳结构的共催化剂也可以在空间上分离活性中心，这可以极大地抑制交叉和逆反应(见第 7.2.2.4 节)。空间分离反应位点的结构为整个光催化反应提供了良好的平台。

7.2.3.5 高活性晶面

对于光催化反应，存在某一晶体表面比其他晶体表面催化反应更为活跃的现象，这主要是因为原子的适当排列产生了适当的表面性质。增大高活性晶面可以显著提高表面反应步骤中载流子的利用率。Chen 等人发现锐钛矿型 TiO_2 的(001)面对甲基橙的光降解具有高催化活性，因此，他们构建了一种蛋黄蛋壳类核壳结构，其壳层由锐钛矿型的 TiO_2 纳米片组装而成，具有高度暴露的(001)面，可以增强表面反应。Li 等人报道，对于光氧化反应，金纳米棒的{100}和{110}晶面比{111}晶面更活跃。通过调整金纳米棒的长径比，增加了其中{100}和{110}平面的比例，从而提高了金催化剂的活性。

7.2.3.6 价态可转换元素的协助

光催化剂催化某些反应的能力可以通过热力学分析进行初步的调整。通常，对于由电子促进的还原反应，催化剂的导带应比反应中氧化还原对的还原电位更负。而对于由空穴驱动的氧化反应，催化剂的价带应比氧化还原对的氧化电位更正。然而，符合这一条件的热力学要求并不意味着光催化反应的发生，因为热力学要求可能会阻碍反应过程。掺杂合适的价态可转换的元素可以通过改变反应过程，降低活化能，从而大大提高表面反应的效率。Ce^{3+}/Ce^{4+}、Fe^{2+}/Fe^{3+} 和 Eu^{2+}/Eu^{3+} 离子对通常可用于掺杂元素促进催化反应。

在蛋黄蛋壳结构中加入价态可转化元素是有效的策略。例如，Shi 等人报道了一种 Eu-N 共掺杂的 TiO_2@TiO_2 蛋黄蛋壳类核壳结构用于光降解，其中 N 用于增强光吸收，Eu 将在 Eu^{2+} 和 Eu^{3+} 之间持续变化，作为将电子从催化剂传输到基质的桥梁，改变电子传递路径，促进罗丹明 B 和甲基橙的降解。Wan 等人还报道了 Fe-N 共掺杂的 SiO_2@TiO_2 蛋黄蛋壳类核壳结构，通过 Fe^{2+}/Fe^{3+} 的价态变化，成功地提高了表面反应的效率。

利用蛋黄蛋壳类核壳结构的可转换元素的另一个策略是基于这些元素的氧化来构建核心或外壳。Du 等人报道一种 Fe_3O_4@ TiO_2蛋黄蛋壳类核壳结构四环素类的芬顿(Fenton)光降解。TiO_2外壳上产生的电子将转移到 Fe_3O_4核心，并通过 Fe^{2+}/Fe^{3+}交换输送到 H_2O_2，以生成·OH，用于降解四环素。H_2O 也被 TiO_2外壳上的剩余空穴氧化为·OH，用于光降解。实际上，即使没有其他半导体的帮助，Fe_3O_4本身也可以促进光降解。例如，Qiu 等人将 Fe_3O_4核心封装到保护性 SiO_2外壳中，集中在壳层空隙中的反应物会因 Fe_3O_4上产生的电荷和 Fe^{2+}/Fe^{3+}之间的氧化还原反应而降解。Yan 等人采用碳质壳层来增强 Fe_3O_4@ SiO_2@ C 核壳结构的电荷传递，其采用的 Fe_3O_4核心也具有产生电荷和降低催化反应活化能的相同机制。此外，壳层也可以由氧化物构成，以增强表面反应。Zhou 等人就报道了 Au@ CeO_2的蛋黄蛋壳类核壳结构用于甲基橙光催化降解。CeO_2在光照下产生电荷后，Ce^{3+}/Ce^{4+}之间的氧化还原可以大大提高表面反应的效率。

7.2.3.7 回收利用

对于多相催化剂而言，反应后催化剂与反应系统的分离非常重要。一种常用的策略是将磁性核心封装在光催化活性壳层中。在磁场中，带有磁性核心的催化剂会聚集在一起，以便于催化剂的分离。Fe_3O_4、Fe_2O_3、$MnFeO_4$等是构造磁性核心的常用材料。Chen 等人报道了一个典型的案例，他构建了一个 Fe_3O_4@ TiO_2蛋黄蛋壳类核壳结构，Fe_3O_4核心用于在磁场中催化剂的分离，TiO_2壳层用于光催化反应。这种结构为磁性光催化剂的设计提供了一个模板，其壳层和核心的结构尺寸都可以调控，以满足不同的要求。例如，Li 等人合成了 Fe_3O_4@ 双层钛酸盐纳米片壳层，增强了光散射并扩大了表面积，从而改善了光催化性能，同时还保持了纳米催化剂的顺磁性。此外，催化剂也可以通过不同的颗粒大小进行分离。例如，Wang 等人合成了一种尺寸为微米级的双层 TiO_2空心球，相对较大的轻质纳米复合材料外径有助于反应后催化剂的分离。

7.3 总结与展望

通过深入了解蛋黄蛋壳类核壳结构的形成机理和制备方法，本节讨论了如何合理调节电荷载体以实现有效的光催化。在本书中将光催化反应中的电荷行为分解为三个部分，以阐明基于蛋黄蛋壳类核壳结构的每个部分所采用的策略，这可以为光催化剂的未来设计和制造提供有用的指导。几乎上述每一种改进的蛋黄蛋壳类核壳结构都采用了不止一种策略效应来增强光催化反应。

在未来，蛋黄蛋壳类核壳结构在多相光催化的发展中有很大的前景，例如水分解和二氧化碳还原。与通常使用牺牲剂来加速光反应的普通光催化不同，整体光催化仅使用纯水(或水和 CO_2)作为原料来生产 H_2、O_2或含碳化合物，这代表了从太阳能到化学能的高效转换，而且更有利于环境和资源的需求。光催化的主要问题之一是交叉反应和逆反应，这将大大降低光催化整体的活性和效率。蛋黄蛋壳结构可以为氧化和还原半反应提供空间分离的操作空间，这可以有效防止物种接触参与相反的半反应，有效抑制交叉和逆反应。光催化的另一个问题是，驱动反应的电荷势能不足，这可以通过构建特殊的蛋黄蛋壳类核壳结构来解决。该方案允许通过电子媒介(如 Fe^{3+}/Fe^{2+}、IO_3/I 和 r-GO)控制来自不同材料的电子和空穴的组合。另一个有望提高蛋黄壳光催化活性的课题是与单原子催化的结合。单原子可以作为单原子核或助催化剂装载在部空心壳层的内部或外，这可以对催化剂活性、电荷捕获、原子利用和表面反应等方面提供优化。单原子催化中使用的催化剂被定义为仅包含孤立的单金属原子作为主要活性中心的负载型金属催化剂。

与仅依赖部分表面原子催化反应的大型金属纳米颗粒不同，单原子催化剂中的每个原子都可以充当活性中心，因此从理论上讲，原子可用性为 100%。自 2011 年首次提出以来，单原子催化技术得到了迅速发展，并在许多催化体系中得到了广泛应用，这也大大提高了光催化剂的性能。例如，2016 年，谢等人将铂单原子嵌入二维多孔 $g-C_3N_4$中作为共催化剂，并实现了对光催化产 H_2性能的显著增强。嵌入的铂单原子调制了系统的电子结构(表面陷阱态)，导致光子产生的电子寿命更长。当使用 Pt 单原子作为共催化剂时，它极大地提高了光催化 H_2的生成，其性能是 Pt 纳米颗粒的八倍多。2017 年，Wei 等人展示了一种策略，即通过构建一个单一位点来同时促进电荷分离和表面反应动力学，从而实现强劲的整体水分解。他们制备了限制在 $g-C_3N_4$纳米片上的单一 Co_1-P_4位点，可以有效地抑制电荷复合，并将载流子寿命延长到原始 $g-C_3N_4$的约 20 倍左右，达到高达 410. 3mmol · h^{-1} · g^{-1}的析氢速率。同样在 2017 年，Cui 等人报告了在石墨烯壳中配位的过渡金属单原子作为活性中心，在高达 60mA · mg^{-1}的大电流下，水溶液中的 CO_2被还原为 CO，法拉第效率高达 90%以上。Du 等人和 Yu 等人分别在 2016 年和 2017 年利用密度泛函理论计算了光催化反应中单原子催化剂，为机理研究提供了基础。所有这些研究为利用单原子催化构建蛋黄蛋壳类核壳结构描绘了广阔的应用前景。此外，研究者们还应借助密度泛函理论和动力学实验，进一步研究蛋黄蛋壳类核壳结构形成的原子水平机制以及光反应过程中电荷输运的时间分辨过程。相信蛋黄蛋壳类核壳结构可以提供一个可扩展的平台，与改进光催化剂的新概念和策略相兼容，也可以被修饰为其他太阳能转换系统。

8 用于水分解的核壳纳米结构电催化剂

在过去的几年中，通过构建含有少量或不含贵金属的核壳结构电催化剂已经取得了可喜的进展。核壳结构具有特殊的优势，例如，高暴露的活性表面、调制的电子构型、应变效应、界面协同作用、增强的稳定性等，因此可以促进析氢反应和析氧反应以及整体水分解的动力学和电催化性能。到目前为止，各种各样的无机物(碳和过渡-金属相关组件)已被用于构建核壳结构电催化剂。本章总结了这其中具有代表性的工作和进展，对核心和壳层的组分进行了明确分类，以帮助读者全面了解核壳结构电催化剂材料表面或界面上的电化学过程。

8.1 电催化水分解简介

氢(H_2)由于其高能量密度和零碳排放，是传统化石燃料的一种非常有前途的替代品。由可再生和清洁能源(如风能、太阳能、潮汐能和地热能)提供动力电解水，以可持续的方式产生氢气，非常依赖于电催化剂以降低析氧反应的过电位。到目前为止，最先进的电催化剂是用于氢还原的铂(Pt)以及用于氧还原的铱(Ir)和钌(Ru)氧化物，但由于这些元素的成本高而且在地壳中的丰度相对较低，这些催化剂的大规模应用受到严重阻碍。

研究者一直致力于减少贵金属的使用，或利用地壳中含量相对丰富的元素部分或完全取代贵金属，其中电催化剂的表面和界面工程非常重要。由核心(内层材料)和壳层(外层材料)组成的核壳结构电催化剂能够提高水分解反应的效率和长期使用的耐受性。如图 8-1 所示，一方面，以少量贵金属为薄壳层的核壳纳米结构可以明显降低催化剂成本。更重要的是，核壳结构可以使核心组分(如金属碳化物)和贵金属之间发生强烈的相互作用(如协同作用)，从而使复合材料的活性和稳定性得到增强。另一方面，核壳纳米结构已被引入到各种各样的无贵金属电催化剂中，包括过渡金属(TMs)及其(氢)氧化物[TM(H)Os]、碳化物(TMC)、二铝酸盐(TMD)、磷化物(TMP)等，它们成功地实现了与贵金属相当甚至更好的性能。核壳结构纳米工程是活性表面高度暴露、合理修饰界面位置的电子/化学配位、实现核壳上多个位置的协同作用以及在坚固外壳保护下增强腐蚀耐受性的关键。此外二维非贵金属材料(如石墨烯、BN 和 MoS_2)作为典型的核壳结构在电催化和能量转换方面的应用也是此类材料研究的重点工作。然而，有更多种类的无机物可用于构建核壳结构催化剂，它们在电催化中提供不同的促进和工作机制。因此，对用于水分解的核壳结构电催化剂进行全面归纳总结是十分必要的，这将有助于理解核壳组分在电化学过程中的作用。更重要的是，这也可以提供对电催化剂表面和界面上反应机制的见解。而且从成本效益的角度来看，不含贵金属或稀有贵金属的产品也应受到更多的关注。

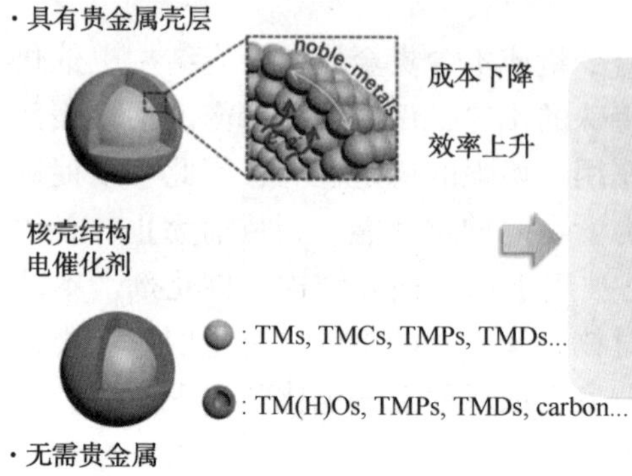

图 8-1　无贵金属或低贵金属核壳结构电催化剂示意图

8.2　核壳结构电催化剂

谈到电催化剂核壳纳米结构的形态时，首先想到的是同心球体，即核壳颗粒。然而，它们不仅限于颗粒，还可以是一维(1D)纳米棒或纳米线、二维(2D)纳米片和三维(3D)框架结构，这些结构也可以被一些壳层包裹。根据应用中的具体要求，核心和壳层的组分可以随之调整。核心和壳层成分可以是有机或无机的，因此将有四种组合，即有机-有机、有机-无机、无机-有机和无机-无机核壳结构。包括各种聚合物和其他高密度材料在内的有机材料几乎都是绝缘体，而无机材料包括金属、金属化合物和碳/石墨烯，它们是导体或半导体。作为分解水的电催化剂，它们需要良好的导电性。只有少数导电聚合物(如聚苯胺)可用作壳层或核心。因此，核壳结构电催化剂的主要是无机-无机类型的。此类电催化剂的成分可以是碳(例如石墨、无定形碳、石墨烯、还原氧化石墨烯等)、金属和金属相关化合物(例如碳化物、氧化物、磷化物、硫化物、硒化物等)。例如，在大多数情况下，会将氧化物用作核心，而一类型的氧化物用作催化剂的外壳。大多数碳化物和磷化物都是具有碳/石墨烯外壳的核心。而其壳层通常是在高温下制备碳化物和磷化物的过程中原位形成的，可以保护核心免受腐蚀，并促进电催化过程中的电子传输。对于贵金属组件，为了减少其用量，它们常被用作非贵金属核心的外壳包覆层。

核壳结构电催化剂的优点总结如下。首先，坚固的外壳在催化剂制备和电催化反应过程中为活性核心提供了机械保护，这使得高度暴露的催化部位能够实现长期的高性能电解催化作用。例如，一方面引入碳包覆以限制过渡金属和过渡金属碳化物在极高温度下制造过程中的聚集、烧结和生长，另一方面保护活性芯免受强酸性或碱性电解质的腐蚀。其次，核壳组分之间的强相互作用是对活性中心电子/化学构型的修饰，这对优化反应中间体的结合和提高本征活性具有重要意义。壳层的晶格应变和核壳纳米结构中的界面电子再分配可以移动 d-带中心相应地满足析氢反应（HER）和析氧反应（OER）动力学。第三，由不同活性位点组成的核壳纳米结构有望通过协同作用解决析氢反应和析氧反应的多个基本步骤。例如，能够分解水分子的氢氧化镍和氧化物被用作外壳，以加速碱性析氢反应中的 H_2O 排放步骤。第四，高导电成分，无论是作为核心还是外壳，都可以加速电子传输，提高电催化活性。

综上所述应该指出，核壳纳米结构中的相互作用之所以有利于增强电催化作用，要么是由结构引起的应变效应，要么是两个组分之间的电子转移。当壳层原子的几何结构由于晶格与核晶格的失配而被压缩或膨胀时，结构应变效应就会产生。通常，拉伸应变会降低表面原子的配位数，从而导致带宽的降低和 d-带中心的上移。压缩晶格应变具有相反的效果，会导致能带变宽和 d-带中心下移。由于费米能级以下的反键态对 d-带中心位置很敏感，因此上述位移可以有效地改变催化剂与吸附质的结合。上移会导致催化剂与 · H 和 · OH 中间体的结合增强，反之亦然。例如，Stamenkovic 及其同事证明，富 Pt 壳层对 Pt_3Ni 纳米框架的应变效应有利于增强其在碱性溶液（0.1mol/L KOH）下的析氢反应，其活性超过商用 Pt/C 和固体 PtNi/C。此外，电子转移发生在两个不同的原子之间，并导致电子能带结构的变化，这是改善电催化动力学的另一个关键因素。最近，Qiao 和同事开发了核壳结构 Ru@ IrO_x 催化剂，在高度应变的 Ru 核心和部分氧化的 Ir 壳层之间存在强烈的电荷再分配。与大多数的材料相比，IrO_x 壳层的价态增加和 Ru 核心的价态降低共同激活了电子和结构的相互协同作用，结果表明这种催化剂在 0.05M H_2SO_4 溶液中的析氧反应活性和稳定性均得到了增强。需要注意的是，晶格应变和界面上电子重新分布的影响都可以改变电催化反应中反应中间体的吸附状态，但遗憾的是，中间体的共存会影响和掩盖催化剂的整体活性，特别是对于涉及多个不同反应物种的反应。最近，Qiao 和同事们使用了核壳结构 Ru@ Pt 以及具有相同电子转移效应但不同表面几何形状的 Ru-Pt 合金模型模型，以揭示其在碱性析氢反应中增强活性的机制。核壳结构的 Ru@ Pt 催化剂，具有高度压缩应变表面，表现出比无应变的 RuPt 合金高很多的催化活性，这表明其对 · H 和 · OH 的吸附作用更好，因此由于压缩应变，催化剂的整体活性得到了提高。在这种状态下，与电子转移效应相比，表面应变是影响催化活性更主要的因素。

在贵金属电催化剂中经常研究应变和电子转移效应，这种研究模式也适用于很多无贵金属成分的催化剂。例如，Chhowalla 等人证明，1-T 和 2-H 相的 WS_2 之间的晶格失配会导致 1-T 相的超晶格相畸变。在扭曲的 1-T 相 WS_2 表面，应变会显著影响·H 的自由能，其中 2.7%的拉伸应变可以将自由能从 0.28eV 降低到 0，即达到热中性条件。类似地，MoS_2 催化剂上通过杂原子掺杂、晶格失配和与衬底的弯曲所造成的应变也可以实现高效的电催化性能。这种功能将在核壳纳米结构中可用。

8.3 具有贵金属壳层的核壳结构催化剂

鉴于贵金属的高成本和低储量，将其沉积在无贵金属的核心上构建核壳结构催化剂是降低电催化剂成本的有效手段，更重要的是这种方法可以保持甚至提高贵金属的活性。将贵金属与非贵金属合金化则是另一种策略，但是将它直接暴露于电解液中时，非贵元素容易被腐蚀，而且合金中贵元素的可利用性的会降低。这些缺点在核壳纳米结构中得以避免。更重要的是，晶格应变和界面电子再分配与核壳结构区域之间的强相互作用有关，而且还有可能影响贵金属壳层的能带状态。这种效应对于确定表面位置上反应中间体的热力学状态以及随后确定电催化中的动力学势垒非常重要。

8.3.1 铱基外壳层

通常，析氧反应会发生在高阳极电位下，在该电位下几乎所有元素都保持在相应的氧化状态，这使得催化剂极难稳定，在酸性环境中尤其如此。已知只有铱和钌的氧化物可表现出较好的稳定性和活性。为了减少 Ir 的用量，Tackett 等人开发了用于析氧反应的 Ir@ M_4N(M=Fe，Co，Ni)核壳结构电催化剂(在 0.5mol/L H_2SO_4 中)，其中 Ir 壳层在析氧反应过程中被氧化为 IrO_2。这样的核壳纳米结构与标准 IrO_2 相比，Ir 的用量减少了 2 倍。而且更重要的是，IrO_2@ Fe_4N 比 IrO_2 纳米颗粒中的单位质量 Ir 具有更好的活性，而且它也具有与 IrO_2 纳米颗粒一样的稳定性。密度泛函理论(又称第一原理，Density Functional Theory，DFT)计算发现，与 IrO_2(110)相比，IrO_2@ Fe_4N 上的[ΔG(O·)-ΔG(OH·)]发生了 0.13eV 的正位移，这使得 IrO_2@ Fe_4N 的析氧反应活性接近预测的理论峰值。这项工作为进一步优化活性和最小化 Ir 用量提供了一种新的思路。类似地，Zhang 等人报道了基于三维分层 Ir 的多金属合金纳米框架，其中含有富-Cu@ 富-Ni@ 富-Ir 的双重核心核壳结构。在酸性环境中，其析氢反应和析氧反应的过电位 η_{10} 分别为 41mV 和 262mV。这种催化剂只需要 1.53V 的电压即可实现水分解(电流密度 1mA·cm^{-2})。

通过阳极氧化从 Ir 基合金中脱合金是设计合成具有析氧反应高活性核壳结构 IrO_x 催化剂的可行方法之一。Jaramillo 及其同事报告了一种 $IrO_x/SrIrO_3$ 催化剂，该催化剂是在电化学测试过程中从 SrIrO 薄膜的表面层通过 Sr 浸出形成的，在连续 30h 的耐久性测试后，它的析氧反应过电位(η_{10})仅为 270~290mV，即可达到 $10mA \cdot cm^{-2}$的催化反应电流密度。第一原理计算(图 8-2)可以确定 Sr 浸出后锐钛矿 IrO_2[图 8-2(d)]或 IrO_3[图 8-2(g)]壳层的可能活性物种，这两种壳层具有类似的理论过电位 0.28V，接近析氧反应理论峰值[图 8-2(a)]。这些物种还表现出理想的吸附性能，不会破坏各种含氧物种之间的结构关系[图 8-2(j)]。然而，在反应过程中形成的电催化表界面的结构仍然未知。

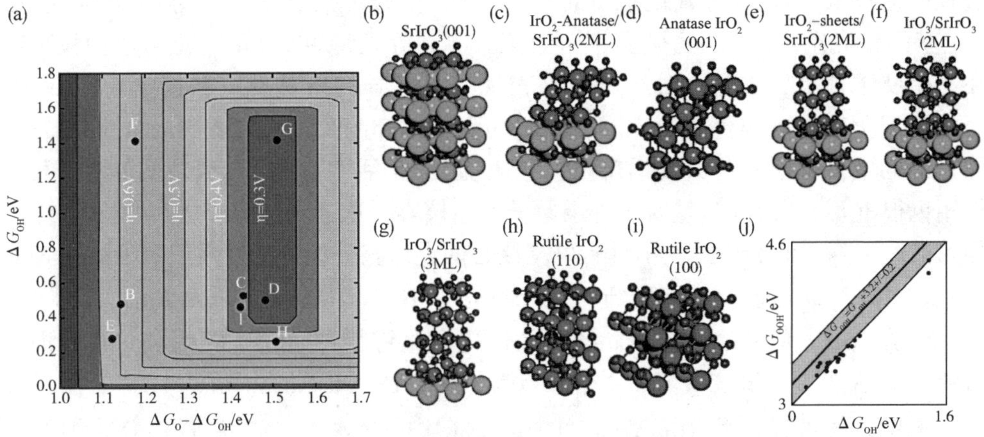

图 8-2　OER 理论分析。(a)以 O·和 OH·结合能为描述符的理论过电位(η)图，(b)~(i)用 DFT 计算的 IrO_x和 $SrIrO_3$催化剂表面结构图，对应于(a)中的标记点；(j)OH·和 OOH·结合能(黑圈)叠加图(灰色线带阴影的不确定性)

Strasser 及其同事通过电化学镍浸出和同步进行的 Ir 氧化原位合成了的 $IrNiO_x$核壳结构析氧反应电催化剂，并对其进行了系统研究。与以贵金属质量为基准的 IrO_2和 RuO_2相比，核壳结构 $IrNiO_x$催化剂的活性具有多重优势，并且也具有更好的长期耐受性。例如他们以双金属 $IrNi_x$前驱体合金为原料，采用阳极氧化法在掺杂锑、高比表面积介孔氧化锡上负载了 $IrNi_x$@ IrO_x纳米颗粒。核壳结构催化剂的析氧率比相应的纯金属氧化物析氢率高出 2.5 倍，而在 20h 的稳定性试验中，其降解可忽略不计。此外，他们还探索了镍浸出液中铱-氧配位的局部几何配体环境和电子状态，进一步研究了 IrNi@ IrO_x 析氧反应条件下的核壳纳米颗粒的稳定性。经实验证明，该 IrNi@ IrO_x 催化剂的析氧反应活性，标准化为 Ir 的质量和电化学 Ir 位点的数量，均超过了纯 IrO_x 催化剂。根据 X 射线吸收光谱和非原位共振高能 X 射线衍射研究可知，镍的浸出会在 IrO_x 壳层中引入了大量空位，与 IrO_x 纳米颗粒相比，这会产生丰富的 d-带空穴。同时，Ir 的 5d 能量的降低会导致氧配体的整体性质增加，因此 Ir—O 键缩短。氧配体的亲电性增强，使得它们在析氧反应过程中具有更小的动力学势垒，这是由于一种对能量有利的酸-碱

O—O 键形成，该键涉及水分子或羟基配体对亲电氧的亲核攻击。上述例子强调了原位形成的 IrO_x 核壳纳米结构对于酸性电解质中析氧反应的重要性，精准的壳结构、几何配体环境和电子状态是影响电催化活性的关键因素，这需要在未来的研究中进一步加深理解，并进行合理的工程设计。

8.3.2 钌基外壳层

与 Ir 基材料相比，Ru 及其氧化物表现出更为显著的催化活性，但在其使用过程中会形成可溶的高氧化态 RuO_4，其稳定性较差。作为分解水的电催化剂，Ru-基的核壳纳米结构也引起了广泛关注。Wu 等人将 Ni@ Ru 核壳纳米颗粒附着在花朵状碳片上，进行水分解实验室表现出了优异的析氢反应和析氧反应活性，而且该催化剂表现出优于 Pt/C 和 RuO_2的耐受性和耐久性。随着 Ru 含量的增加，催化剂的电催化活性先升高后降低，这表明 Ru 是活性物种，核壳之间的电子相互作用也很重要。当 Ru 过量时，外层原子远离核心，这削弱了电子之间的相互作用，导致活性下降。他们还开发了具有可调核心的类似核壳结构的六角三明治结构 Ni@ Ru 和 NiCo@ Ru 析氧反应催化剂[分别表示为 Ni@ Ru_{HNS} 和 Ni_3Co_x@ Ru_{HNS}，图 8-3(a)]。在 Ni_3Co_3@ Ru_{HNS} 中 NiCo 核心的促进氧化钌物种(Ru^{4+})的生成，从而提高析氧反应活性。在氮气气氛保护的 1.0M KOH 中，Ni_3Co_3@ Ru_{HNS} 只需要 300mV 的过电位，就可以达到 10mA cm^{-2}的析氧催化电流密度，这优于 RuO2[图 8-3(b)]。通过简单的酸蚀 Ni3Co3@ Ru_{HNS} 可以进一步得到中空的 $RuNiCo_{HNC}$。尽管 $RuNiCo_{HNC}$的表面积相对较大，但其析氧反应活性不如蚀刻前[图 8-3(c)]，这证实了 NiCo 核心对提高活性具有重要作用。类似地，Zhang 等人通过一锅还原法将镍核心表面的钌壳层转化为 RuM(M=Ni 或 Co)合金。这种钌基合金壳层作为一类高效电催化剂，对析氢反应和析氧反应的活性要明显高于商用的 Pt/C 和 Ru。通过加速耐久性试验和计时电流测量进一步证实这种钌基合金壳层具有很好的持久耐久性。

8.3.3 基于钯和铂的外壳

目前也有很多研究致力于具有钯或铂壳层的核壳结构电催化剂。Li 等人通过一锅法合成工艺将不同厚度的 Ni@ Pd 核壳结构纳米球装载在还原氧化石墨烯上。这种混合结构使得催化活性的表现和 Pd 壳层厚度之间存在明显的相关性。催化剂的活性会随 Pd 厚度的减小而增加，这可能是由于电子从 Ni(111)向 Pd(111)的流动所致。合适的壳层厚度赋予复合材料良好的析氢反应活性，在 0.5mol/L 的 H_2SO_4溶液中其过电位 η_{200} 仅为 150mV，塔菲尔斜率则达到为 54dec^{-1}。Wang 等人以层状 Ni-Al 双氢氧化物为前驱体合成了 Ni@ Pt 核壳结构六角形纳米板作为析氧反应催化剂。与 RuO_2和 IrO_2相比，该催化剂在 1.0mol/L KOH 中表现出更

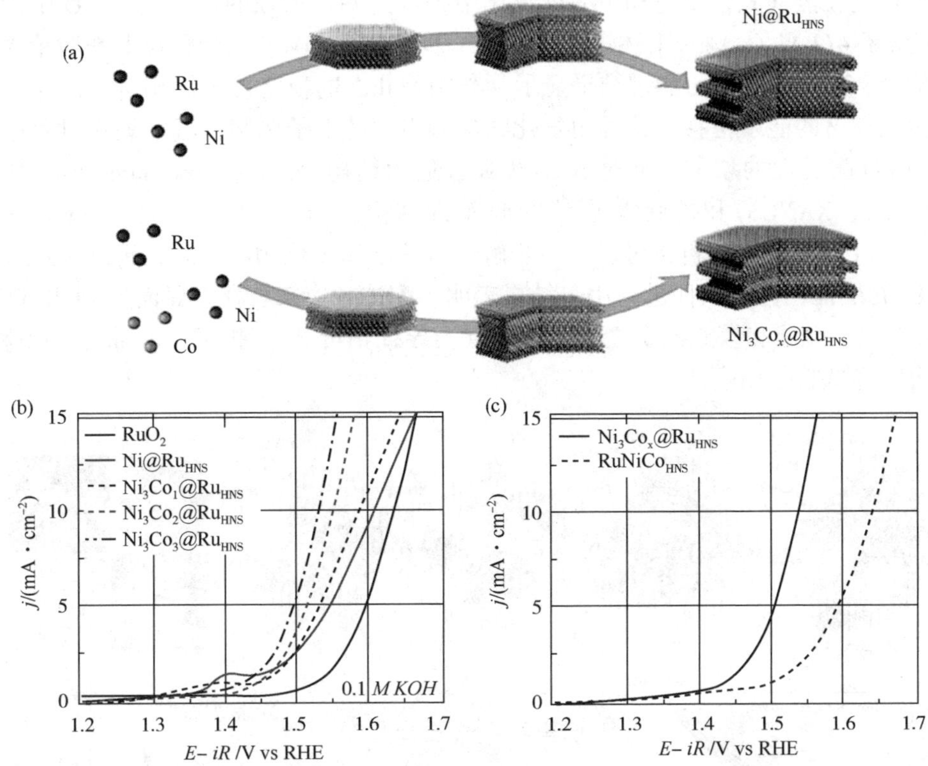

图 8-3　(a) Ni@ Ru 和 Ni_3Cox@ Ru 六边形三明治结构合成示意图；(b) RuO_2、Ni@ Ru_{HNS}、Ni_3Co_1@ Ru_{HNS}、Ni_3Co_2@ Ru_{HNS}以及 Ni_3Co_3@ Ru_{HNS}在 0.1mol/L KOH 中的析氧反应极化曲线；(c) Ni_3Co_2@ Ru_{HNS}和 $RuNiCo_{HNC}$催化剂在 0.1mol/L KOH 中的析氧反应极化曲线

高的活性和稳定性。类似的核壳纳米结构催化剂也可以从金属有机框架(MOF)中衍生而来，例如由掺氮碳支撑的 Co@ Pd 和 Ni@ Pt 核壳结构催化剂。

此外，具有类铂电子结构的碳化钨被认为是促进具有核壳结构铂和钯壳层电催化的高效核心材料。Chen 及其同事的研究发现，WC@ $Pt_{单层}$催化剂具有 Pt 负载的下限，这显著降低了燃料电池和电解槽等设备的 Pt 成本。第一原理计算和实验测量表明，WC@ $Pt_{单层}$催化剂表面显示出与本体 Pt 非常相似的化学和电子性质。他们通过实验证明，WC@ Pt 核壳结构催化剂可以大大减少 Pt 的含量，其活性与本体 Pt 相当。Román-Leshkov 及其同事提出，通过将贵金属盐和过渡金属氧化物的混合物渗碳封装，从而可以实现过渡金属碳化物纳米颗粒的自组装，该纳米颗粒涂有原子薄的 Pt 和 PtRu 单分子膜[图 8-4(a)]。这种方法亦可以调控最终合成的核壳结构，包括粒径、单层覆盖率和异质金属核心等等。特别是，与 Pt 和 PtRu 纳米颗粒相比，碳支撑的 $Ti_{0.1}W_{0.9}C$ 纳米颗粒包覆 Pt 或双金属 PtRu 单分子膜后，可以表现出更高的析氢反应和氢气氧化反应催化性能。更重要的是，该催化剂在氢气氧化反应和甲醇电氧化中表现出明显增强的抗烧结和 CO 中毒能力[图 8-4(b)~(d)]。上述策略可以进一步扩展到 TiWN 纳米颗粒上铁酸铂壳层的构筑，X 射线光电子能谱结果显示，与铂价 d 态的稳定性增加相对应的铂壳层发生了显著的能级位移。这种由氮化物核心引起的电子调制在氢电氧化过程中转化为 CO 耐受性的增强。通过 X 射线吸收近边结构(X-ray Absorption Near Edge Structure，XANES)和扩展 X 射线吸收精细结构(ExtendedX-ray Absorption Fine Structure，EXAFS)分析，可以进一步解释过渡金属碳化物和过渡金属氮化物核心对 Pt 壳层催化性能的促进作用。结果表明，配体效应来自核壳界面上 Pt 和 W 的 d 态杂化。壳层和核心元素之间的金属键会导致铂价 d-带扩宽，d-带中心下移，并大大降低吸附结合能。

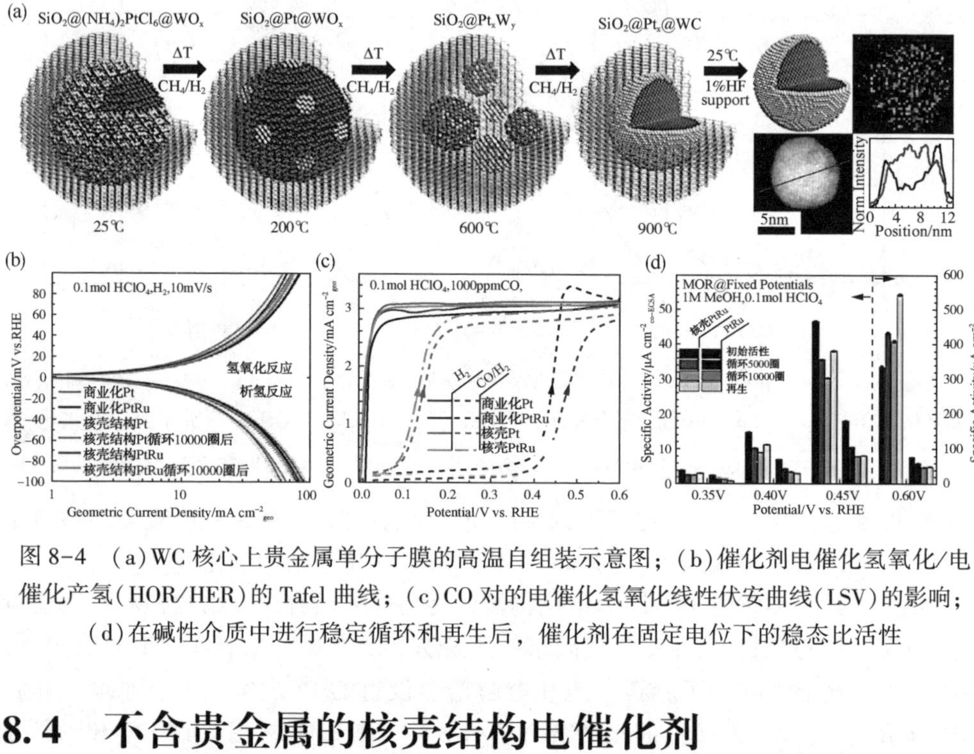

图 8-4　(a)WC 核心上贵金属单分子膜的高温自组装示意图；(b)催化剂电催化氢氧化/电催化产氢(HOR/HER)的 Tafel 曲线；(c)CO 对的电催化氢氧化线性伏安曲线(LSV)的影响；(d)在碱性介质中进行稳定循环和再生后，催化剂在固定电位下的稳态比活性

8.4　不含贵金属的核壳结构电催化剂

本节将重点储量丰富的过渡金属(例如，Fe、Co、Ni、Mo、W 等)及其化合物作为经济型的高效电催化剂的研究。土壤中铁、钴、镍、钼的质量丰度分别为 6.8%、0.0089%、0.003%、0.00011% 和 0.00011%，远高于铂的丰度(3.7×10^{-6}%)。然而，这些金属的电催化活性通常不如贵金属。为了提高其性能，需要对材料的活性相和表面进行合理的工程设计。构建核壳结构是有效的策略之一。

8.4.1 过渡金属作为核心

8.4.1.1 钴和镍

作为核壳结果催化剂的核心，具有高导电性的金属或其合金可以加速电催化反应中的电子传递。此外，它们与壳层的电子相互作用可以调节中间体的吸附能，使其朝着有利的电化学动力学方向发展。Xu 等人通过双金属(Ni，Co)MOF 的还原碳化和随后的可控氧化煅烧开发了碳支撑 NiCo@ $NiCoO_2$核壳纳米颗粒三维多孔微棒阵列(NiCo@ $NiCoO_2$/C，图 8-5)。

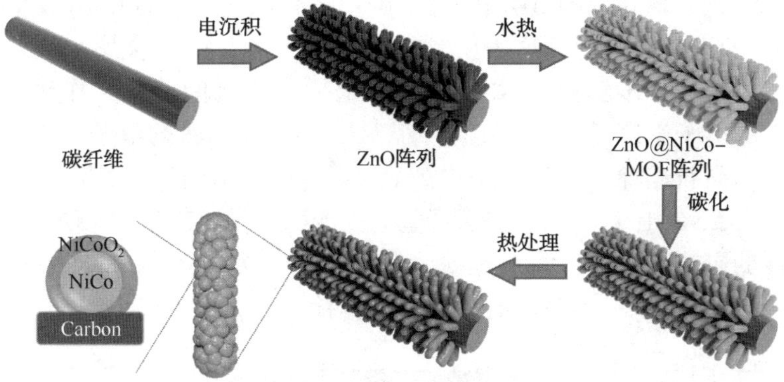

图 8-5 碳支撑 NiCo@ $NiCoO_2$核壳纳米结构三维棒阵列的合成示意图

该催化剂结构具有比表面积大、电导率高、电催化活性中心多、氧空位丰富等优点。XPS 分析亦表明催化剂中含有的大量的氧空位，这可以改善 $NiCoO_2$的导电性并加速析氧反应动力学。该催化剂只需要 366mV 的过电位，就能在 1.0M KOH 中达到 $20mA \cdot cm^{-2}$的析氧反应电流密度。同时，通过有效控制 ZIF-67 中 Co 的氧化过程可以构建出 Co@ Co_3O_4核壳结构。得益于其丰富的氧空位和四面体 Co^{2+}、CoO_x物种和氮掺杂碳之间潜在协同作用，以及空心和蛋黄蛋壳类核壳结构的高效传质作用，这种 Co@ Co_3O_4催化剂在析氧反应和氧还原反应(ORR)过程中均具有非常好的活性。介于以上研究，类似的核壳结构如 Co@ CoO 纳米颗粒、Co@ Co_3O_4纳米片、树枝状 Ni@ Ni(Fe)OOH 以及 NiCo@ $NiCo_2O_4$纳米阵列均被开发出来用于水分解的双功能电催化剂。

当过渡金属在强酸溶液中用作活性组分时，它们很容易被腐蚀。导电碳壳层可以通过解决这个问题延长催化剂的寿命。同时，金属核心还可以改变碳壳层的功函数，促进电催化。例如，氮掺杂碳封装被证明可以改善 Co 和 FeCo 活性材料的析氢反应和析氧反应性能。Ye 和同事们引入了 N，B 共掺杂的超薄碳笼来封装 Co 核心，以实现高效的析氢反应催化性能。碳壳是析氢反应的主要活性中心，而不是包覆的 Co 物种。第一原理计算表明，Co 和碳壳之间的协同效应有利于析氢反应动力学。Bao 及其同事开发了一种 N 掺杂石墨烯外壳(只有 1~3 层)封装的 CoNi 合金(CoNi@N-C)用于酸性溶液中。这种催化剂在 0.1mol/L H_2SO_4中表现出良好的活性，过电位 η_{10}可达 104mV，并且在 24 小时内具有非常好的结构和活性稳定性。第一原理计算进一步表明[图 8-6(a)和(b)]，H·在 CoNi 合金上的吸附过强，而在掺杂 N 的石墨烯壳层上的吸附又太弱，这是单独使用两种材料的情况下析氢反应活性较低的原因。相比之下 CoNi@C 核壳结构中石墨烯壳层的 ΔG(H·)值可通过封装的 CoNi 合金进行合理有效地调节，从而产生较高的析氢反应活性。有趣的是，将每个壳层中的氮原子数从 0 增加到 3 个，会导致没有封装金属团簇的石墨烯壳层的 ΔG(H·)下降[图 8-6(c)]，而 CoNi 团簇的存在导致 ΔG(H·)的进一步下降，这表明氮掺杂石墨烯和封闭的金属团簇协同优化了氢的吸附。为了进一步解释 CoNi 核心和石墨烯壳层之间的相互作用，需要考虑核壳界面上的电子密度[图 8-6(d)]。很明显，CoNi 团簇的电子可以穿透三层石墨烯。因此，当石墨烯层数从 1 层增加到 3 层时，具有和不具有 CoNi 团簇核心的 ΔG(H·)[$\Delta\Delta G$(H·)]的差异显著减小，表明石墨烯层厚度对催化剂的活性有着实质性的影响。石墨烯壳层越薄，活性越高。为了控制 Co@N-C 外壳层的厚度，Mo 等人提出了一种简单的方法，即直接改变 ZIF-67 前驱体热解过程中的

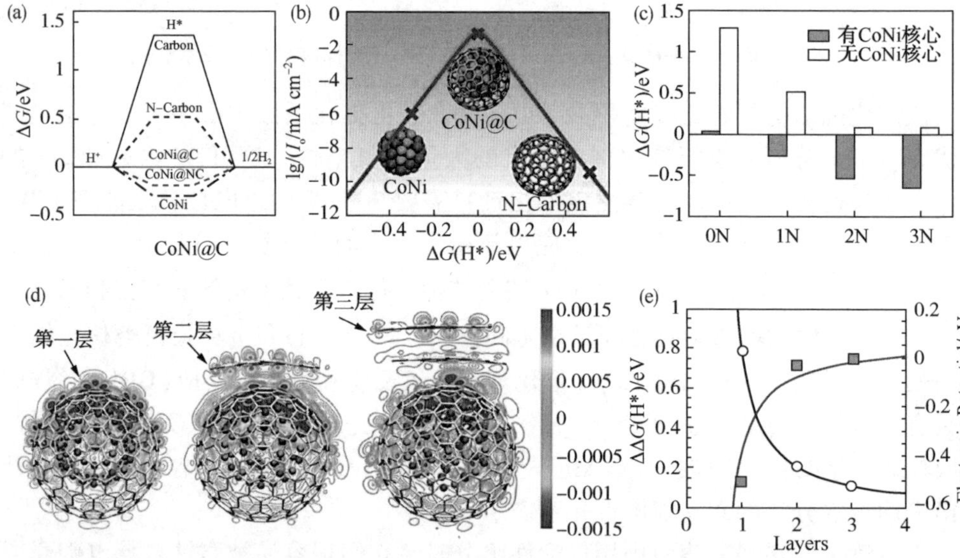

图 8-6　(a)对应结构上析氢反应的吉布斯自由能(ΔG)分布；(b)CoNi 簇、CoNi@C，和 N-掺杂石墨烯壳层(N-碳)极化电流(I_0)与 ΔG(H·)对比；(c)无掺杂和 N 掺杂(每层一个、两个、三个氮原子)石墨烯壳层(有/无 CoNi 团簇核心)的吉布斯自由能(ΔG)。(d)被一到三层石墨烯覆盖后的 CoNi 团簇的电子密度的重新分布；(e)$\Delta\Delta G$(H·)和电子势能与石墨烯层数的函数，其中 $\Delta\Delta G=\Delta G$(无金属)$-\Delta G$(带金属)

温度和气体流量，合理的温度和气体流量有助于减少壳层厚度，可以采用最佳条件(T=775℃，V_{Ar}=150mL·min^{-1})来实现超薄无缝的氮掺杂碳壳层。这种结构特征使得催化剂在0.5mol H_2SO_4和1.0mol KOH中的过电位η_{10}分别为82mV和95mV时，其析氢反应活性可见一斑。

为了高效的电解水，研究者们还开发了带有其他外壳的钴和镍核壳材料。例如，Liu和同事介绍了一种N、S共掺杂碳纳米管封装的Co@ CoS_2核壳结构。自生长的碳纳米管可以保护纳米颗粒免受电解液的腐蚀。由于莫特-肖特基效应(Mott-Schottky effect)，纳米颗粒加速了金属Co和半导体CoS_2界面之间的电子传输，并在界面上富集了质子。Qin等人提出了通过离子液体辅助水热法在相对较低的温度下原位合成Ni@ Ni_3C核壳结构的纳米球。得益于高导电性、更多暴露的活性中心和核壳界面效应，纳米球催化剂在0.1mol KOH溶液中表现出优异的析氧反应性能，包括较低过电位(η_{10}=350mV)、小的塔菲尔斜率(57.6mV·dec^{-1})和优异的稳定性(24h的I-t测量没有明显的电流损失)。

8.4.1.2 其他核心材料

铁、铜、钒和锌基核壳结构电催化剂也受到了许多研究者们的关注。Fu等人利用MOF前驱体合成了ZnCo-Fe核壳结构纳米笼，并实现了高效析氧反应。优化后的纳米笼不仅保留了MOF的大表面积结构、丰富的活性中心和高效的电荷转移效率，而且还获得了有利于电化学反应的协同效应。因此，它在氧气饱和的1.0mol/L KOH(η_{10}=176mV)中表现出优异的析氧反应活性。Li等人通过连续制备的方法在碳纳米管上设计合成了的Fe@ FeP的核壳纳米颗粒(CNT@ Fe@ FeP)。与CNT@中空的FeP相比，铁核心的存在使CNT@ Fe@ FeP催化剂显示出更好的活性，在0.5mol/L H_2SO_4其过电位η_{10}仅为53mV。通过Bader电荷分析表明，铁核心使电子转移到FeP壳层，从而增强了反应中间体在FeP上的吸附能力。氢在Fe@ FeP表面的吸附能与Pt相当。Najam等人在NiFe纳米颗粒上制备了金属-氮掺杂碳保护的NiFe核壳结构纳米颗粒，并将其作为析氢反应和析氧反应催化剂。其表面催化反应增强的原因是电子从掺杂壳层向金属核心的渗透以及其相互之间的协同效应。

虽然钼和钨对电解水分解是惰性的，但它们亦可以用作电催化反应和导电核心，以加速界面上的析氢反应和析氧反应。例如W@ WC与纯WC相比，核壳结构十二面体的性能显然更高。Chueh及其同事通过等离子体辅助硒化成功地开发出了多层Mo@ $MoSe_2$核壳纳米螺杆作为催化剂。钼导电基底不仅将1T-和2H-相$MoSe_2$彼此分离，以产生更易吸附的活性中心，而且还能加速催化剂和电极之间的电子转移。由于具有丰富的边缘位置和缺陷，纳米螺杆催化剂的塔菲尔斜率极低，为34.7mV·dec^{-1}，这与Pt电极的数值(29mV·dec^{-1})非常接近。此外，即使是亚稳的1T-$MoSe_2$，在这种核壳结构催化剂中的稳定性仍然很好，在1000次循环后仅略有下降。

8.4.2 过渡金属氧化物(或氢氧化物)核心

8.4.2.1 钴和镍(氢)氧化物

过渡金属(氢)氧化物[TM(H)Os]也可被用作核心以构建高性能的核壳结构电催化剂。尤其是钴和镍基过渡金属(氢)氧化物已被研究者们大量的研究过。Zhang 和同事提出了一种简单的乙醇改性硫化方法来制备 CoNi 氢氧化物@羟基硫化物[$Co_{1.8}Ni(OH)_{5.6}$@$Co_{1.8}NiS_{0.4}(OH)_{4.8}$]，这是一种纳米级的核壳异质结构，其具有晶体核心和非晶壳层。如前面所述，非晶态催化剂的电化学性能优于相应的晶态催化剂。透射电子显微镜(TEM)图像和相应的能量色散光谱(EDS)可以清楚地观察到含有 S 元素的约为 4nm 的棉状非晶壳层。由于硫的极化能力高于氧的极化能力，壳层中适量的硫可以调整 Co 和 Ni 的电子结构朝有利于析氧反应的方向发展。在 XPS 谱图中，随着 S 含量的增加，Co 2p 峰逐渐移向较低的结合能迁移，这表明元素间存在电子转移。这种 $Co_{1.8}Ni(OH)_{5.6}$@$Co_{1.8}NiS_{0.4}(OH)_{4.8}$)催化剂在 0.1mol/L KOH 中的析氧反应的过电位 η_{10}仅为 274.0mV，塔菲尔斜率则达到 45mV · dec^{-1}，这均优于氢氧化钴或羟基硫钴。需要强调的是，如此高的性能主要来自于协同效应。类似地，单晶 $Co(Zn_xNi_{2-x})O_4$纳米棒核心@非晶态 NiO 纳米片的核壳结构催化剂也可以表现出稳定的析氧反应活性。

尖晶石材料具有良好的导电性、耐腐蚀性和表面活性，在碱性溶液中是一种高效电催化剂。之前的研究已经确定了 CoNi@ $CoFe_2O_4$和尖晶石型锂钴氧化物均是可以用于分解水的双功能性催化剂。Chen 等人在碳布上合成了一种三维柔性自支撑催化剂电极，该电极由 $NiCo_2O_4$纳米线核心和 $NiCo_2O_4$纳米片壳组成，具有高效析氧反应活性。Ji 等人研究了一种 $CoFe_2O_4$@ Co-Fe-Bi 核壳纳米阵列，在 0.1mol/L 硼酸钾溶液中具有良好的水氧化活性和耐久性，这应归因于与析氧反应中间体 O · 和 OOH · 与材料表面之间较强的相互作用。这些研究指出了尖晶石型金属氧化物亦有望构建高性能的核壳结构电催化剂。

核壳结构纳米颗粒的正确组装对实现其催化功能也很重要。通常，由有序和紧密堆积的纳米颗粒组成的三维超晶格具有高比表面积、丰富的活性中心等特征，不同于孤立/无序的纳米颗粒。在相邻纳米颗粒之间加入碳骨架可以改善单个纳米颗粒固有的导电性差的问题。Zheng 和同事开发了一种高度有序的氮掺杂碳包覆的钴锰氧化物纳米颗粒超晶格，并将其作为一种高效的双功能水分解电催化剂。由于载流子对导带的激发，Co-Mn-O 纳米颗粒具有良好的析氧反应活性，而氮掺杂碳骨架则是一种优良的析氢反应催化剂。

8.4.2.2 其他(氢)氧化物

核壳纳米结构工程可以促进铜基材料的发展，这些材料在中性到弱碱性电解质中具有良好的析氧反应性能。Zhang 等人通过光催化方法制备了碳壳包覆 Cu_2O(Cu_2O@C)，其平均直径仅为 4~6nm，是一种高效的析氧反应催化剂。导电壳层可以将电解液中的电子转移到 Cu_2O 上，防止 Cu_2O 纳米颗粒在析氧反应过程中聚集。合适的壳层厚度有利于电子转移，并能迅速提高电流密度。Xia 等人研发了一种由 NiFeCr 氢氧化物沉积在多孔豆荚状 Cu@CeO_2纳米管阵列上组成的新型高效复合电催化剂。Doan 等人发现 CuO@CoP 核壳结构纳米线具有丰富的缺陷，对表面化学进行了调制并用于高效的水分解电催化剂。铜基氧化物和氢氧化物作为核心还可以与其他过渡金属(氢)氧化物结合，以改善析氧反应性能，例如 CuO@Co_3O_4和 $Cu(OH)_2$@$CoCO_3(OH)_2 \cdot nH_2O$ 核壳阵列。高暴露的活性中心和界面协同效应有效地提高了这些核壳结构催化剂的析氧反应活性。

此外，一些具有金属特征的金属氧化物(例如 MoO_2和 MoO_x)可以用作导电核心，以增强过渡金属二卤化物(例如 MoS_2)的电催化性能。例如，Jin 等人报道了 $MoOx$-MoS_2核壳纳米管，其中具有高导电性的 MoO_x核心加速了电子传输，而具有高密度缺陷的 MoS_2壳层则提供了催化活性点位和耐腐蚀性。有时候，MoO_2也被认为具有一定的活性。Tang 等人利用高分散的 MoO_2、P 掺杂多孔碳和还原氧化石墨烯衬底之间的协同效应，在酸性介质中制备了由 P 掺杂碳包裹的 MoO_2颗粒，亦可用于析氢反应的催化。

8.4.3 过渡金属磷化物作为核心

8.4.3.1 碳质壳层封装的过渡金属磷化物

过渡金属磷化物在电催化析氢反应和析氧反应方面均表现出了优异的性能，但由于导电性和稳定性差，它们的应用依然面临着挑战。同时，过渡金属磷化物表面的 P 原子可作为路易斯(Lewis)碱吸附质子，因此过渡金属磷化物表面较高的 P 含量对改善其催化活性非常有利。具有薄碳封装的核壳过渡金属磷化物不仅可以提高导电性，还可以保留相对较高的 P 含量。He 等人发现，Ni_2P@C 纳米棒阵列中的非晶态碳壳层可以加速析氢反应中的电子转移动力学。碳壳还可以防止电催化过程中的核心部分腐蚀。与无壳的 FeP 相比，碳壳包覆的 FeP 纳米颗粒的析氢反应活性在 5000 次循环内几乎没有差异，而无碳壳保护的 FeP 其过电位 η_{10}则从 71mV 升高到 73mV。FeP@C 核壳结构催化剂的的稳定性明显优于没有外壳的状态。FeP 纳米颗粒可以起到活性中心的作用，厚度$<$1nm 的碳壳可以在不影响表面催化反应的情况下保护 FeP 免受氧化。第一原理计算的结果也证明了 FeP 纳米颗粒(无壳)在电催化过程中的不断氧化会导致析氢反应活性的降低。

作为固溶体合金化壳层的双金属磷化物为催化位点的电子调节提供了机会，并且比相应的单金属磷化物具有更高的催化活性。例如，改变 $Ni_{2-x}Co_xP$ 固溶体合金的成分可以有效改善其 d-带状态。增加 $Ni_{2-x}Co_xP$ 中的 x 值可以导致 d-带中心向 E_F 方向移动，而且可以增强 $Ni_{0.67}Co_{1.33}P$ 表面与氢的结合能力。这说明这种方法可以使固溶体合金催化剂在很大 pH 范围内的析氢反应活性都会显著。N 掺杂多孔碳封装可以进一步确保 CoNiP@CN 催化剂在析氢反应和析氧反应中的双重功能。Li 等人通过热解 $Co_{16}Mo_{16}P_{24}$ 和双氰胺(DCA)的混合物制备了包覆有 2~4 层氮掺杂碳壳层的单晶 CoMoP 核壳结构催化剂(CoMoP@C)。H^+ 吸附实验表明，大量质子可以聚集在催化剂表面，这可能会大大提高析氢反应的活性。CoMoP@C 不仅在实验室的某些溶液中表现出良好的析氢反应性能，而且在复杂的海水中也表现出优异的活性和稳定性。第一原理计算结果表明，CoMoP 纳米晶核和掺氮石墨碳壳之间的协同效应使 H· 的吸附自由能接近热力学中性值，从而提高了电催化性能。

先前的研究表明，杂原子(如 N、P、S 和 B)掺杂是改变碳或石墨烯的电子结构和化学性质的有效策略。Yuan 等人报道了一种高效的电催化剂 CoP/Co_2P@N-C，氮掺杂的碳壳不仅可以防止磷化钴核的团聚和腐蚀，还可以通过核壳之间的协同作用来提高活性。Yuan 团队的另一个报道中介绍了一种在泡沫镍上自支撑的 Ni_2P@N-C 核壳结构催化剂(Ni_2P@N-C/NiFoam)。这种催化剂在使用时不需要使用粘合剂，因此自身的电阻较低，而且非机械粘合材料在电化学过程中也很坚固，这有利于其长期耐受性。Zhao 等人设计合成了封装在掺氮碳空心球中的 MoP 核壳结构纳米颗粒(MoP@N-CHSs)，该材料可以在在碱性溶液中作为高效催化剂使用。其优异的活性主要得益于 MoP 和掺氮碳壳之间的协同效应，这种协同效应与各个 N 物种(石墨烯 N、吡啶 N 和吡咯 N)有关。XPS 光谱[图 8-7(a)]显示，氮含量最高的 MoP@N-CHSs 是在 900℃ 下获得的样品。j_0 比较图表明，催化剂内在活性主要与吡啶 N 的变化有关，而与石墨烯 N 或吡咯 N 几乎无关[图 8-7(b)]。因此，第一原理计算进一步证明，吡啶-N-MoP 上的自由能，包括水离解[图 8-7(c)]和 H·/OH· 解吸[图 8-7(d)]的自由能，均有助于析氢反应动力学。

在过渡金属磷化物复合材料的合成过程中，需引入 P 元素，因为 P 元素很容易掺杂到碳壳中。Liu 及其同事以 MOF 为前驱物成功地制备了磷掺杂-碳包覆的 MoP 纳米颗粒(MoP@PC)用作析氢反应的催化剂。Miao 等人报道了一种由 Ni_2P 纳米颗粒组成的核壳结构链式催化剂，Ni_2P 的纳米颗粒被超薄的掺磷碳壳紧紧包裹固定在石墨烯网络上。这种催化剂在 0.5mol/L H_2SO_4 和 1.0mol/L KOH 中的过电位 η_{10} 分别达到 110mV 和 150mV，而且经过 24h 以上的长期试验后催化活性依然很好。结果表明，超薄碳壳层与内 Ni_2P 核、磷掺杂剂和壳层中相邻碳之间的强电子相互作用是电化学活性提高的主要原因。

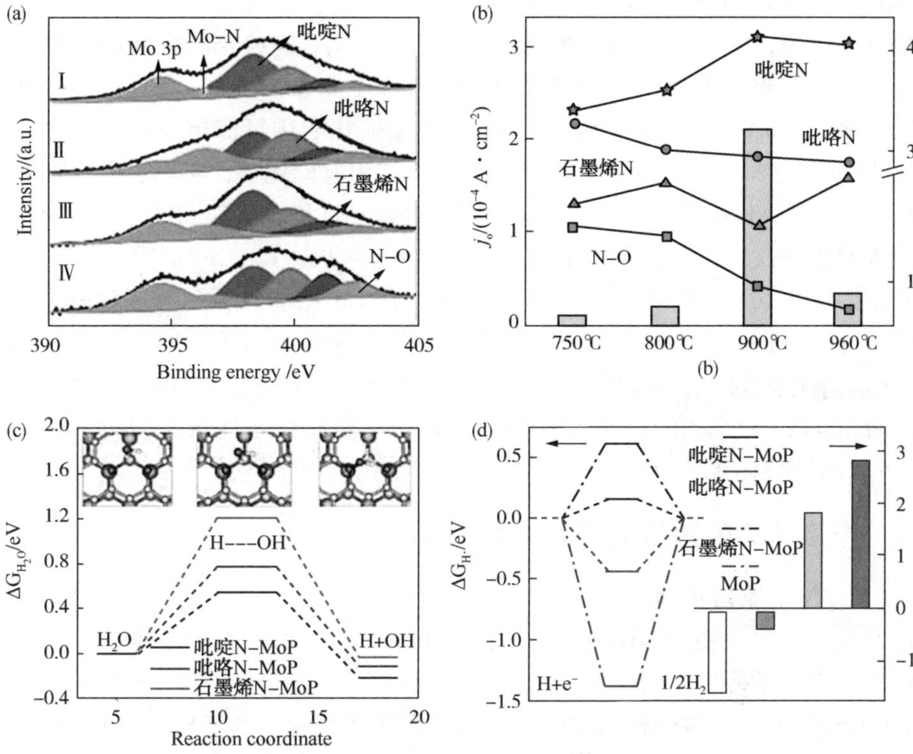

图 8-7 (a)N 1s 的 XPS 图谱；(b)吡啶、吡咯、石墨 N 和 N-O 的 XPS 光谱所测含量与-与不同热解温度得到的 MoP@N-CHSs 催化剂的极限电流密度 j_0 的对照图；(c)水分解的自由能图；(d)H·的化学吸附能 ΔG_{H}. 图(左)和 OH·的化学吸附能(ΔEO_{H}.)(右)

当 N(χ=3.0)和 P(χ=2.1)等电负性高于或低于 C(χ=2.5)的两种元素同时掺杂到碳中时，N 和 P 原子之间的耦合效应将赋予共掺杂碳比单掺杂碳更高的催化活性。Cao 及其同事介绍了一种 N、P 共掺杂的多孔 C 包覆的 Ti 箔(CoP/NPC/TF)上生长的 CoP 垂直纳米阵列。纳米阵列中的褶皱和裂缝提供了丰富的活性表面和孔隙率，以改善反应物在催化表面的吸附性和气体扩散性能。实验结果和理论计算都证明，N、P 掺杂碳壳层的引入不仅提高了稳定性，而且由于核壳协同效应和活性中心的增加，极大地提高了催化剂的活性。事实上，CoP/NPC 中 N 和 P 原子之间的所有 C 都是催化的有效点位。Huang 等人认为，N 和 P 的掺杂丰富了电子密度，增加了导电性，并调整了固有的电子性质，从而使 MoP@N-CF 催化剂在酸性和碱性溶液中都具有很好的活性。

8.4.3.2 由其他外壳封装的过渡金属磷化物

为了提高过渡金属磷化物的电催化性能，研究者们还对其他的壳层进行了研究。Jin 等人提出了一种一步氰基还原策略，以 $NaBH_4/NaH_2PO_2$ 为还原剂制备了

三维 $NiCoP@NiCoPO_x$ 核壳结构，其中 NiCoP 用作导电支撑核心，它在析氧反应过程中可以快速将电子传输到活性 $NiCoPO_x$ 壳层。结合三维结构中的快速电子输运和气体扩散性质，该 $NiCoP@NiCoPO_x$ 催化剂在 1.0mol/L KOH 条件下的过电位 η_{10} 可以达到 313mV。Mo 等人介绍了一种在表面磷化后进行简单还原的方法，将表面氧化的磷化钴转化为 $CoP-Co_2(P_2O_7)$ 核壳结构电催化剂，实现了磷化物催化剂活性在酸性和碱性电解质中析氢反应的明显改善。这种改善应归因于 $Co_2(P_2O_7)$ 壳层的表面强酸性以及它们界面上增进的析氢反应动力学。Chang 等人报道了一种核壳结构催化剂 $Ni_{12}P_5@Ni_3(PO_4)_2$ 空心球，在 1M KOH 中析氢反应和析氧反应的过电位 η_{10} 分别为 114mV 和 318mV。此外，Zhou 等还介绍了一种 CoNiP@LDHs 核壳结构纳米片阵列，这种催化剂具有优异的活性（电流密度为 $10mA \cdot cm^{-2}$ 时点解电压为 1.44V）和卓越的长期耐用性［500h（析氧反应稳定性试验）后的 6mV 降解］，可以用于整体水分解。

8.4.4 作为核心的过渡金属二卤化物

8.4.4.1 过渡金属硫化物

过渡金属二卤化物（TMD）包括硫化物和硒化物，对水电解也具有一定的活性。在核壳纳米结构中，过渡金属二卤化物核心有望与设计的壳层之间实现协同增强。$Co_9S_8@MoS_2$ 作为一种典型的双金属二卤化物核壳纳米结构，以 Co_9S_8 为核心、层状 MoS_2 为壳层的催化剂曾被研究者们广泛得研究过。Zhu 等人在析氢反应和析氧反应中证明了这种核壳纳米结构的催化性能得到了显著增强，从而可以在电催化水裂解中起到辅助催化剂的作用。这种高活性归因于纳米界面上的电荷的分布，其中电子通过与两种金属结合的中间硫原子从 Co 转移到 Mo。在一个类似的 Co_9S_8/WS_2 系统中，发现半 WS_2 壳层暴露了 Co-S-W 界面，并增加了边缘的电子密度（S 原子中含有大量的孤对电子），这可以加速含氢和含氧中间体的动力学吸附。另一个关注点是核壳界面之间的表面拉伸应变，可以通过改变 MoS_2 层的数量来精确调整［图 8-8(a)～(f)］。当 MoS_2 的层数从 5 层变为 1 层时，拉伸表面应变从 0% 变为 3.5%。Co_9S_8/一层 MoS_2 显示出最好的析氢反应活性，其过电位 η_{10} 低至 97mV［图 8-8(g)］。第一原理计算结果表明［图 8-8(h)］，$Co_9S_8@$ 一层 MoS_2 产生的较大拉伸表面应变可以调节过渡态 H· 的吸附能和动能势垒，从而增强析氢反应活性。

与此同时，研究者们一直致力于研究核壳结构过渡金属二卤化物析氢反应和析氧反应催化功能的整合。例如，Yamauchi 和同事合成了一种 $Co_3S_4@MoS_2$ 分级结构双功能催化剂，具有析氢反应活性和稳定性的 MoS_2 催化剂与高效的析氧反应催化剂 Co_3S_4 之间的协同效应，以及中空和核壳结构的形态优势，赋予了 $Co_3S_4@MoS_2$ 核壳结构催化剂的卓越的电催化性能和长期耐用性。在碱性溶液中，当电

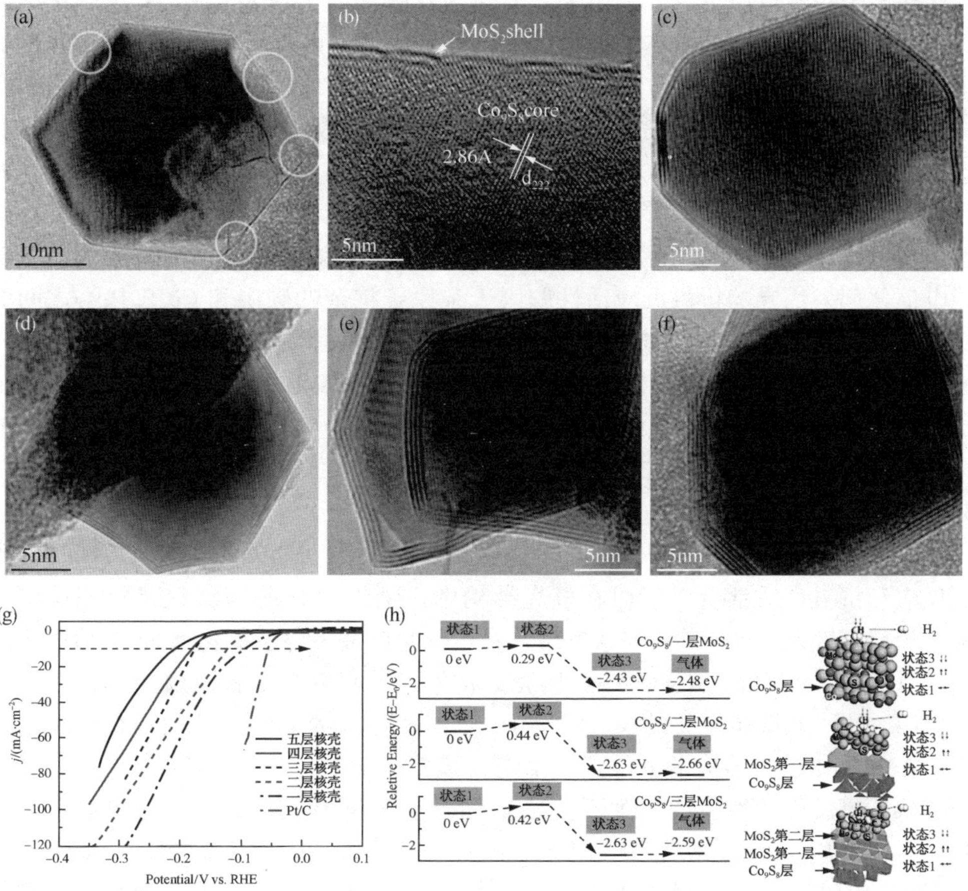

图 8-8　具有不同 MoS_2 壳层数的 Co_9S_8@WS_2 核壳结构的 HRTEM 图像：(a)(b)一层；(c)二层；(d)三层；(e)四层；(f)五层；(g)在 0.5mol/L H_2SO_4 中，商用 Pt/C 催化剂和碳纤维负载的 Co_9S_8@n 层 MoS_2(n=1–5)核壳结构纳米晶催化剂的极化曲线；(h)Co_9S_8@一层 MoS_2、Co_9S_8@二层 MoS_2 和 Co_9S_8@三层 MoS_2 上氢原子吸附和氢分子脱附的反应途径

流密度为 $10mA \cdot cm^{-2}$ 时，其析氧反应的过电位为 280mV，析氢反应的过电位为 136mV，整个水分解的电池电压为 1.58V。Yang 等人开发了由多层 MoS_2 纳米片包裹 Ni_3S_2 纳米棒作为析氢反应和析氧反应的双功能电催化剂，其中的多层结构允许高活性异质界面的良好暴露，而 Ni_3S_2 纳米棒则可以提供便利的电荷传输。Qin 等人通过简单的离子液体辅助一步水热法合成了 NiS-MoS_2 核壳结构微球，该催化剂在碱性介质中仅需 1.64V 的输出电压即可提供 $10mA \cdot cm^{-2}$ 的催化电流密度。

还有其他以硫化物为核心的核壳结构催化剂。Quan 等人在碱性溶液中于多孔泡沫镍上成功合成了 $ZnCo_2S_4$@NiFe-层状氢氧化物核壳结构纳米线阵列，并将其用作高效析氢反应催化剂。由于层状氢氧化物的引入会与 $ZnCo_2S_4$之间产生协同效应，催化剂的活性位点的数量得到增加，这是其具有优异的析氢反应活性的主要原因。Ma 等人发现，尖晶石结构的 $CuCo_2S_4$@ $NiCo_2S_4$ 核壳结构催化剂在 1.0mol/L KOH 水溶液中对析氢反应和析氧反应都有效。与氧化物和硫化物相比，这种尖晶石化合物表现出高导电性、低电负性和丰富的氧化还原活性点的性质，使其非常有希望用于水的整体分解。同时，Huang 等人开发了 N、O 和 S 三掺杂的碳包覆的 Co_9S_8纳米核壳结构复合材料，并将其作为碱性介质中水分解的双功能电催化剂。优异的析氧反应活性归因于杂原子掺杂的碳层和 Co_9S_8核心之间的协同效应。类似地，N、S 共掺杂的多孔碳包覆的 Co_xS_y和 N、O、S 掺杂的碳包覆 Ni_3S_2/NiS 也具有优异的析氧反应和性能。此外，Xing 通过水热法在碳布上生长 MoS_2，然后电沉积 Ni 以获得 MoS_2@ Ni 核壳结构纳米片阵列，由于核壳之间的协同效应，该催化剂在碱性和中性溶液中均能表现出优异的析氢反应活性。

8.4.4.2 过渡金属硒化物

金属硒化物，如 $CoSe_2$和 NiSe，可以在较宽泛的 pH 范围内表现出优异的析氢反应和析氧反应活性。所以在核壳结构中，硒化物形成(氢)氧化物壳层将促进析氧反应性能。Zou 及其同事发现，在电催化条件下原位氧化 NiSe 会形成非晶态 NiO_x表面，得到的 NiSe@ NiO_x 核壳结构催化剂具有高效析氧反应的活性。结果表明，NiO_x壳层是主要的反应活性中心，NiSe 核心起次要作用。类似的情况在 NiSe@ NiOOH 核壳结构中也得到了确定，该催化剂非晶态的 NiOOH 壳层主要用于提供析氧反应活性位点，而核心 NiSe 和壳层 NiOOH 之间的协同效应有利于有效的析氧反应。Yang 等人在 $CoNiSe_2$纳米棒上修饰 Co、Ni 基层状双氢氧化物(CoNi-LDHs)，以促进碱性析氢反应的动力学。CoNi-LDHs 薄层对水解离具有很好的活性，解离的 H · 在相邻的 $CoNiSe_2$活性位点上结合产生 H_2气体，该催化剂在 1.0mol/L KOH($\eta_{10}=106mV$)中具有极好的析氢反应活性。相比之下，由于反应途径不同，这种催化剂对析氧反应动力学的影响可以忽略不计。这种 $CoNiSe_2$@ CoNi-LDHs 核壳复合催化剂在对水整体的分解电压可达 1.44V(电流密度：$10mA \cdot cm^{-2}$)，如此优异的性能超越了大多数不含贵金属的材料，甚至超过了 IrO_2/C-Pt/C 双电极。

导电聚合物也可以作为外壳材料，以改善硒化物基电催化性能。例如，Xu 等人在泡沫镍上制备了一种 V_2Se_9@ 聚(3,4-亚乙基二氧噻吩)纳米片阵列，这种材料具有高度暴露的 V_2Se_9(100)晶面。由 S 的 XPS 曲线证明 V_2Se_9和聚(3,4-亚乙基二氧噻吩)之间的电子相互作用，且具有正位移，这有利于核壳交材料之间的协同效应，可以在一定程度上加速析氢反应动力学。泡沫镍上垂直生长的纳米片阵列也有利于丰富活性中心的暴露和电子的快速传输。因此 V_2Se_9@ 聚(3,4-亚乙基二氧噻吩)/NiFoam 过电位低 η_{10}仅为 72mV，在 25h 试验期间电压变化可忽略不计，具有很好的稳定性。第一原理计算结果表明 V_2Se_9@聚(3,4-亚乙基二氧噻吩)/NiFoam 催化剂的 $\Delta G_{H\cdot}$(0.09eV)与 Pt(约 0.09eV)非常接近。

8.4.5 过渡金属碳化物作为核心

8.4.5.1 Mo_xC

自 2012 年 Hu 和 Vrubel 发现商用 Mo_2C 在酸性和碱性溶液中都具有良好的析氢反应活性以来，研究者们对过渡金属碳化物产生了浓厚的兴趣。作为其中代表，碳化钼(MoC_x)已被广泛研究。虽然 MoC_x 中 Mo 的电子结构与 Pt 相似，但由于 Mo-H 太强，其本征活性仍然有限。适当的电子调节可以降低 Mo-H 键的强度，从而使 H·容易解析，生成气态 H_2。构建核壳结构提供了调控材料表面状态的机会，亦可防止活性过渡金属碳化物核心的氧化或团聚。通面 MOF 衍生的策略，Tang 及其同事成功开发了石墨壳(GS)封装 MoC(MoC@GS)的高效析氢反应催化剂。这种核壳结构 MoC@GS 由超细化的 MoC 晶体(3nm)和 1~3 层超薄多孔石墨壳组成。石墨壳层不仅防止了 MoC 颗粒之间的团聚，还增强了催化剂的导电性，提供了丰富的孔隙率。MoC@GS 在析氢反应中的催化活性表现出色。在 5mol/L H_2SO_4 和 1.0mol/L KOH 中，其过电位 η_{10} 分别为 124mV 和 77mV，塔菲尔斜率则分别达到 $43mV \cdot dec^{-1}$ 和 $50mV \cdot dec^{-1}$。在石墨壳层的保护下，经过 3000 次循环后，复合材料的变化可以忽略不计，表现出优异的稳定性。

N 和 P 的掺杂也可以在碳壳层中提供了大量高活性位点，进一步提高其电催化性能。Liu 等人通过简单的一步法成功地合成了一种以超细化 Mo_2C 嵌入富氮碳(Mo_2C@N-C)的析氢反应催化剂。超细 Mo_2C 颗粒在碳材中的分布均匀，因此暴露了更多活跃的点位。该催化剂在酸性、中性和碱性溶液中均能表现出优异的析氢反应活性，在 pH=0、7 和 14 时，其过电位 η_{10} 分别为 124mV、156mV 和 60mV。第一原位计算结果表明 Mo_2C@C 的 $\Delta G_{H\cdot}$ 要比 Mo_2C 小，而 N 掺杂可以使 $\Delta G_{H\cdot}$ 进一步降低到接近于零。结果表明，Mo_2C 和 N 可以协同激活相邻的 C 原子，其中 Mo_2C 作为电子供体，N 作为电子受体，使它们之间的 C 原子成为最好的活性中心。类似地，Li 和他的同事们研究了一种 N 掺杂的 MoCx@C 核壳结构催化剂，也得到了很好的析氢反应催化性能。该催化剂在酸性介质中具有 79mV 的超低过电位。Li 等人设计了一种由 N、P 掺杂的碳壳封装的 Mo_2C 和 N、P 掺杂的还原石墨烯氧化物组成的二维耦合杂化材料，在 0.5M H_2SO_4(η_{10}=34mV)中有效地实现析氢反应。碳基体中的氮掺杂主要为吡啶 N，理论上，当吡啶 N 锚定在 Mo_2C 表面时，它被认为是重要的活性中心。此外，采用两种元素的共掺杂可以进一步优化碳壳层上的活性位置。Chen 等人开发了类似石榴的 N、P 掺杂 Mo_2C@C纳米球作为碱性析氢反应催化剂，其中 N 和 P 原子掺杂到 Mo_2C 和 C 壳中。Zhang 等人发现，封装在 N、S 共掺杂石墨烯中的超细化 MoC_x材料在所有 pH

值下都表现出优异的催化性能。

8.4.5.2 W_xC 和其他过渡金属碳化物

由于碳化钨的电子密度接近铂，碳化钨（WC、W_2C、WC_{1-x}等）也有望成为电催化剂。Zhang 等人不仅合成了 MoC_x/C，而且用钨前驱体取代钼前驱体，制备出了 N、S 共掺杂石墨烯包覆的超细化 WC_x，在较宽的 pH 范围内对析氢反应均有效。碳化钨在中性和碱性溶液中不稳定，但是，由于有了碳壳的保护，碳化钨也表现出优异的析氢反应活性。Han 等人介绍了一种掺氮碳包裹的 WC 纳米晶催化剂，其可以在酸性和碱性溶液中表现出优异的性能和长期耐用性。Feng 等人通过第一原理计算证明，WC 和掺氮碳之间存在强烈的电子协同效应，这解释了其析氢反应活性的增加。Yan 等人构建了 P 掺杂 W_2C@ 氮掺杂碳（P-W_2C@N-C）核壳结构催化剂，该催化剂在酸性、碱性和中性溶液中均可表现出优异的析氢反应活性，其在酸性、碱性和中性溶液中的过电位 η_{10}分别为 89mV、63mV 和 185mV。由于碳外壳的保护，P-W_2C@N-C 在碱性和中性条件下具有长期的稳定性。

碳包覆层作为一种实用的外壳层也可用于增强其他过渡金属碳化物电催化剂。Wei 和他的团队证明，封装在碳中的镍掺杂 VC 纳米颗粒在酸性和碱性条件下都具有很高的析氢反应效率。Guo 和同事开发了一种热丝化学气相沉积（HF-CVD）策略，以制备垂直排列的石墨烯纳米带（GNR）支撑的金属碳化物（M_3C，M=Fe，Co，Ni）作为氧还原和析氢反应的双功能催化剂。均匀分散的超细化 M_3C 纳米颗粒包覆着多个碳层，暴露出更多的活性位点，并与石墨烯纳米带保持着良好接触。石墨烯纳米带载体优异的导电性也有助于复合材料的电荷转移。由于上述优点，Fe_3C@C-GNR、Co_3C@C-GNR 和 Ni_3C@C-GNR 在 0.5M H_2SO_4中，在 200mV 的过电位下，分别可以给出 166.6mA · cm^{-2}、79.6mA · cm^{-2}和 116.4mA · cm^{-2} 的催化电流密度，其塔菲尔斜率分别为 46mV · dec^{-1}、57mV · dec^{-1}和 54mV · dec^{-1}。此外，Jiang 等人发现，石墨烯壳层上 Fe_3C 的活化和含氮活性位点有利于 Fe_3C 核心和石墨烯壳层之间的协同效应。Zhang 等人发现掺氮碳纳米管包裹的 Fe_3C 纳米棒（Fe_3C@N-CNT）在碱性和酸性条件下都可以表现出极好的活性。Fe_3C 和 N-CNT 之间的协同效应可以有效地调节 H · 在碳上的吸附能，从而提高析氢反应活性。

8.5 结论和展望

本章总结了用于析氢反应、析氧反应和整体水分解的核壳纳米结构的进展，主要介绍了不含贵金属的低成本电催化剂。至于基于贵金属的核壳纳米结构，重点是具有非贵金属核心和超薄贵金属壳层的核壳结构，这可以明显减少贵元素的使用。更重要的是，由于核心之间的强相互作用和有效的协同作用，这类核壳结构催化剂也可以获得更高的活性和更好的稳定性。需要指出的是，比较不同参考文献中的核壳型和无核壳型电催化剂是不合适的，因为测试条件与水平(例如电解质、质量负荷、电位范围、扫描速率等)有很大不同。应在同一测试水平上对具有相同活性成分的核壳结构和无核壳结构(如固体颗粒混合)的电催化剂进行仔细比较，以说明核壳纳米结构的结构优势。而贵金属负载质量的比电流是一个重要的标准，尤其是从成本效益的角度来看。显然，基于 Ir 和 Ru 的核壳结构的析氧反应的金属基质量比活性高于单纯相纳米颗粒的析氧反应，这使它们成为酸性条件下唯一一种经济高效的候选电催化材料。

同时，大量不含贵金属的核壳纳米结构可被用于水电解的催化剂。核壳结构的合理设计对于暴露表面/界面活性中心、修饰核壳之间的电子相互作用、实现界面协同增强以及在增强核心材料在腐蚀性电解质中的长期耐久性具有重要意义。本章亦根据核心组件(例如，过渡金属、过渡金属(氢)氧化物、过渡金属磷化物、过渡金属卤化物和过渡金属碳化物)对催化剂进行了相应的分类，以全面讨论相关研究的进展。其中催化剂一些在经过结构工程后，与贵金属相比，达到了相当甚至更高活性和的稳定性。此外，由于核壳结构独特的结合和反应路径与研究的贵金属催化剂截然不同，因此无贵金属电催化剂的蓬勃发展为电催化机理提供了新的思路。

需要指出的是，核壳型电催化剂的相关研究尚处于起步阶段。它们的电催化性能(活性和稳定性)在实际应用中仍需进一步提高，而且其催化机理也存在争议，因为大多数解释都是基于贵金属单晶面的经典理论。对于此类电催化剂的进一步开发研究，仍然存在四个主要挑战。

首先，应特别注意在工作条件下重建核壳结构的电催化剂。合成的核壳纳米结构在电催化过程中经历了明显的表面畸变，形成了不同于预先设计的壳层和新的活性中心。例如，核壳纳米结构 Fe_3O_4@ Ni_xP 在电催化反应核原位演化为具有良好析氧反应活性的氧化颗粒，其中 Fe_3O_4核心有助于激活 Ni(Ni^{3+}的电化学过程→Ni^{4+})以增强活性。最近，亦有研究者证明了 Mo_2C@ MoO_x上的表面 MoO_x 在 $HClO_4$中的析氢反应过程中原位还原为 MoO_2，并导致 Mo_2C-MoO_2界面上的析氢反应活性明显增强。如前所述，Mo_2C 上与 Mo=O 部分相邻的 Mo 原子是电催化工作条件下的真正活性中心。因此，电化学原位技术(如拉曼光谱、傅立叶变换红外光谱、X 射线衍射等)对于揭示电解过程中核壳界面在外加电压下的重构是非常有必要的，这对于了解催化剂活性中心的工作状态和机理非常重要。

其次，为了提高核壳结构电催化剂的性能，需要一种精确控制壳层的通用合成策略，因为合适的壳层厚度可以同步提高界面和活性中心的暴露以及核壳之间的相互作用。之前的研究已经成功实现了 MoS_2和石墨烯超薄外壳的核壳结构催化剂。然而，该方法仅限于二维纳米材料，其他没有二维晶体结构的材料在设计其外壳时具有挑战性。原子层沉积作为一种基于气相化学过程的薄膜沉积技术，可能是一个不错的选择，但仍需努力扩大可用金属的种类，使设备小型化，简化程序并降低成本。

第三，努力探索核壳结构电催化剂在海水电解中的实际应用。因为目前用于测试电催化剂性能的大多数电解质是强酸或强碱。然而，对于未来的大规模应用，电解液必须经济且容易获得。储量大、离子浓度高的海水是更好的选择。然而，电解池的负极会存在氯气的析出，且与析氧反应相互竞争。因此，电解海水的实现需要强大而有效的选择性电催化剂，它可以在不受氯化物腐蚀和抵抗电极表面不溶性沉淀物中毒的情况下维持海水的电分解。由于其结构上的优势，不含贵金属的核壳型电催化剂有望成为潜在的催化剂。例如，Ni@ NiO 和 NiMoN@ NiFeN 电催化剂在天然海水中具有优异的析氢反应和析氧反应性能。核壳结构和界面相互作用的合理设计有望进一步提高催化剂在复杂海水环境中的电催化效率和稳定性。

最后，对核壳结构电催化剂机理的深入研究有望促进其他电催化应用，如 CO_2还原反应（CO_2RR）、N_2还原反应（NRR）、电催化氢化/氧化（ECH/ECO）等。尤其是上述反应通常在水溶液中进行，此时析氢反应和析氧反应又变为常见的副反应。对析氢反应和析氧反应机理的深入了解也会促进对析氢反应或析氧反应不利的电催化剂的反向设计，以提高 CO_2RR、NRR 和 ECH/ECO 的电催化法拉第效率。同时，H・和 OH・通常是参与此类反应的中间体，例如，H・是电催化氢化的还原剂。因此，在核壳结构表面调控 H・和 OH・的既定策略将为探索用于各种应用的低成本电催化剂提供线索。

9 用于电化学二氧化碳还原的核壳纳米结构

研究成果表明，核壳结构的一些先进工程，包括应变工程(如拉伸或压缩应变)、表面工程(如表面掺杂、表面缺陷和表面还原)和相工程(如新形成的界面)，可提高二氧化碳电化学还原的活性和选择性，这些工程策略在调节催化剂材料表面环境、构建更多活性位点和界面以及优化电导率方面具有很好的作用。因此，核壳结构也是一个非常有希望实现二氧化碳还原的形貌特征。本章将重点放在介绍这些核壳结构的先进工程上，分别说明了这三种策略在优化二氧化碳还原性能方面的重要作用，然后强调了需要解决的关键问题以及未来发展的前景。

9.1 电催化二氧化碳还原

化石燃料燃烧产生的二氧化碳(CO_2)的过量排放会导致严重的环境问题，如“温室效应”等。为了减轻这些危害，有必要开发一个可持续的系统，将二氧化碳转化为有用的化学燃料或原料。电化学还原为二氧化碳的循环利用提供了一条很有实际应用前景的途径。1873 年初，B. C. Brodie 首次报道了二氧化碳的电化学还原。1990 年底，Hori 等人通过材料和表征技术揭示了二氧化碳的电化学还原的反应机理，这推动了电化学二氧化碳还原(Carbon Dioxide Reduction, CO_2RR)的进一步发展。后来，有报道称，使用块体铜作为电极还原二氧化碳生产 CH_4 和 C_2H_4 的效率分别达到了 65%和 20%。近年来，随着材料科学和表征技术的迅速发展，这一领域再次受到重视。

尽管目前的研究已经取得了巨大进展，但仍存在一些阻碍二氧化碳还原发展的重大问题。首先，由于 CO_2 的稳定性高，在电化学条件下激活 CO_2 的能垒非常高。二氧化碳分子的结构是一个中心碳原子，两侧各有两个氧原子。由于 CO_2 中 C═O 键的长度小于酮结构中的 C═O 键，所以 CO_2 中的 C═O 键与三键中的键能具有相似的性质。这种情况使二氧化碳变得非常稳定，只有在非常苛刻的条件下才能转化为其他碳化合物。此外，电解过程中使用的高过电位不仅会造成大量的能量浪费，而且还会引发 H_2 的产生，导致电化学还原选择性的不理想。同时，据文献报道 CO_2 的电化学还原产物非常之多，包括 C_1 产物[一氧化碳(CO)、甲酸(HCOOH)、甲醛(HCHO)、甲醇(CH_3OH)和甲烷(CH_4)]、C_2 产物[乙烷

(C_2H_4)、乙醛(CH_3CHO)、乙醇(C_2H_5OH)和乙酸(CH_3COOH)]和C_3产物[正丙醇(C_3H_7OH)]等。如何实现对目标产物的高选择性是一个需要克服的重要问题。因此，合理调节反应中间体的吸附和解吸能非常重要。最后，由于操作电流密度通常很高，因此很难保持催化剂的表面环境，这会导致催化剂活性的不断损失。对于这些问题，如何设计对目标产物具有高选择性和低能耗的催化剂是一个巨大的挑战。

根据 Sabatier 原理，催化剂测定的活性与表面和反应中间体之间的结合强度密切相关，这一原则实际上强调了调控材料表界面环境的重要作用。然而，由于二氧化碳还原的产品多种多样，对某一产物的选择性通常很差。核壳结构被认为是实现高选择性目标产物的一种很有效的结构(图 9-1)。首先，核心由金属或合金材料组成，可以确保高的电子导电性，这在很大程度上缓解了由于低导电性导致的低催化活性的困境。此外，核壳之间的强协同效应为调控材料表界面的电子结构提供了有效途径，从而影响电化学过程中中间体的化学吸附。所有这些都是促进实现高效二氧化碳还原电催化剂的新策略。基于应变工程，通过合金化引入原子半径小于或大于表面金属的原子，引入拉伸或压缩应变，可以触发 d 带中心的移动，从而使表界面与吸附质产生不同的相互作用。通过表面工程的手段，亦可精确构造具有不同空位或金属掺杂的表面壳层，从而得到完全不同的产物分布。此外，核壳结构是研究与结构相关的电化学性能的理想平台，这种思路可以构建许多有趣的结构，例如异质结构或金属间结构。到目前为止，已经实施了诸多策略，包括应变工程、表面工程和相工程，以改进核壳结构，所有这些策略都因其对提高性能、理解构效关系关系以及弥合高二氧化碳还原性能与核壳结构之间的差距而备受关注。

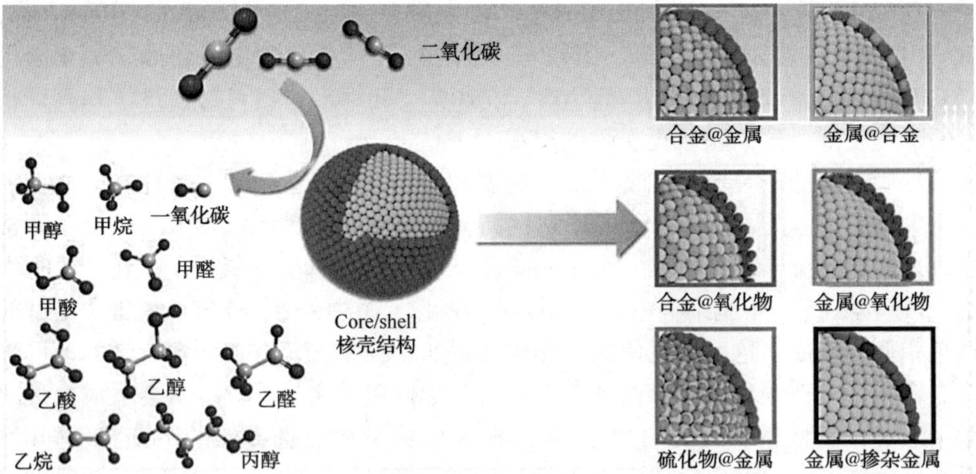

图 9-1　二氧化碳还原核壳结构催化剂示意图

9.2 用于二氧化碳电催化还原的核壳结构纳米材料

开发核壳结构催化剂以提高二氧化碳还原性能是非常必要的。通常，核壳结构催化剂的构筑主要依赖于以下几个方面，包括核心与壳层之间的晶格差异、表面环境的多样性以及通过不同预处理得到的不同形态演化。为了追求核壳纳米材料的高二氧化碳还原活性，目前已经开发了三种先进的策略，包括：应变工程、表面工程和相工程。本章将详细阐述这些策略对提高二氧化碳还原性能的基本理念。

9.2.1 应变工程

根据 Sabatier 原理，反应中间体和催化剂表面之间的结合强度决定了反应速率，适度的结合强度会导致所需的选择性。d-带中心模型认为，d-带中心的位置对与吸附质的相互作用有很大影响：d-带中心的下移导致与吸附质的相互作用减少，而 d-带中心的上移导致相互作用更强。为了有效地调节 d-带中心的位置，提出了几种策略，其中应变工程可以根据核壳材料之间的不匹配来有效地调节 d 带中心的位置。例如，Pt 中 1%的应变变化即可触发 d 带中心约 0.1eV 的位移，这足以影响氧还原反应(oxygen reduction reaction，ORR)中表面反应物的吸附强度。除 Pt 的氧还原反应活性金属外，几种二氧化碳还原的活性金属也具有较强的应变响应。具体而言，在密堆积表面上本征表面压力与相应的 Au、Pd、Cu 和 Ag 块体模量之比分别高达 7.8%、6.5%、6.1%和 4.7%。这一特性导致了核壳结构二氧化碳还原催化剂应变工程基础研究的蓬勃发展。

为了通过应变工程追求高二氧化碳还原性能，第一个大问题是如何将应变调整到所需水平。原则上，由于核壳之间的晶格失配，核壳结构中的压缩应变或拉伸应变都很容易调控。近年来的研究表明，核壳结构的应变调节对中间体吸附能的调节有很大影响，这为寻求高效的核壳结构催化剂开辟了新的方向。例如，在铜上施加高拉伸应变会引起其 d-带中心的位置移动，从而导致更具反应活性的表面，这种变化的表面诱导了更强的 ·CO 吸附作用。这一概念已扩展到实际实验中。Reske 等人控制了铂表面不同的铜厚度，Cu(3.61Å)和 Pt(3.92Å)之间的不同晶胞参数引起了表面晶格拉伸应变。Varle 等人也在 Pt(111)和 Pt(211)表面上生长 Cu，用于在 Cu 表面上产生拉伸应变。在这两种体系中，催化剂中 Cu 包覆层的厚度表现出与二氧化碳还原活性相关的性能，甚至优于纯金属催化剂。铜的表面结构和铜表面的拉伸应变提高了催化剂的性能。在另一项工作中，Wang 课题组报道了通过对 Ag-Cu 双金属 NPs 进行不同时间的加热，制备了具有 Ag 核和可调 Cu 厚壳的催化剂，其中对乙烯的最高选择性来自于 Ag@Cu-20。他们的研究表明，拉伸表面晶格应变增强了·CO 的吸附，从而提高了乙烯转化率。然而，由于拉伸应变是一种短程效应，当包覆层厚度变薄时，应变效应逐渐减弱，导致碳氢化合物产品的转化效率降低。

据报道，压缩应变表面也有利于改善二氧化碳还原性能。Yang 课题组通过在高温下对无序 AuCu 纳米颗粒进行热退火成功地在 AuCu 系统中引入压缩应变，用于提高 CO 的选择性。热退火后的催化剂由金属间化合物 AuCu 核心和纯 Au 壳层组成。无序 AuCu/Au 对 CO 的法拉第效率仅为 33%，而有序 AuCu 对 CO 的法拉第效率增加到 78%。第一原理计算表明，在中等压缩应变下，三个原子厚度的金层对 CO 的选择性增强，导致大约 0.1eV 的能量变化，这种能量变化足以降低二氧化碳还原的极限电位。在金属/氧化物核壳结构系统中，压缩应变对增强选择性也具有积极的影响。Sun 课题组报告了用于选择性二氧化碳还原的具有不同 SnO_2 厚度的 Cu@ SnO_2核壳结构催化剂。当 SnO_2的厚度达到 1.8nm 时，催化剂选择性生成 HCOOH，表现出类 Sn 的活性。当壳层厚度降至 0.8nm 时，该催化剂表现出类 Au 的活性，CO 的法拉第效率达到 93%。第一原理计算表明，由于 SnO_2 和 Cu 之间存在晶格失配，SnO_2壳层会受到较大的压缩(10%)。同时，Cu 原子会迁移到 SnO_2表面，形成铜掺杂的 SnO_2表面。得益于 SnO_2表面的压缩效应和 Cu 的掺杂效应，CO 的生成变得更加有利。在以 Cu 为核心、In_2O_3 为壳层的其他类似体系中，不同厚度的催化剂能够在低过电位下实现高电流密度的催化，而且对产物中 H_2/CO 比可控。压缩应变和向 In_2O_3 中掺杂铜的协同效应有利于生成·COOH 而不是 HCOO·，从而更好地生成 CO。

9.2.2 表面工程

除了应变工程策略外，表面工程策略为获得具有增强二氧化碳还原性能的核壳结构电催化剂铺平了另一条道路。在核壳结构中，壳层是发生二氧化碳还原的场所。为了实现高性能，对外壳进行良好的改性是非常必要的。核壳结构的表面工程被认为是提高二氧化碳还原性能的一种有效途径，这一点已经通过几个重要策略得到了实现，包括：表面掺杂策略、表面缺陷策略、表面还原策略。本节将阐明表面工程基于这三种策略提高二氧化碳还原性能的重要作用。

通过实施表面掺杂策略以调节二氧化碳还原的性能已得到充分证明。众所周知，铜是唯一一种能够减少二氧化碳生成 C^{2+} 产品的材料。有必要对铜表面进行改性，以缩小产物的数量，使其达到或接近特定目标产物所需的选择性。本文以提高铜基催化剂的 C^{2+} 产物选择性的表面掺杂工程为例，以便更好地理解表面掺杂策略。原则上，表面 Cu^+被认为是获得高选择性 C_2 产物的活性中心，在二氧化碳还原的工作条件下，表面 Cu^+倾向于还原为 Cu^0。因此，研究如何提高 Cu^+ 的稳定性具有重要意义。表面掺杂策略的独特优势为克服这一问题提供了方法。

首先，掺杂策略的关键是优化反应中间体在催化剂表面的结合能和掺杂特定元素以提高反应动力学。例如，用杂原子(例如 B、N 或 Ni)掺杂可以大大降低 CO_2 的吸附能垒，这有利于二氧化碳还原的实施。更重要的是，表面掺杂策略还可以防止金属溶解，很大程度上保持了催化剂的初始形态，因而可以赋予催化剂长期稳定性。所有这些优点引发了人们对催化剂表面掺杂策略的深入研究。Sargent 课题组报道了一种有趣的核壳结构催化剂，其以铜为核心，以掺杂硼的铜作为壳层，在 1.1V(相对于 RHE，可逆氢电极)，可以提供 79%±2%的 C_2 产物法拉第效率和小于 0.1%的 C1 产物法拉第效率[图 9-2(a)和(b)]。第一原理模拟表明，硼改性的铜表面在热力学上更有利于 C_2 的生成。更具体地说，B 掺杂剂通过降低速率限制步骤的作用能将 CO_2 的还原提升为 C_2：CO · +CO · →OCCO · 。然而，它也可以通过增加速率限制步骤的反应能来抑制 CO_2 转化为 C1：CO · +H · →CHO · 。因此，在铜中表面掺杂硼可以大大提高 C2 的产量。这种催化剂在 -1.1V(相对于 RHE)下工作 40h，可以表现出优异的稳定性，这表明 B 掺杂对稳定 Cu^+ 活性中心至关重要。

表面缺陷策略是通过调节中间产物在催化剂表面的吸附和解吸，对提高 CO_2 选择性催化也起着很重要的作用。调整壳层中的金属原子空位缺陷对于影响相邻金属原子的电子结构以及反应中间体的能量势垒至关重要。Zhuang 等人报道了一个典型例子，他们通过硫化铜的电化学还原来控制表面上铜空位的密度。如图 9-2(c)和(d)所示，核壳结构催化剂由 Cu_2S 核心和具有 Cu 空位的壳层组成，这一催化剂对 C2+醇(C_2H_5OH 和 C_3H_7OH)的产率更具选择性，为(126±5)$mA \cdot cm^{-2}$，法拉第效率为 32%。相比之下，在相同条件下，铜纳米颗粒和 Cu_2S/Cu 纳米颗粒表现出对烯烃的高选择性。原则上，CO_2 电化学还原得到乙醇和乙烯的途径非常相似，直到最后三个质子耦合电子转移步骤。在最后一步，$\cdot C_2H_3O$ 在碳的质子化作用下转化为乙醇，而通过脱去一个氧原子转化为乙烯。从这个角度来看，通过改变表面环境来控制 $\cdot C_2H_3O$ 的吸附可能会有效调节对所需目标醇的选择性。第一原理模拟表明，在纯铜体系中，生成乙烯和乙醇的势垒分别为 0.560eV 和 0.645eV。当在铜中引入空位时，乙烯生成的能垒略有所增加，乙醇生成的能垒几乎不变。更有趣的是，在模拟具有空位的铜壳层和 Cu_2S 核心时，发现其对乙烯的能量屏障大幅度增加(1.148eV)，而对乙醇的能量屏障基本没有受到影响。由铜空位缺陷和亚表面 S 原子产生的乙烯和乙醇的巨大差异表明这种表面工程对乙醇的产生更有利。

此外，调整氧化物壳层中氧空位的浓度也可以改善 CO_2 在表面上的吸附，因为吸附 CO_2 是通过桥接 CO_2 的一个氧原子和氧空位之间的键，CO_2 趋向于稳定在氧空位位置。例如，Luc 等人报道了 Ag-Sn 双金属催化剂，该催化剂具有 Ag_3Sn

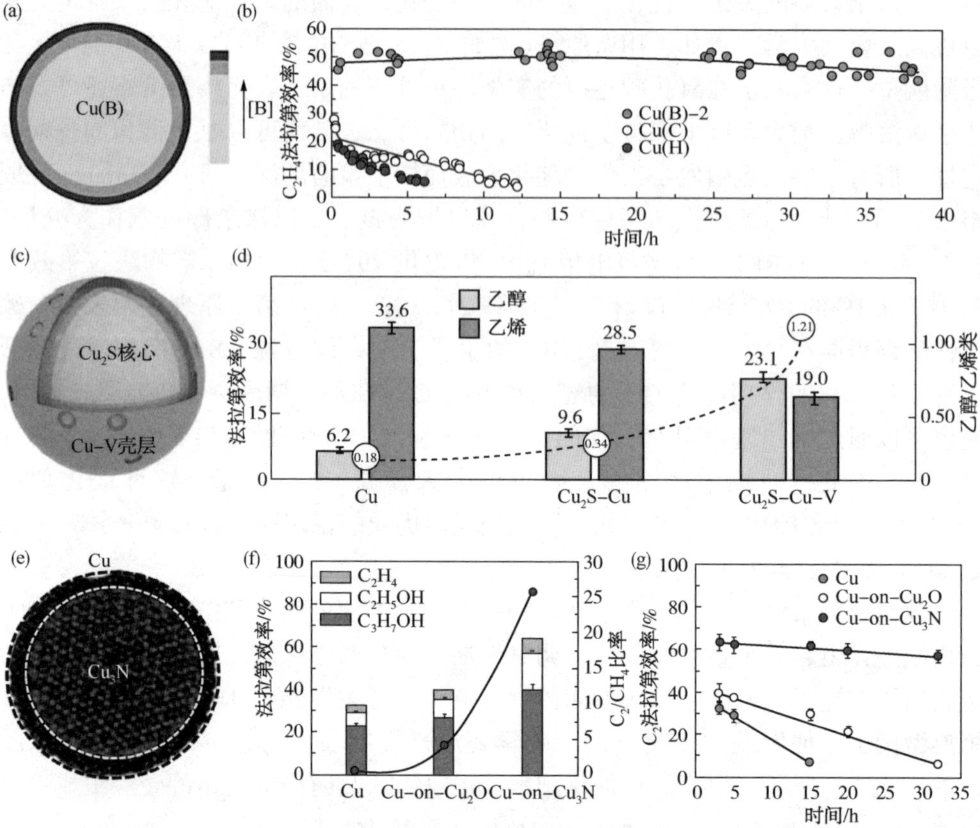

图 9-2　通过表面工程策略研究催化剂的二氧化碳还原性能。(a)(b)铜@硼掺杂铜核壳结构催化剂的表面掺杂工程，表现出高的 C2 化合物选择性；(c)(d)用于二氧化碳还原的 Cu_2S@Cu-空位核壳结构催化剂的表面缺陷工程，其对醇的法拉第效率高于烯烃；(e)~(g)用于二氧化碳还原的 Cu_3N@Cu 核壳催化剂的表面相工程，显示出对 C2 生成的高选择性和长期稳定性

核心和超薄 SnO_x 壳层，在-0.8V(vs RHE)下，催化电流密度为 $16mA \cdot cm^{-2}$ 时，HCOOH 法拉第效率高达 80%。XPS 证实，SnO_x 壳层被部分氧化，其中存在大量的氧空位。他们通过第一原理计算计算了氧空位改性 SnO_x 壳层上 COOH·和 OCHO·的生成能与 CO_2·吸附能的函数关系，作为解释 Ag_3Sn/SnO_x 核壳结构催化剂获得 HCOOH 法拉第效率高的原因。COOH·和 OCHO·分别是生产 CO 和 HCOOH 的中间体。与 OCHO·相比，COOH·在含氧空位的 SnO_x 表面的形成非常有利。

除了表面掺杂和表面缺陷策略外，核壳结构的表面还原策略在决定二氧化碳还原的活性和选择性方面也起着重要作用。新生成的表界面是通过还原核心材料形成的。在这个系统中，核心材料非常重要，它可以调节金属表面的部分氧化状态和电子结构，影响中间体对二氧化碳还原的化学吸附。为了实现不同的核壳系统，必须防止减少氧化物、氮化物或硫化物形成纯金属薄壳层。Liang 等人报道了一个例子，他们通过循环伏安曲线电还原 Cu_3N，构建了 Cu_3N@ Cu 核壳结构催化剂，其 C^{2+}产物的含量为 64%±2%[图 9-2(e)~(g)]。为了揭示 CuN_3在提高催化性能方面的重要作用，他们比较了使用 Cu、Cu_2O@ Cu 和 Cu_3N@ Cu 催化剂时不同产物的法拉第效率，Cu_3N@ Cu 的 C^{2+}生成量最高，远高于 Cu 和 Cu_2O@ Cu。与 Cu 相比，Cu/Cu^+核壳结构催化剂在 CH_4选择性方面表现出明显的抑制作用，这主要是由于局部 pH 值的增加。此外，XPS、原位 CAS 和 HRTEM-EELS 表征表明，在二氧化碳还原期间，Cu_3N 比 Cu_2O 更好地稳定了 Cu^+的浓度，导致了更高的 C^{2+}选择性。第一原理模拟结果也证实了这一结果，因为在 Cu_3N@ Cu 条件下，C1 路径的计算势垒高于在 Cu_2O@ Cu 和 Cu 条件下的计算势垒。

9.2.3 相工程

二氧化碳还原是一种典型的表面敏感反应，因此发现不同的表面环境非常重要。相工程策略的关键是利用界面和形态在所需的反应路径下进行催化反应。核壳结构是形成不同形态和界面的催化剂的良好平台，为实现二氧化碳还原的高选择性提供了更多可能性。通过形态调制，可以大大增加活性位点的数量，并生成活性偏好的晶面。此外，界面工程对催化活性、稳定性和选择性的调节有很大的影响。首先，界面对提高活性的积极作用来自于它与平衡中间产物在表面的吸附和对二氧化碳吸附方面的能力。而且，由于催化剂和载体之间的紧密连接，很大程度上防止了有效界面之间团聚，从而提高了催化稳定性。更重要的是作为二氧化碳还原的主要目标，构建有效界面为调节选择性提供了新的视角。利用界面在调节吸附强度方面的重要作用，通过为目标产物降低反应路线上的能垒，可以实现对目标产物的高选择性。

为了对核壳结构进行相工程，应考虑在不同气氛、不同温度下进行系统的退火处理。Wang 等人报道了 Cu@ SnO_2核壳结构的相工程，以优化其二氧化碳还原性能。通过控制退火气氛和温度(250℃在空气中 1h；250℃在 5% H_2/95% N_2中 1h；先 250℃在空气中 1h，再在 5% H_2/95% N_2中 1h)的调控，可以很容易地将 Cu@ SnO_2核壳结构转变为具有不同结构和相的 Cu-SnO_2(图 9-3)，包括 CuO@ 空心 SnO_2异质结构(CuSn NPs/C-A)、$Cu_{41}Sn_{11}$@ SnO_2核壳结构(CuSn NPs/C-H)和 Cu/空心 SnO_2非对称(Janus)结构(CuSnNPs/C-AH)。在二氧化碳还原过程中，具有 CuO@ 空心 SnO_2异质结构(在空气中退火)的催化剂表现出最佳的催化性能，这种催化剂可以通过将电位从-0.7V 改变为-1.0V 进而将主要产物从 CO 调节为

HCOOH。为了进一步揭示二氧化碳还原性能背后的机理，他们在 15min 计时电流试验后，详细分析了相工程催化剂的特性，其中所有催化剂都经历了强烈的表面和结构演变。高分辨 TEM 图像显示，CuSn NPs/C-A 和 CuSn NPs/C-H 中的中空结构和核壳结构仍然存在。然而，CuSn NPs/C-AH 显示出明显的形态变化，原始的空心 SnO_2 收缩成固体颗粒。这种形态演变表明，CuSn NPs/C-A 拥有最大密度的 Cu@ SnO_2 界面。为了进一步阐明 Cu@ SnO_2 界面对提高二氧化碳还原选择性的影响，他们也进行了第一原位计算。根据计算结果，Cu/SnO_2 界面通过降低反应自由能促进了 COOH · 中间体的形成(图 9-4)。这项工作强调了相位工程对提高 CO_2 性能的重要性。

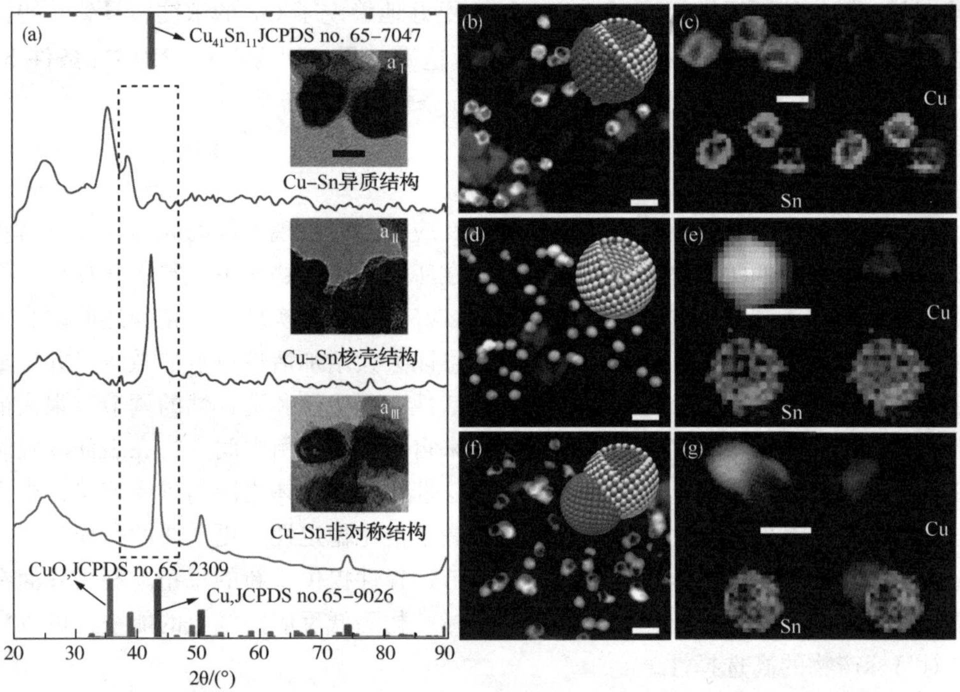

图 9-3 控制退火处理 CuSn 纳米颗粒所得产物的结构和相特征。(a)CuO@ 空心 SnO_2 异质结构(CuSn NPs/C-A)、$Cu_{41}Sn_{11}$@ SnO_2 核壳结构(CuSn NPs/C-H)和 Cu/空心 SnO_2 非对称(Janus)结构(CuSnNPs/C-AH)的 X 射线衍射(XRD)图谱和插入透射电镜(TEM)图像；(b)、(d)、(f)高角度环形暗场扫描 TEM(HAADF-STEM)图像和原子模型；(c)、(e)、(g)HAADF-STEM 图像和 X 射线能量色散光谱(EDS)元素分布；(b)、(d)、(f)的比例尺为 50nm，a_1、a_2、a_3 为 20nm

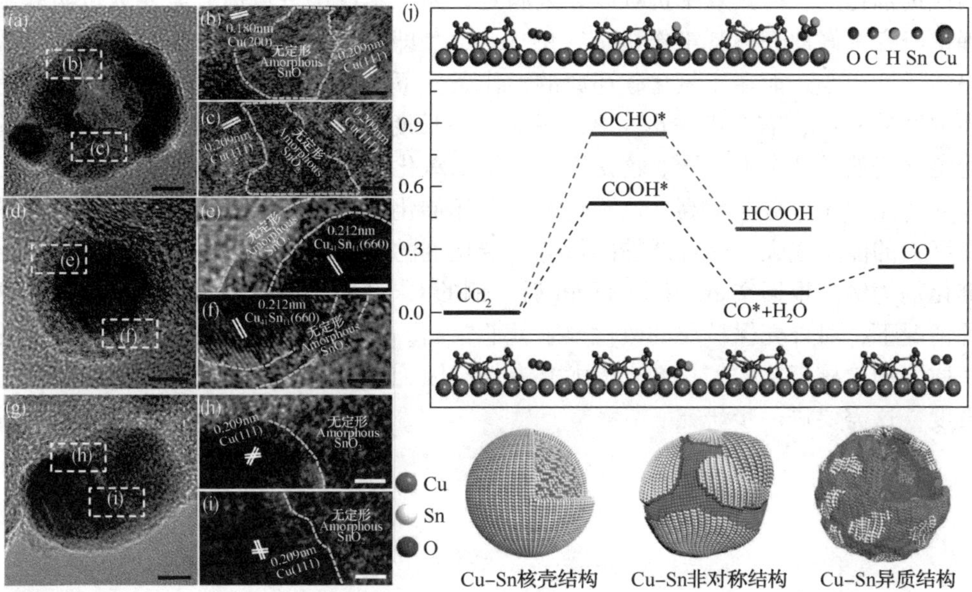

图 9-4 氧化碳还原反应的 Cu@ SnO_2界面的结构、界面表征及密度泛函理论模拟。(a)、(b)、(c)CuO@ 空心 SnO_2异质结构(CuSn NPs/C-A);(d)、(e)、(f)$Cu_{41}Sn_{11}$@ SnO_2核壳结构(CuSn NPs/C-H);(g)、(h)、(i)Cu/空心 SnO_2非对称(Janus)结构(CuSnNPs/C-AH);(j)Cu@ SnO_2界面 CO_2还原反应的密度泛函理论模拟及相应的模型。(a)、(d)、(g)中的比例尺为 5nm,(b)、(c)、(e)、(f)、(h)、(i)中的比例尺为 2nm

9.3 结论和展望

由于核心与壳层之间存在强烈协同效应、表面环境的多样性和形态演化的多样性,以核壳结构构建催化剂在提高二氧化碳还原性能方面取得了许多成果。本章展示了如何通过应变、表面和相工程的核壳结构来提高二氧化碳还原活性、选择性和稳定性。尽管取得了显著进展,但仍有几个关键问题有待解决。在实际应用中,应考虑三个参数:活性、选择性和稳定性。第一个提高二氧化碳利用率的关键问题是通过施加较小的过电位来实现高能效。为此,迫切需要进一步改善电解质中的 CO_2吸附。此外,与其他催化剂相比,电催化还原二氧化碳需要更精确的电化学测量来更好地评估其真实的催化性能。此外,为了提高电解的整体效率,还需要开发高活性和稳定性的氧还原催化剂,尤其是在酸性环境下。第二大具有挑战性的问题是实现目标产品的预期选择性。到目前为止,大多数研究都集中在生产 CO、HCOOH 或 CH_4上。实际上,将二氧化碳转化为 C^{2+}产品更具吸引力,因为单位质量的 C^{2+}产品经济价值更高。据报道,铜是最有希望催化 C^{2+}生成的候选催化剂，但其效率仍难以令人满意。为了实现这一目标，需要通过实验和理论研究更好地理解其工作机理。例如，$Cu^{\delta+}$即可作为C2产品获得高法拉第效率的活性中心，而在二氧化碳还原的工作条件下，如何在铜催化剂中引入并保持高浓度的$Cu^{\delta+}$，需要进一步探索。最后，在长期二氧化碳还原试验中保持良好的稳定性仍然是一个大问题。这是因为获得二氧化碳还原产品，特别是含两个以上碳的产品的超电势非常高，这不仅容易破坏催化剂的原有结构和形貌，而且会导致巨大的能量损失。这种严峻的形势对催化剂的设计提出了很高的要求。以纯铜催化剂为例。根据文献，仅运行5h后，铜的C^{2+}产物生成量便可忽略不计。在这种情况下，对外壳保护层的改性要求就非常高。为了克服这一局限性，在不同的基质上构建核壳结构催化剂变得尤其有趣，因为载体和催化剂之间有很强的结合强度，这需要进一步研究。

10 具有更好热电性能的核壳纳米结构

近年来，人们在提高热电性能和寻找新型热电材料方面进行了大量的尝试。材料的电性参数和热参数之间存在错综复杂的关系，这对提高其热电性能提出了严峻挑战。对于核壳纳米结构及其纳米复合材料的研究表明，创建此类结构工程材料的新策略可以打破电子和热参数之间的强耦合作用，在多个方面促进实现高热电性能。此外，核壳结构也可以诱导产生能量过滤效应来改变热电材料的塞贝克系数和电导率对载流子浓度的依赖性。本章主要介绍核壳结构复合热电材料相关的一些实验证据和理论预测。

10.1 热电材料简介

热电现象涉及将热能转换为电能，有望在满足未来能源需求方面发挥重要作用，对热电现象的研究也可以为加热和冷却材料提供设计方法。因此，热电装置可用于发电和冷却/加热应用。特别是，从废热中获取电能的热电发电机为产生清洁和替代能源提供了新思路。此外，人们越来越有兴趣使用由热电发电机驱动的水分解装置，将工业废热转化为氢燃料，随着人工智能的出现，对可穿戴和灵活电源的需求也越来越大。在这种情况下，热电发电机有望成为开发自供电可穿戴设备的产品，这些发电机可以通过人体热量发电为此类智能设备供电。用于发电的热电装置的效率(η)定义为输出电功率(P)与提供给该装置的热功率(Q)的比率：

$$\eta=\frac{P}{Q}=\frac{\sqrt{1+zT}-1}{\sqrt{1+zT}+\frac{T_c}{T_h}}$$

其中，T_h是热侧温度，T_c是冷侧温度，$\Delta T=T_h-T_c$是温度差。术语 zT 被称为“优值”，用作热电材料的性能指标：

$$zT=\frac{S^2\sigma T}{\kappa}$$

其中 S、σ、κ 和 T 是塞贝克系数、电导率、热导率和绝对温度。根据以上两个关系式可知，具有高 zT 值的热电材料可以产生高的器件效率(η)。可以通过改善材料的电子(S 和 σ)和减少热输运($\kappa=\kappa_c+\kappa_l$，κ_c和 κ_l是对总热导率的电子和热贡献)来增强 zT，然而，由于这些参数之间存在强烈的相互作用，实现高 zT 相当复杂。

上述三个参数之间存在两个经典的权衡关系：(1)材料中 S 和 σ 之间的权衡，可以提供最大的“热电功率因数”($S^2\sigma$)和(2)S 和 κ 之间的权衡，因为参数 S 还负责通过电子对热导率的贡献($\kappa=\kappa_c+\kappa_l$)增加 κ。这些方面表明半导体非常适合应用于热电材料。在过去几年中，已经开发了几种优化的半导体块状材料用于热电，但其 zT 值还不够高。因此，除少数情况外，设备的工作效率未达到大量使用的目标。

因此，人们的兴趣集中在提高材料的性能上。Hicks 和 Dresselhouse 在 1993 年发表了有史以来第一个理论模型，预测二维量子阱可以显著增强热电材料 zT 值。他们已经表明，材料塞贝克系数(Seebeck coefficient)可以增加，同时热导率也可以被抑制。

Venkatasubramanian 等人通过实验证明了这些关于热电增强的预测，他们报告了层状材料在室温下最高 zT 值约为 2.4。zT 的增强来自于纳米结构中 Seebeck 系数的增强和热导率抑制的结果。Hicks 和 Dresselhouse 进一步预测了所有三种低维结构，如薄膜(2D)、纳米线(1D)和量子点(0D)材料 zT 值的增强。在这种低维结构中，电子的能带结构、能级和状态密度(DOS)的改变在增强 zT 方面都起着重要作用。自此，关于热电材料的研究大多数都集中在超晶格、纳米片、纳米线、纳米带、单层/双层材料、纳米复合材料等方面。类似地，一种能够提高效率的经济型热电材料的策略是制造纳米化的块体材料。这种方法可以通过破坏晶体的声子传输来降低材料的热导率。在过去的几十年里，在寻找新的热电材料结构方面也取得了巨大的进展。一些高 zT 的材料，包括$(Bi, Sb)_2(Te, Se)_3$、Pb(Te，Se，S)、SnSe，SiGe、Cu_2-(Se，S，Te)、笼形物、方钴矿、Heusler 相合金均被设计开发出来。最近的研究还表明，通过在块体材料中引入额外的声子散射区可以用来降低热导率，从而显著增强 zT 值。所有这些新型热电材料都有希望提高现代热电器件的性能和水平。最近，一些研究为热电材料引入了一类有趣的材料，就是核壳结构材料。由于其特殊的物理结构，这些核壳结构已经显示出对热电性能改进。本章节综述了核壳结构热电材料的研究进展，并讨论了其优势。

10.2 核壳结构热电材料

为了提高热电性能，人们采用了各种策略，如合金设计、复杂晶体结构、杂质掺杂、共振能级掺杂、重元素化合物、纳米结构材料等。这些方法主要集中在降低导热系数和增加塞贝克系数上。举例来说，合金、重元素化合物、复杂晶体、纳米结构材料在降低热导率方面具有重要作用。同样，塞贝克系数和导电率可以通过杂质掺杂、共振能级掺杂和纳米结构材料来调节。

塞贝克系数可以表示为：

$$S=\frac{\pi^2 k_B^2 T}{3q}\left(\frac{\mathrm{d}[\ln\sigma(E)]}{\mathrm{d}E}\right)_{E=E_f}$$

$$S=\frac{\pi^2 k_B^2 T}{3q}\left(\frac{1}{n}\frac{\mathrm{d}n(E)}{\mathrm{d}E}+\frac{1}{\mu}\frac{\mathrm{d}\mu(E)}{\mathrm{d}E}\right)_{E=E_f}$$

其中 k_B、q、s、T、E 和 E_f 分别是玻尔兹曼常数、载流子电荷、电导率、温度、电子能和费米能。$n(E)$ 和 $\mu(E)$ 分别是与能量相关的载流子密度和迁移率。因此，塞贝克系数可以通过两种机制来提高：(1)增加费米能级附近的状态态密度(状态密度)；(2)利用能量滤波效应增加 $\mu(E)$ 的能量依赖性。通过共振能级掺杂或能带工程可以有效地提高状态密度。共振能级是通过掺杂剂和主体之间的相互作用产生的。通常选择电子结构与主体原子相似的掺杂剂来实现状态密度的变化。通过频带工程来收敛频带是另一种有效的方法，由于能量滤波(或载波滤波)效应，这种方法会产生较高的塞贝克系数。

关于核壳结构的热电效应研究表明，这些新型结构工程材料主要可用于三种不同的核壳结构，如图 10-1(a)~(c)所示，包括作为构建块状的核壳纳米结构、块体半导体中镶嵌核壳纳米结构以及晶界处的第二相核壳结构。从这些核壳结构中可以很好地观察到能量过滤效应，因为它们引入了多个势垒。这些势垒可以使低能载流子选择性散射，只允许高能载流子通过。图 10-1(d)和(e)中的示意图显示了由于两个不同半导体(Bi_2Te_3 和 Bi_2Se_3)之间的界面处的带边能带对齐而产生的载波滤波效应。

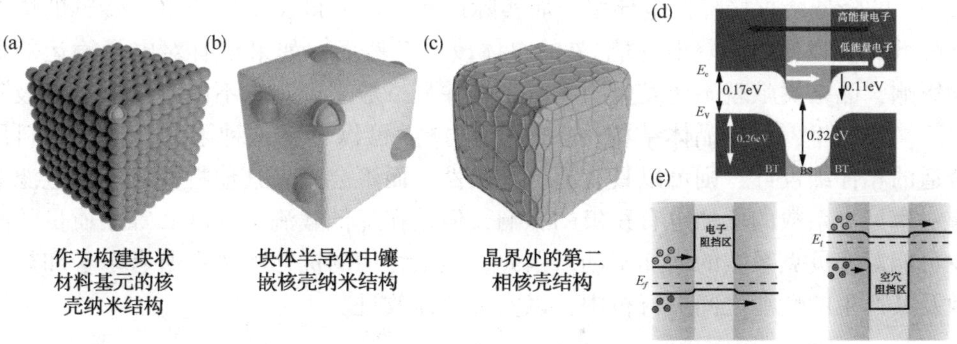

图 10-1　(a)~(c)热电材料核壳结构的不同利用方式；(d)Bi_2Te_3(BT)和 Bi_2Se_3(BS)界面的能带对准示意图；(e)电子阻塞和空穴阻塞区域的能带示意图

此外，由于在核心和壳层之间的界面处的带边能带对齐而产生的电子修改也可以在少子滤波中发挥重要作用，并且有助于实现更高的塞贝克系数。在设计热电材料时，可以仔细选择芯或电池材料作为少数载流子阻挡区。这种结构本质上降低了少数载流子的迁移率，并减轻了少数载流子对塞贝克系数的影响。特别是在窄带隙热电材料中，少数载流子效应对其热电性能不利。为了便于说明，具有混合载流子贡献的材料的净塞贝克系数表示为：

$$S=\frac{S_p\mu_p p+S_{pn}\mu_n n}{\mu_p p+\mu_n n}$$

其中 S_p、S_n、μ_p、μ_n、p 和 n 分别是正的塞贝克系数、负的塞贝克系数、空穴迁移率、电子迁移率、空穴密度和电子密度。通过引入合适的阻挡少数载流子的屏障，可以避免由于少数载流子引起的塞贝克系数的退化，而其他类型的载流子受影响较小。因此，通过在核-壳结构的帮助下引入异质结，可以在核与壳之间的界面处创建合适的带边对准，从而优先阻止少数载流子，因此，可以保持较高的塞贝克系数。

此外，核壳结构材料中界面的存在可以作为热障，并作为长波声子的散射体，导致热导率降低，而且这同时也会增加塞贝克系数。多相的存在为具有独特的载流子输运行为提供了机会，这种行为可以将界面上的电子和声子输运解耦，有助于降低材料的导热性，而不会对材料的导电性造成损失。由于材料的热导率(κ)依赖于晶体的电荷载流子(κ_c)和晶格振动(κ_l)，

$$\kappa=\kappa_c+\kappa_l$$

因此，可以通过控制 κ_c或 κ_l来减少材料的热导率。根据维德曼-弗兰兹定律(Wiedemann-Franz)，第一项 κ_c与电导率(σ)、洛伦兹数(L)和温度(T)有关，表示为：

$$\kappa=L\sigma T+\kappa_l$$

κ_c的降低会直接降低电导率。而实际设计中，应该在不影响电子传输的情况下降低 κ_l，以便得到热电性能 zT 的整体改善。然而，如果没有对电子输运的负面影响，晶格贡献就不能发生明显减少，并且一般来说，它不能达到非晶态极限以下。在这里，多相晶体结构(如核壳型材料)可以不受这种限制，如果材料用合适的相仔细设计，则可以具有超低导热性，而不会失去其他特性。能量过滤效应对塞贝克系数的增加也有积极的影响，但是在降低载流子浓度后等效质量的减少可能对塞贝克系数的增加不利。因此，热电性能的优化需要在所有电子和热参数及其产生的性能之间进行折中，以实现整体改进。

10.2.1 作为构建基元的核壳纳米结构

纳米颗粒和纳米线由于其特殊的电学性质而成为热电材料中极具吸引力的基元材料。通过核壳结构形式的特殊物理结构，可以将其热电性能进一步改善。因此，有一部分研究集中于制造用于热电应用的不同类型的核壳纳米结构。使用核

壳纳米颗粒/纳米线作为热电复合材料的构建基元是热电研究中采用的非常有趣的策略。在这一类型材料中，核壳结构的优势可能更为显著，因为材料中的每一个基元粒子都因其核壳结构而具有特殊的电特性。自下而上合成纳米晶体是形成核壳纳米颗粒的一种非常方便的方法，这也提供了三维成分可控制的途径。在最近的工作中，Ibáňez 等人报道了一种基于自下而上组装的高收率和可扩展的胶体合成路线得到了 PbTe@ PbS 核壳结构纳米颗粒。由于纳米晶体的协同掺杂效应，这些核壳结构纳米颗粒的纳米复合材料的电导率比单纯 PbTe 和 PbS 纳米材料高出 10 倍。PbTe 上的 PbS 壳层形成准Ⅱ型异质结，该异质结通过将电子掺杂到 PbTe 核心的导电能级，协助选择性载流子传输。其核壳结构还定位了 PbTe 核心价层内的空穴，并导致 n 型电导率的增强。此外，PbTe 和 PbS 相之间的晶格失配会导致声阻抗失配，大大降低了核壳复合材料的热导率。因此制得的 PbTe@ PbS核壳纳米复合材料的热电优值(710K 时 zT 为 1. 1)比纯 PbTe 和 PbS 纳米材料高很多。

Ou 等人在全氧化物 $TiC_{1-x}O_x$@ TiO_y-TiO_2($x<1$，$1<y<2$)核壳纳米结构中观察到了能量过滤效应。如图 10-2 所示，这些核-壳异质结构是在溶胶-凝胶化学路线的辅助下通过负极氧化工艺合成的。由 TiO_y-TiO_2构成的壳层为电荷载流子创造了一个双重屏障，它散射了大部分低能载流子，从而提高了塞贝克系数。该载波滤波器机制如图 10-2(b)~(e)所示。在 $TiC_{1-x}O_x$@ TiO_y-TiO_2异质结构中具有梯度势垒，$TiC_{1-x}O_x$和 TiO_y之间的第一个界面势垒选择性散射低能载流子。此外，核心($TiC_{1-x}O_x$)和外壳(TiO_y-TiO_2)之间的第二界面 TiO_2阻挡层分散了部分高能载流子。因此，具有更高能量的载流子才可以通过双势垒。此外，这些异质结构中 TiO_2颗粒之间的通道可以允许部分高能载流子通过，这有助于保持良好的电子传输。总的来说，这些“全氧化物”核壳异质结构显示出较高的塞贝克系数，同时保持了相对良好的导电性，此外，由于设计的界面势垒，可能通过双屏障过滤效应降低导热性，在 973K 时，可以观察到高 zT，高达 0. 84。

类似地，在 Au@ Cu_2Se 核壳结构纳米颗粒中也可以观察到塞贝克系数的增强和导热系数降低。Jin 等人通过控制前驱体浓度，利用水热法合成了具有不同壳层厚度的纳米颗粒。通过核壳界面的能量过滤提高了塞贝克系数，并由于相干声子散射降低了核壳之间的晶格热导率，在 723K 时，壳层厚度为 21nm 的 Au@ Cu_2Se 核壳纳米颗粒的 zT 值高达 0. 61。由核壳结构获得的 zT 高于 Au 和 Cu_2Se 的混合物或纯 Cu_2Se。在最近的一项研究中，Sharma 等人报告了一种超低导热系数 Cu@ Cu_2O 核壳结构纳米颗粒，这种核壳结构是通过简单的溶液沉淀法合成的。这种核壳结构纳米颗粒显示出大约为铜块体 10^{-3} 的超低热导率，塞贝克系数约为 $373\mu V \cdot K^{-1}$，这样的优势导致其在 320K 时 zT 为 0. 16，这也是其潜在的低成本热电性能的表现。在 Ibáňez 等人的另一项工作中，他们以碱金属硫属化合物为封

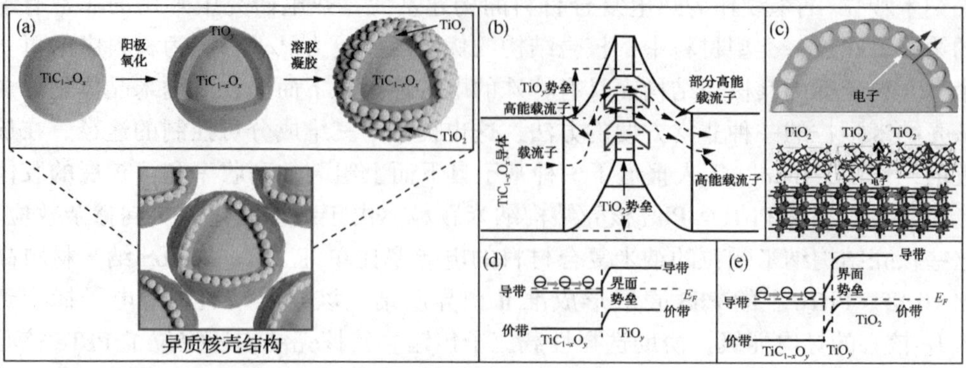

图 10-2　(a)通过阳极氧化工艺制备 $TiC_{1-x}O_x$@TiO_y-TiO_2异质结构的示意图；通过双势垒的载流子传输机制：(b)载流子路径，其中第一界面 TiO_y势垒选择性散射低能载流子，TiO_2势垒进一步散射部分高能载流子；(c)异质结构和界面中载流子的传输方案；(d)和(e)显示了全氧化物的能带图和 $TiC_{1-x}O_x$@TiO_y和 $TiC_{1-x}O_x$@TiO_y-TiO_2异质结构界面

端配体，在铅硫属化合物中观察到可调控的 p 型输运行为。有趣的是，在这些工作中，K^+和 Na^+离子的表面功能化产生了核-壳型纳米结构，这有助于引入剂量可控的掺杂剂。

核壳纳米线由于其卓越的电子效应和热性能也引起了人们极大的兴趣。一些实验和理论研究证明了以核壳结构纳米线的形式制备热电材料的可能性。成功案例包括 Ge@Si、Si@Ge、GaAs@AlAs、GaAs@AlGaAs、Bi_2S_3@Bi、Bi@Te、Te@Bi、Bi@TiO_2、MWCNT@Sb_2Te_3、Bi_2Te_3@MWCNT 等。与单元素纳米线相比，这些特殊的核壳异质结构显示出优越的电子性能和导热性降低。由于能带偏移，径向异质核壳结构纳米线表现出明显的载流子迁移率。例如，在基于 Ge@Si 纳米线核壳异质结构的一种奈米线场效应晶体管(Nanowires Field Effect Transistor，NWFET)中可以观察到 $730cm^2 \cdot V^{-1} \cdot s^{-1}$的高空穴迁移率，这是 Si-p 沟道金属-氧化物-半导体场效应晶体管(Metal Oxide Semiconductor Field Effect Transistor，MOSFET)的 10 倍。它也是 Ge 或 SiGe-n 型衬底、p 沟道金属氧化物半导体场效应(Positive Channel Metal Oxide Semiconductor，PMOS)器件的 2 倍多。

Hu 等人报道了锗包覆层对硅纳米线热性能影响的非平衡分子动力学模拟。他们的结果表明，与未包覆的硅纳米线相比，在单晶硅纳米线上包覆厚度为 1 个或 2 个单位晶胞的锗包覆层可导致热导率的显著降低(75%)。他们发现，核壳结构纳米线的热导率大幅下降是由于核壳界面长波声子模式的减少和局部化，以及高频非传播扩散模式。为了支持这一点，他们系统地研究了添加锗包覆层后纳米线表面硅原子振动态密度(Vibrational Density of States，VDOS)的变化。振动态密度的结果表明纳米线核心中心硅原子的振动态密度没有显著变化。相比之下，与纯硅纳米线相比，可以观察到核壳结构纳米线的振动态密度在低频部分(低于

6THz)和高频部分(16~17THz)显著降低。这种降低可能源于晶格匹配和原子质量差异。这一现象在硅包覆层的锗或 Ge@ Si 核壳结构纳米线中也可以观测得到。Wingert 等人的工作研究了 Ge@ Si 核壳结构纳米线的热性能。他们的研究结果表明，Ge@ Si 核壳结构纳米线在 108~388K 左右的热导率降低，可以在 1.1~2.6W·m^{-1}·K^{-1}范围内调控，这低于锗的纳米线，甚至也低于 SiGe 合金纳米线。这些研究和观察到的这种形态结构的改进表明，核壳结构比合金或复合材料在热电应用中更有前景。

目前也有类似的关于导热系数降低的 Bi@ Te 纳米线的报告。此外，Kang 等人最近的一项研究表明，在核心和壳层之间的粗糙界面，可以实现导热系数的进一步降低。基于 Bi@ Te 核壳结构纳米线的光滑与粗糙界面的导热系数比较如图 10-3 所示。Bi_2Te_3是一种优良的商用热电材料。然而，碲的昂贵、高度稀缺和有毒性质是扩大其热电发电机应用的一个问题。硫是一种丰富而廉价的元素，用硫取代碲可能是一种很有前景的策略。这一想法激起了许多研究人员寻找用于热电应用的硫和硒基金属硫族化合物。举例来说，Bi_2S_3是一种 n 型半导体，具有极高的塞贝克系数和较低的热导率，可以替代 Bi_2Te_3，但其导电性较差。最近的关于 Bi_2S_3@ Bi 核壳结构纳米线的研究工作表明，在 Bi_2S_3纳米线上包覆 Bi 壳层可以显著提高 Bi_2S_3的电导率。其中 Bi_2S_3@ Bi 核壳结构纳米线是采用水热法在肼溶液中处理 Bi_2S_3纳米线制备得到的。从 Bi_2S_3@ Bi 核壳纳米线的样品中可以观察到比原始 Bi_2S_3样品大三个数量级的大电导率，这也导致了其 zT 之在 623K 时高达 0.36。

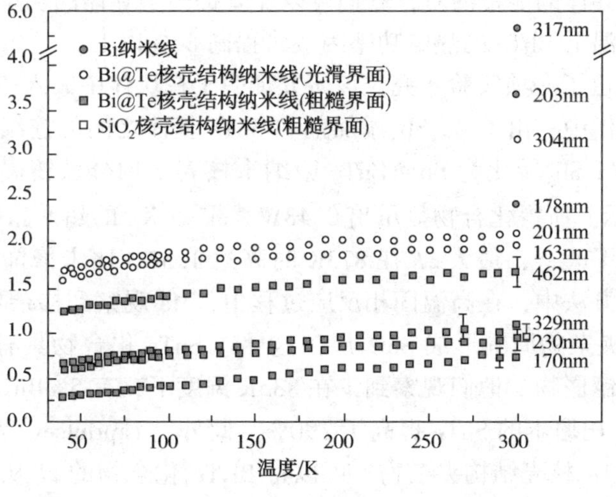

图 10-3　纯 Bi 纳米线、直径为 170、230、329 和 462nm 的粗糙界面 Bi@ Te 核壳纳米线、直径为 163、201 和 304nm 的光滑界面 Bi@ Te 核壳纳米线的热导率数据。该图还给出了 SiO_2纳米线(300K 时)的热导率，以确认测量的可靠性

由于碳纳米管(CNT)成本低、质量轻而且具有很好的导电性，因此在能源相关应用中得到了广泛的研究。碳纳米管是一种特殊的一维材料，具有高载流子迁移率、高导热性、高强度等特点。当它们被有机分子/聚合物化合物、杂质原子等修饰或处理时，也显示出很好的热电性能。同样，关于核壳结构对碳纳米管热电性能的影响也有报道。例如，Chiang 等人报道了一种通过两步的反应制造的可批量生产的 C@ BCN 核壳结构纳米管。首先将碳纳米管溶解在十二烷基硫酸钠(Sodium Dodecyl Sulfate，SDS)水溶液中，形成分散体，然后将 B_2O_3粉末添加到 CNT/SDS 分散体中。最后在高温下进行反应得到 C@ B-CNT 核壳纳米管。基于这些 C@ B-CNT 核壳纳米管的塞贝克系数有所提高，功率因数提高了 6.4 倍。聚乙烯二氧噻吩在石墨烯片、珊瑚状聚乙烯二氧噻吩/单壁碳纳米管(SWCNT)、聚吡咯(PPy)/石墨烯核壳结构热电化合物上的原位聚合也观察到了类似的热电性能的增强。

10.2.2 体相中镶嵌的核壳纳米结构

传统的杂质掺杂工艺通常会改变块体半导体的热电性能，其中电离杂质用于改变主体块体的电学性能。随着材料制造技术的进步，在块体材料中掺杂纳米夹杂物已成为改善热电性能的最有效策略之一。研究人员发现，当大块半导体中掺杂了核壳纳米颗粒时，会有出人意料的结果。使用嵌入大块半导体的核壳纳米颗粒可以产生非常高的热电功率因数。特别指出，当嵌入的核壳纳米颗粒的共振能级落在主体半导体的能带内时，它们可以显著提高半导体的功率因数。这项研究还预测了在低温下 PbTe 的热电功率因数将提高 80%以上。

Li 等人报道了一项实验研究，该研究证明了在块体中嵌入核壳颗粒的实际效果。在这项工作中，由于 Zn_4Sb_3添加剂和 SnTe 基体之间的连续原位反应，添加到 SnTe 中的 Zn_4Sb_3转化为 Sb@ ZnTe 微纳米核壳结构分散镶嵌在 SnTe 基体中，如图 10-4 所示。所得化合物显示出 0.48W · m^{-1} · K^{-1}的超低晶格热导率。此外，电性能也得到了改善，最大 zT 在 873K 时高达 1.32，比未修饰时高出约 220%。在一个类似的方法中，在高温固相反应过程中，Ma 观察到掺杂到 SnTe 体相中的 BiCuSeO 纳米夹杂物周围形成 SnO_2层，这导致 SnTe 化合物具有 BiCuSeO@ SnO_2核壳结构纳米镶嵌物。他们观察到，在 835K 温度下，有 5%BiCuSeO 掺杂样品的 zT 高达 1.21，比原本的 SnTe 提高了 190%。此外，Yaprintsev 等人在 Bi_2Te_3体相中引入 Ni@ $NiTe_2$核壳结构夹杂物，可以将 Bi_2Te_3化合物的 zT 从 0.3 提高到 0.67(在 400K 时)。类似地，Cai 等人发现，发现在 PbSe 中加入核-壳纳米级 CdSe 沉淀物后，PbSe 的热电性能得到改善。PbSe 中的 CdSe 纳米沉淀物呈现闪锌矿晶体结构，在基体界面上覆盖有很薄的纤锌矿层，在 PbSe 中形成嵌入的核壳结构。这些四面体形状的纳米沉淀物具有显著的局部应变，导致化合物晶格热导率降低，有助于实现更好的热电性能。

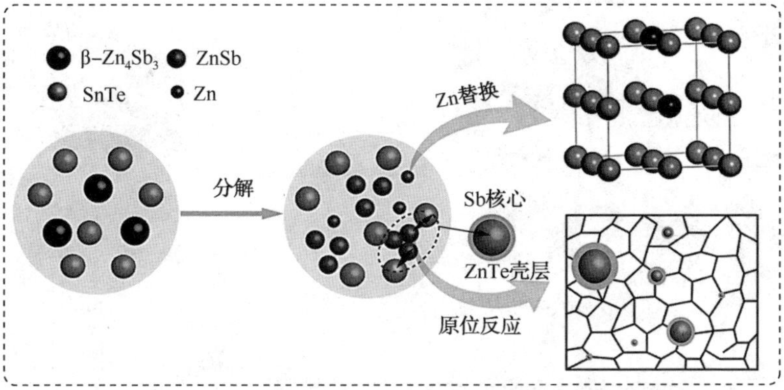

图 10-4　在 SnTe 基体中形成 Sb@ ZnTe 嵌入式核壳结构的反应过程示意图

在最近的工作中，Xiang 等人报道了一种在微型 PbTe 框架中构建局部纳米结构 PbTe 的简便方法。他们将 PbTe@ C：银纳米颗粒和 PbTe 纳米立方体混合在一起，通过等离子体烧结(Spark Plasma Sintering，SPS)生产出了 PbTe/PbTe@ C：Ag，如图 10-5 所示。在这里，PbTe 上的碳壳起着屏障的作用，阻止了晶粒的生长，并有助于形成具有大量晶粒边界和界面的局部纳米结构的 PbTe 区域。此外，Ag 原子可以作为动态掺杂剂，增强高频声子散射，抑制双极效应。所得化合物显示出 0. 39$W\cdot m^{-1}\cdot K^{-1}$的低晶格热导率和 20. 4$mW\cdot cm^{-1}\cdot K^{-2}$的高功率因数，而且在 723K 时 zT 高达 1. 65。

同样，Zhang 等人通过在 $Sn_{1-y}Sb_yTe$ 体相中引入 PbTe@ C 的核壳纳米结构增强了材料热电性能。这些独特的层次结构具有 B0 的超低晶格热导率(0. 48$W\cdot m^{-1}\cdot K^{-1}$)，这几乎接近非晶态材料的极限值(~0. 40$W\cdot m^{-1}K^{-1}$)。他们还发现 PbTe@ C 经反复测试后核壳结构表现出良好的热稳定性，具有良好的实际应用前景。Zhang 等人比较了添加 Bi_2S_3和 Bi_2S_3@ Bi 核壳结构纳米棒在 $Cu_{1.8}S$ 体相中的结果。他们发现添加 Bi_2S_3@ Bi 核壳结构颗粒比添加 Bi_2S_3增强材料 zT 的效果更好。在 723K 时，在 $Cu_{1.8}S$ 体相中添加 3%(质量)的 Bi_2S_3@ Bi 核壳结构纳米棒，观察到最大 zT 值为 0. 77(比纯 $Cu_{1.8}S$ 高 2. 4 倍)，而添加 3%(质量)Bi_2S_3的样品 zT 值只有 0. 62。同样，在 450K 时从 Bi_2Te_3纳米颗粒和 Bi_2S_3@ Bi 纳米线构建的复合材料中获得 zT 提高到了 1. 2。这些复合材料中的热电性能的增强主要归因于由于核壳结构而形成的网状结构。

10. 2. 3　晶界处的第二相

晶界工程是热电材料中一种重要且有前景的方法。它对降低块体纳米结构热电材料的热导率有显著影响。有趣的是，在主体基体的晶界处形成的第二相可以

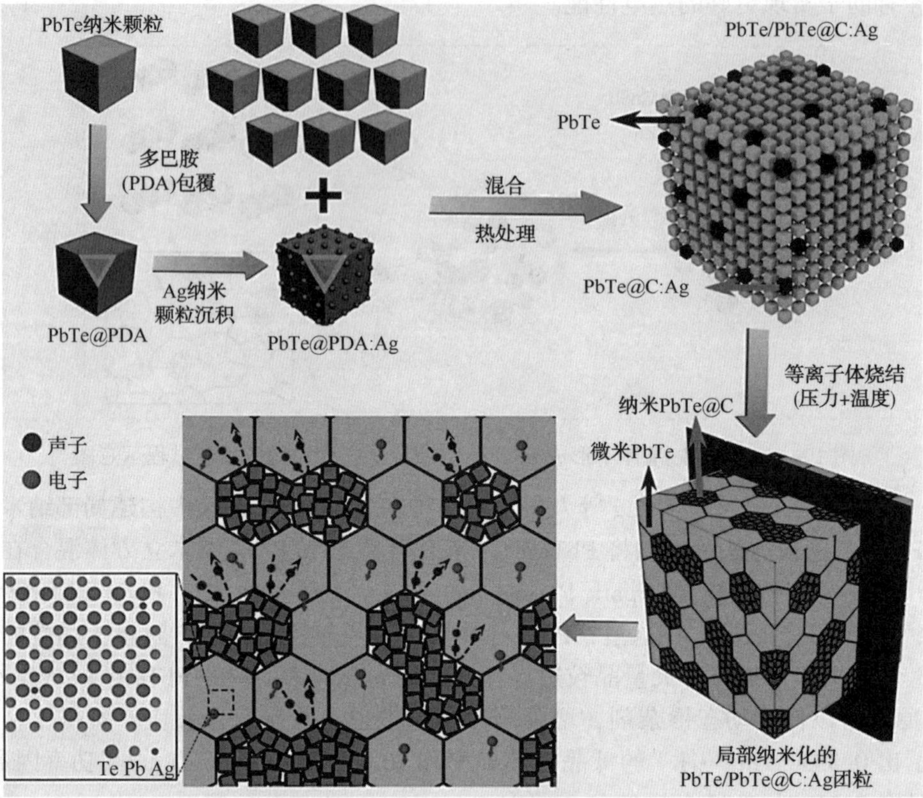

图 10-5　PbTe/PbTe@ C：Ag 局部纳米结构示意图，
通过纳米和微结构调节电子和声子的传输

起到类似核壳结构的作用，并提高材料最终的热电性能。研究发现，这种特殊的结构是有益的，并且可以很容易地改变主体材料的电性能和热性能，使其适合热电应用。大多数关于这种核壳结构的报道都是基于石墨烯/无机杂化化合物。石墨烯的层状结构有效地包覆在无机主体材料的颗粒/团粒上，形成碳包覆颗粒。由于其特殊的电、光和热性能，石墨烯复合材料已被广泛用于不同的能量转换和传感领域的应用。Zong 等人成功开发了几种具有这种结构的复合材料，改善了热电性能。由于石墨烯的加入引入了大量界面，界面声子散射将得到增强，因此预计该化合物的晶格热导率将降低。例如，在具有石墨烯修饰的晶界络合的方钴矿化合物中观察到热导率的降低。用石墨烯封装微米大小的方钴矿（n 型 $Yb_yCo_4Sb_{12}$）晶粒，导致热导率显著降低，其 zT 高达 1.5（850K 时），同样，石墨烯封装 p 型 $Ce_yFe_3CoSb_{12}$材料的 zT 可以达到 1.06（700K 时）。

在许多多晶化合物中，它们的热电性能受到了很大的限制，这是因为它们的颗粒边界电阻，也被称为双肖特基势垒（Double Schottky Barriers，DSB）。研究者们认为，电子被困在颗粒边界，不参与导电，并且还充当了散射中心。因此，破坏或减少双肖特基势垒效应对于使此类化合物用于热电应用非常重要。许多研究发现，这可以通过晶界工程来实现。在 Rahman 等人的一项有趣的工作中，他们发现还原石墨烯氧化物与锶钛氧化物的结合可以削弱双肖特基势垒。这导致了锶钛氧化物的载流子浓度和载流子迁移率同时增加。Chen 等人报道了一种可扩展的湿化学方法，用于制备包裹在薄碳层中的 $Cu_{2-x}S$ 颗粒，形成 $Cu_{2-x}S$@C 核壳复合材料。与未包覆的 $Cu_{2-x}S$ 化合物相比，$Cu_{2-x}S$@C 核壳复合材料的电导率增加了 50%。由此产生的核壳复合材料具有 0.22W·m^{-1}·K^{-1}的极低晶格热导率，其最大 zT 可以达到 1.04(在 773K 下)。这些改进可以归因于石墨烯层形成的界面处载流子浓度的增加和声子散射的增强。类似地，Tang 等人通过机械合金化和火花等离子体烧结工艺在 $Cu_{2-x}S$ 晶粒上制备了石墨烯层。他们还观察到了 1197mW·m^{-1}·K^{-2}的高功率因数和 zT 的显著增强，在 873K 时其最高 zT 为 1.56。通常情况下，硫化铜在高温下可以表现出 Cu^{+}的超离子行为。而在这种材料中，石墨烯层 3D 界面网络的存在限制了 Cu^{+}离子的超电子行为，从而提高了化合物的热稳定性。

研究者们还对其他化合物进行了晶界改性以实现能量过滤效果。Fu 等人采用镍改性 Yb 填充方钴矿的晶粒，获得“核壳”结构。这种核-壳结构是由通过热压工艺在方钴矿($Yb_{0.2}Co_4Sb_{12}$)粉末化合物中利用热扩散均匀分散的 Ni 纳米颗粒而获得的。生成的化合物由方钴矿核心颗粒组成，周围是富镍方钴矿纳米颗粒层。由于富镍颗粒的存在，化合物的导电性大大增强，这是载流子浓度和载流子迁移率增加的原因。研究发现，加入镍纳米颗粒后，由于核壳结构的外声子散射，晶格热导率降低，热电功率因数增加。因此，添加的化合物在 723K 时的最大 zT 可达 1.07。

Kim 等人通过原子层沉积技术在 $Bi_{0.4}Sb_{1.6}Te_3$(BST)粉末上涂覆极薄的 ZnO 层。这种策略产生了具有大量异质界面的化合物，形成了 BST@ZnO 核壳结构。这项研究的结果表明，在 BST 基体中加入 ZnO 薄膜可以阻止声子，也有助于调整晶界杂质掺杂的载流子密度。优化的 ZnO 包覆层厚度使其热电性能 zT 高达 1.50(329~360K)。除了制造工艺简单，室温下如此高的 zT 表明，该方法对于大规模生产核壳型复合材料非常有用。Hwang 等人用类似的方法观察到由 SnTe 颗粒表面包覆 CdTe 层组成的 SnTe/CdTe 纳米复合材料的热导率降低。他们发现，包覆的 CdTe 层和 SnTe 团粒之间的声阻抗失配导致了低至 1.16W·m^{-1}·K^{-1}的导热率，因此，在 929K 下可以到高达 1.90 的 zT 值。同样，在分子水平上具有均匀分布的碳纳米管的复合材料也可以改变主体基体的晶界。例如，Nunna 等人在制备 Cu_2Se/CNT 杂化复合材料的过程中，观察到 Cu_2Se 在碳纳米管表面的原位生长。所得复合材料在 1000K 下的 zT 为 2.4，创下历史新高。这些 zT 的增强要么直接来自有意形成的核壳结构，要么来自制造过程中无意形成的核壳结构，这两种结构都产生了多重屏障，改善了过滤效果，同时降低了热导率，并使材料具有更好的热电性能。

10.3　结论与展望

从核壳结构观察到的能量过滤效应是最近一种有希望提高材料热电性能的策略。从本章节讨论的研究工作中可以明显看出，许多理论预测和实验工作已经证明，核壳纳米结构是可以产生具有显著热电性能的材料。值得注意的是，热电性能的全面提高需要优化几个密切相关的参数，例如载流子数量、载流子迁移率、声子及其耦合效应。此外，根据文献中报道的热电结果，在许多情况下，能量过滤效应并不是改善材料性能的唯一因素。不同条件下的电子和声子输运机制、晶体结构、化学成分、晶粒取向、纳米/微观结构等其他因素也发挥了作用。此外，尤为重要的是，由于能量过滤效应降低载流子浓度后，等效质量的降低可能对塞贝克系数的增加不利。因此，热电性能的整体改善需要在所有电子和热参数之间进行折中。在实际应用中，核壳材料的热稳定性也是一项重要的基本要求。核壳结构应在相或物理结构以及化学成分等方面保持热稳定性，以便实现实际应用。事先了解和理解用于制造核壳纳米结构的材料的能带结构以及由此产生的能带弯曲/能带偏移对于决定其适用性和优化热电性能至关重要。总的来说，能量过滤效应可以通过核壳结构工程来改变电子和声子传输。

参 考 文 献

[1] Chaudhuri R G, Paria S. Core/Shell nanoparticles: Classes, Properties, Synthesis Mechanisms, Characterization, and Applications [J], Chemical Reviews, 2012, 112(4): 2373-2433.

[2] Yan M, Zhao D, Kong B, et al. Core-Shell Structured Micro-Nanomotors: Construction, Shell Functionalization, Applications, and Perspectives [J], Small 2022, 18(3): 2102887.

[3] Wang X, Zhang Q, Yin Y, et al. Synthesis, Properties, and Applications of Hollow Micro-/Nanostructures [J], Chemical Reviews, 2016, 116(18): 10983-11060.

[4] Sun Z, Deng Y, Zhao D, et al. Interfacial engineering of magnetic particles with porous shells: Towards magnetic core - Porous shell microparticles [J], Nano Today, 2016, 11(4): 464-482.

[5] Feng H, Tang L, Zeng G, et al. Carbon-based core-shell nanostructured materials for electrochemical energy storage [J], Journal of Materials Chemistry A, 2018, 6(17): 7310-7337.

[6] Ho K, Lin L. A review of electrode materials based on core-shell nanostructures for electrochemical supercapacitors [J], Journal of Materials Chemistry A, 2019, 7(8): 3516-3530.

[7] Zhuo M, Wang X, Liao L. Construction and optoelectronic applications of organic core/shell micro/nanostructures [J], Materials Horizons, 2020, 7(12): 3161-3175.

[8] Li A, Wang T, Gong J, et al. Rational design of yolk-shell nanostructures for photocatalysis [J], Chemical Society Reviews, 2019, 48(7): 1874-1907.

[9] Mulla R, Dunnill W. C. Core-shell nanostructures for better thermoelectrics [J], Mater. Adv., 2022, 3: 125-141.

[10] Yin X, Yang L, Gao Q. Core-Shell Nanostructured Electrocatalysts for Water Splitting [J], *Nanoscale*, 2020, 12(30): 15944-15969.

[11] Shao Q, Wang P, Liu S, et al. Advanced Engineering of Core/Shell Nanostructures for Electrochemical Carbon Dioxide Reduction [J], Journal of Materials Chemistry A, 2019, 7: 20478-20493.

[12] Nie P, Dou H, Zhang X, et al. Aerosol-Spray Pyrolysis toward Preparation of Nanostructured Materials for Batteries and Supercapacitors [J], Small method, 2018, 2(2): 1700272.

[13] Myung S, Khalil A, Sun Y. Core-Shell Structure Cathode Materials for Rechargeable Lithium Batteries, Lithium Batteries: Advanced Technologies and Applications [M]. 2013.

[14] Hou P, Zhang H, Zi Z, et al. Core-shell and concentration-gradient cathodes prepared via co-precipitation reaction for advanced lithium-ion batteries, Journal of Materials Chemistry A [J], 2017, 5(9): 4254-4279.

[15] Wang W, Li W, Wang S, et al. Structural Design of Anode Materials for Sodium-Ion Batteries [J], Journal of Materials Chemistry A, 2018, 6(18): 6183-6205.

[16] 夏缘．纳米多孔型锂离子电池负极材料的制备及性能研究[M]. 2016.

[17] Lin J D, Han C, Wang F, et al. Electron-doping-enhanced trion formation in monolayer molybdenum disulfide functionalized with cesium carbonate [J]. ACS nano, 2014, 8(5): 5323-5329.

[18] Zhang Y Z, Wang Y, Xie Y L, et al. Porous hollow Co_3O_4 with rhombic dodecahedral structures for high-performance supercapacitors [J]. Nanoscale, 2014, 6(23): 14354-14359.

[19] Wang H, Zhang Q, Yao H, et al. High electrochemical selectivity of edge versus terrace sites in two-dimensional layered MoS_2 materials [J]. Nano letters, 2014, 14(12): 7138-7144.

[20] Cao X, Zheng B, Rui X, et al. Metal oxide-coated three-dimensional graphene prepared by the use of metal-organic frameworks as precursors [J]. Angewandte Chemie, 2014, 126(5): 1428-1433.

[21] Zhang Y, Ji Q, Han G F, et al. Dendritic, transferable, strictly monolayer MoS_2 flakes synthesized on $SrTiO_3$ single crystals for efficient electrocatalytic applications [J]. ACS nano, 2014, 8(8): 8617-8624.

[22] 张立新. 核壳结构微纳米材料应用技术[M]. 2010.

[23] Wu R, Qian X, Zhou K, et al. Porous spinel $ZnxCo_{3-x}O_4$ hollow polyhedra templated for high-rate lithium-ion batteries [J]. ACS nano, 2014, 8(6): 6297-6303.

[24] Stephenson T, Li Z, Olsen B, et al. Lithium ion battery applications of molybdenum disulfide (MoS_2) nanocomposites [J]. Energy & Environmental Science, 2014, 7(1): 209-231.

[25] Zhang Z, Chen Y, He S, et al. Hierarchical Zn/Ni-MOF-2 nanosheet-assembled hollow nanocubes for multicomponent catalytic reactions [J]. Angewandte Chemie, 2014, 126(46): 12725-12729.

[26] Zhou J, Qin J, Zhang X, et al. 2D space-confined synthesis of few-layer MoS_2 anchored on carbon nanosheet for lithium-ion battery anode [J]. ACS nano, 2015, 9(4): 3837-3848.

[27] Lei Y, Li J, Wang Y, et al. Rapid microwave-assisted green synthesis of 3D hierarchical flower-shaped $NiCo_2O_4$ microsphere for high-performance supercapacitor [J]. ACS applied materials & interfaces, 2014, 6(3): 1773-1780.

[28] Schmidt H, Wang S, Chu L, et al. Transport properties of monolayer MoS_2 grown by chemical vapor deposition [J]. Nano letters, 2014, 14(4): 1909-1913.

[29] Wang L, Zhuo L, Zhang C, et al. Embedding $NiCo_2O_4$ nanoparticles into a 3DHPC assisted by CO_2-expanded ethanol: a potential lithium-ion battery anode with high performance [J]. ACS applied materials & interfaces, 2014, 6(13): 10813-10820.

[30] Chen C, Qiao H, Xue Y, et al. Growth of large-area atomically thin MoS_2 film via ambient pressure chemical vapor deposition [J]. Photonics Research, 2015, 3(4): 110-114.

[31] Liang J, Fan Z, Chen S, et al. Hierarchical $NiCo_2O_4$ nanosheets@ halloysite nanotubes with ultrahigh capacitance and long cycle stability as electrochemical pseudocapacitor materials [J]. Chemistry of Materials, 2014, 26(15): 4354-4360.

[32] Liu N, Kim P, Kim J H, et al. Large-area atomically thin MoS_2 nanosheets prepared using electrochemical exfoliation [J]. ACS nano, 2014, 8(7): 6902-6910.

[33] Wu C, Zhang H, Wu Y X, et al. Synthesis and characterization of Fe@ Fe_2O_3 coreshell nanoparticles/graphene anode material for lithium-ion batteries [J]. Electrochimica Acta, 2014, 134: 18-27.

[34] Wang G, Zhang S, Zhang X, et al. Tunable nonlinear refractive index of two-dimensional MoS_2,

WS_2, and $MoSe_2$ nanosheet dispersions [J]. Photonics Research, 2015, 3(2): A51-A55.

[35] Liu B, Zhang J, Wang X, et al. Hierarchical three-dimensional $ZnCo_2O_4$ nanowire arrays/carbon cloth anodes for a novel class of high-performance flexible lithium-ion batteries [J]. Nano letters, 2012, 12(6): 3005-3011.

[36] Xu Z, Wang H, Li Z, et al. Sulfur refines MoO_2 distribution enabling improved lithium ion battery performance [J]. The Journal of Physical Chemistry C, 2014, 118(32): 18387-18396.

[37] Kwon K A, Lim H S, Sun Y K, et al. $\alpha-Fe_2O_3$ submicron spheres with hollow and macroporous structures as high-performance anode materials for lithium ion batteries [J]. The Journal of Physical Chemistry C, 2014, 118(6): 2897-2907.

[38] Wang L, Xu Z, Wang W, et al. Atomic mechanism of dynamic electrochemical lithiation processes of MoS_2 nanosheets [J]. Journal of the American Chemical Society, 2014, 136(18): 6693-6697.

[39] Liu J, Liu C, Wan Y, et al. Facile synthesis of $NiCo_2O_4$ nanorod arrays on Cu conductive substrates as superior anode materials for high-rate Li-ion batteries [J]. CrystEngComm, 2013, 15(8): 1578-1585.

[40] Windisch C F, Exarhos G J, Ferris K F, et al. Infrared transparent spinel films with p-type conductivity [J]. Thin Solid Films, 2001, 398: 45-52.

[41] Hwang H, Kim H, Cho J. MoS_2 nanoplates consisting of disordered graphene-like layers for high rate lithium battery anode materials [J]. Nano letters, 2011, 11(11): 4826-4830.

[42] Liu Z, Deng H, Mukherjee P P. Evaluating pristine and modified SnS_2 as a lithium-ion battery anode: a first-principles study [J]. ACS applied materials & interfaces, 2015, 7(7): 4000-4009.

[43] Li Y, Hasin P, Wu Y. $NixCo_{3-x}O_4$ nanowire arrays for electrocatalytic oxygen evolution [J]. Advanced Materials, 2010, 22(17): 1926-1929.

[44] Liu X, Huang N, Li H, et al. Multidentate polyethylene glycol modified gold nanorods for in vivo near-infrared photothermal cancer therapy [J]. ACS applied materials & interfaces, 2014, 6(8): 5657-5668.

[45] Xue L, Xu G, Li Y, et al. Carbon-coated Si nanoparticles dispersed in carbon nanotube networks as anode material for lithium-ion batteries [J]. ACS applied materials & interfaces, 2012, 5(1): 21-25.

[46] Jeong S, Lee J P, Ko M, et al. Etched graphite with internally grown Si nanowires from pores as an anode for high density Li-ion batteries [J]. Nano letters, 2013, 13(7): 3403-3407.

[47] Ma M, Noei H, Mienert B, et al. Iron metal-organic frameworks MIL-88B and NH2-MIL-88B for the loading and delivery of the gasotransmitter carbon monoxide [J]. Chemistry-A European Journal, 2013, 19(21): 6785-6790.

[48] Zhang L, Wu H B, Madhavi S, et al. Formation of Fe_2O_3 microboxes with hierarchical shell structures from metal-organic frameworks and their lithium storage properties [J]. Journal of the American Chemical Society, 2012, 134(42): 17388-17391.

[49] Kielland J. Individual activity coefficients of ions in aqueous solutions [J]. Journal of the Ameri-

can Chemical Society, 1937, 59(9): 1675-1678.

[50] Geng Z, Lin Y, Yu X, et al. Highly efficient dye adsorption and removal: a functional hybrid of reduced graphene oxide-Fe_3O_4 nanoparticles as an easily regenerative adsorbent[J]. Journal of Materials Chemistry, 2012, 22(8): 3527-3535.

[51] Jiang S, Song L, Zeng W, et al. Self-assembly fabrication of hollow mesoporous silica@ Co-Al layered double hydroxide@ graphene and application in toxic effluents elimination [J]. ACS applied materials & interfaces, 2015, 7(16): 8506-8514.

[52] Basu M, Sinha A K, Pradhan M, et al. CuO barrier limited corrosion of solid Cu_2O leading to preferential transport of Cu (I) ion for hollow Cu_7S_4 cube formation[J]. The Journal of Physical Chemistry C, 2011, 115(25): 12275-12282.

[53] Karthikeyan S, Magthalin C J, Mandal A B, et al. Controlled synthesis and characterization of electron rich iron (III) oxide doped nanoporous activated carbon for the catalytic oxidation of aqueous ortho phenylene diamine [J]. RSC Advances, 2014, 4(37): 19183-19195.

[54] Wu R, Qian X, Zhou K, et al. Porous spinel $Zn_xCo_{3-x}O_4$ hollow polyhedra templated for high-rate lithium-ion batteries[J]. ACS nano, 2014, 8(6): 6297-6303.

[55] Tan G, Wu F, Lu J, et al. Controllable crystalline preferred orientation in Li-Co-Ni-Mn oxide cathode thin films for all-solid-state lithium batteries [J]. Nanoscale, 2014, 6(18): 10611-10622.

[56] Wan Z, Shao J, Yun J, et al. Core-shell structure of hierarchical quasi-hollow MoS_2 microspheres encapsulated porous carbon as stable anode for Li-Ion Batteries [J]. Small, 2014, 10 (23): 4975-4981.

[57] Dutta A, Datta J. Energy efficient role of Ni/NiO in PdNi nano catalyst used in alkaline DEFC [J]. Journal of Materials Chemistry A, 2014, 2(9): 3237-3250.

[58] Jin Q, Ikeda T, Fujishima M, et al. Nickel (II) oxide surface-modified titanium (IV) dioxide as a visible-light-active photocatalyst [J]. Chemical Communications, 2011, 47(31): 8814-8816.

[59] Acerce M, Voiry D, Chhowalla M. Metallic 1T phase MoS_2 nanosheets as supercapacitor electrode materials [J]. Nature nanotechnology, 2015, 10(4): 313-318.

[60] Krivanek O L, Chisholm M F, Nicolosi V, et al. Atom-by-atom structural and chemical analysis by annular dark-field electron microscopy [J]. Nature, 2010, 464(7288): 571-574.

[61] O'Brien C J, Rák Z, Brenner D W. Calculated stability and structure of nickel ferrite crystal surfaces in hydrothermal environments [J]. The Journal of Physical Chemistry C, 2014, 118 (10): 5414-5423.

[62] Cai L, He J, Liu Q, et al. Vacancy-induced ferromagnetism of MoS_2 nanosheets [J]. Journal of the American Chemical Society, 2015, 137(7): 2622-2627.

[63] Hong D, Yamada Y, Nagatomi T, et al. Catalysis of nickel ferrite for photocatalytic water oxidation using $[Ru(bpy)_3]^{2+}$ and $S_2O_8^{2-}$ [J]. Journal of the American Chemical Society, 2012, 134(48): 19572-19575.

[64] Zhou F, Xin S, Liang H W, et al. Carbon nanofibers decorated with molybdenum disulfide

nanosheets: synergistic lithium storage and enhanced electrochemical performance [J]. Angewandte Chemie International Edition, 2014, 53(43): 11552-11556.

[65] An Q, Lv F, Liu Q, et al. Amorphous vanadium oxide matrixes supporting hierarchical porous Fe_3O_4/graphene nanowires as a high-rate lithium storage anode [J]. Nano letters, 2014, 14(11): 6250-6256.

[66] Yoon S B, Chai G S, Kang S K, et al. Graphitized pitch-based carbons with ordered nanopores synthesized by using colloidal crystals as templates [J]. Journal of the American Chemical Society, 2005, 127(12): 4188-4189.

[67] Hou J, Cao C, Idrees F, et al. Hierarchical porous nitrogen-doped carbon nanosheets derived from silk for ultrahigh-capacity battery anodes and supercapacitors [J]. ACS nano, 2015, 9(3): 2556-2564.

[68] Xu W, Wang J, Ding F, et al. Lithium metal anodes for rechargeable batteries [J]. Energy & Environmental Science, 2014, 7(2): 513-537.

[69] Zhou K, Liu J, Shi Y, et al. MoS_2 nanolayers grown on carbon nanotubes: an advanced reinforcement for epoxy composites [J]. ACS applied materials & interfaces, 2015, 7(11): 6070-6081.

[70] Zhang Q, Uchaker E, Candelaria S L, et al. Nanomaterials for energy conversion and storage [J]. Chemical Society Reviews, 2013, 42(7): 3127-3171.

[71] Zeng G, Shi N, Hess M, et al. A general method of fabricating flexible spinel-type oxide/reduced graphene oxide nanocomposite aerogels as advanced anodes for lithium-ion batteries [J]. ACS nano, 2015, 9(4): 4227-4235.

[72] Shi Y, Wang J, Wang C, et al. Hot electron of Au nanorods activates the electrocatalysis of hydrogen evolution on MoS_2 nanosheets [J]. Journal of the American Chemical Society, 2015, 137(23): 7365-7370.

[73] Vrubel H, Hu X. Growth and activation of an amorphous molybdenum sulfide hydrogen evolving catalyst [J]. ACS Catalysis, 2013, 3(9): 2002-2011.

[74] Cao H, Zhou X, Zheng C, et al. Two-dimensional porous micro/nano metal oxides templated by graphene oxide [J]. ACS applied materials & interfaces, 2015, 7(22): 11984-11990.

[75] Pandey K, Yadav P, Mukhopadhyay I. Electrochemical and electronic properties of flower-like MoS_2 nanostructures in aqueous and ionic liquid media [J]. RSC Advances, 2015, 5(71): 57943-57949.

[76] Fu M, Jiao Q, Zhao Y. Preparation of $NiFe_2O_4$ nanorod-graphene composites via an ionic liquid assisted one-step hydrothermal approach and their microwave absorbing properties [J]. Journal of Materials Chemistry A, 2013, 1(18): 5577-5586.

[77] Hu L, Ren Y, Yang H, et al. Fabrication of 3D hierarchical MoS_2/polyaniline and MoS_2/C architectures for lithium-ion battery applications [J]. ACS applied materials & interfaces, 2014, 6(16): 14644-14652.

[78] Li J, Zou M, Wen W, et al. Spinel MFe_2O_4 (M = Co, Ni) nanoparticles coated on multi-walled carbon nanotubes as electrocatalysts for Li-O_2 batteries [J]. Journal of Materials

Chemistry A, 2014, 2: 10257-10262.

[79] Chan C K, Patel R N, O'connell M J, et al. Solution-grown silicon nanowires for lithium-ion battery anodes [J]. ACS nano, 2010, 4(3): 1443-1450.

[80] Wang C, Wu L, Wang H, et al. Fabrication and shell optimization of synergistic TiO_2-MoO_3 core-shell nanowire array anode for high energy and power density lithium-ion batteries [J]. Advanced Functional Materials, 2015, 25(23): 3524-3533.

[81] Hassoun J, Lee K S, Sun Y K, et al. An advanced lithium ion battery based on high performance electrode materials [J]. Journal of the American Chemical Society, 2011, 133(9): 3139-3143.

[82] Cheah Y L, Aravindan V, Madhavi S. Synthesis and enhanced lithium storage properties of electrospun V_2O_5 nanofibers in full-cell assembly with a spinel $Li_4Ti_5O_{12}$ anode [J]. ACS applied materials & interfaces, 2013, 5(8): 3475-3480.

[83] Xia Y, Wang B, Zhao X, et al. Core-shell composite of hierarchical MoS_2 nanosheets supported on graphitized hollow carbon microspheres for high performance lithium-ion batteries [J]. Electrochimica Acta, 2016, 187: 55-64.

[84] Arun N, Aravindan V, Jayaraman S, et al. Exceptional performance of a high voltage spinel $LiNi_{0.5}Mn_{1.5}O_4$ cathode in all one dimensional architectures with an anatase TiO_2 anode by electrospinning [J]. Nanoscale, 2014, 6(15): 8926-8934.

[85] Cheng H, Su Y Z, Kuang P Y, et al. Hierarchical $NiCo_2O_4$ nanosheet-decorated carbon nanotubes towards highly efficient electrocatalyst for water oxidation [J]. Journal of Materials Chemistry A, 2015, 3(38): 19314-19321.

[86] Verrelli R, Hassoun J. High-capacity NiO-(mesocarbon microbeads) conversion anode for lithium-ion battery [J]. ChemElectroChem, 2015, 2(7): 988-994.

[87] Yu X, Sun Z, Yan Z, et al. Direct growth of porous crystalline $NiCo_2O_4$ nanowire arrays on a conductive electrode for high-performance electrocatalytic water oxidation [J]. Journal of Materials Chemistry A, 2014, 2(48): 20823-20831.

[88] Hu L, Wu H, La Mantia F, et al. Thin, flexible secondary Li-ion paper batteries [J]. ACS Nano, 2010, 4(10): 5843-5848.

[89] Gao S, Liao F, Ma S, et al. Network-like mesoporous $NiCo_2O_4$ grown on carbon cloth for high-performance pseudocapacitors [J]. Journal of Materials Chemistry A, 2015, 3(32): 16520-16527.

[90] Liu J, Song K, van Aken P A, et al. Self-supported $Li_4Ti_5O_{12}$-C nanotube arrays as high-rate and long-life anode materials for flexible Li-ion batteries [J]. Nano letters, 2014, 14(5): 2597-2603.

[91] Li N, Chen Z, Ren W, et al. Flexible graphene-based lithium ion batteries with ultrafast charge and discharge rates [J]. Proceedings of the National Academy of Sciences, 2012, 109(43): 17360-17365.

[92] Liu Y, Xu J, Li H, et al. Rational design and in situ fabrication of MnO_2@ $NiCo_2O_4$ nanowire arrays on Ni foam as high-performance monolith de-NO_x catalysts [J]. Journal of Materials

Chemistry A, 2015, 3(21): 11543-11553.

[93] Zhai Y, Mao H, Liu P, et al. Facile fabrication of hierarchical porous rose-like $NiCo_2O_4$ nanoflake/$MnCo_2O_4$ nanoparticle composites with enhanced electrochemical performance for energy storage [J]. Journal of Materials Chemistry A, 2015, 3(31): 16142-16149.

[94] Yao J, Wang H. Zeolitic imidazolate framework composite membranes and thin films: synthesis and applications [J]. Chemical Society Reviews, 2014, 43(13): 4470-4493.

[95] Hou X, Wang X, Liu B, et al. Hierarchical $MnCo_2O_4$ nanosheet arrays/carbon cloths as integrated anodes for lithium-ion batteries with improved performance [J]. Nanoscale, 2014, 6 (15): 8858-8864.

[96] Perini L, Durante C, Favaro M, et al. Metal-support interaction in platinum and palladium nanoparticles loaded on nitrogen-doped mesoporous carbon for oxygen reduction reaction [J]. ACS applied materials & interfaces, 2015, 7(2): 1170-1179.

[97] Li J, Xiong S, Li X, et al. A facile route to synthesize multiporous $MnCo_2O_4$ and $CoMn_2O_4$ spinel quasi-hollow spheres with improved lithium storage properties [J]. Nanoscale, 2013, 5 (5): 2045-2054.

[98] Yuan W, Li J, Wang L, et al. Nanocomposite of N-doped TiO_2 nanorods and graphene as an effective electrocatalyst for the oxygen reduction reaction [J]. ACS applied materials & interfaces, 2014, 6(24): 21978-21985.

[99] Shen L, Yu L, Yu X Y, et al. Self-Templated Formation of Uniform $NiCo_2O_4$ Hollow Spheres with Complex Interior Structures for Lithium-Ion Batteries and Supercapacitors [J]. Angewandte Chemie International Edition, 2015, 54(6): 1868-1872.

[100] Zhang K, Zhang L, Chen X, et al. Molybdenum nitride/N-doped carbon nanospheres for lithium-O_2 battery cathode electrocatalyst [J]. ACS applied materials & interfaces, 2013, 5(9): 3677-3682.

[101] Chen Y, Zhuo M, Deng J, et al. Reduced graphene oxide networks as an effective buffer matrix to improve the electrode performance of porous $NiCo_2O_4$ nanoplates for lithium-ion batteries [J]. Journal of Materials Chemistry A, 2014, 2(12): 4449-4456.

[102] Feng S, Yang W, Wang Z. Synthesis of porous $NiFe_2O_4$ microparticles and its catalytic properties for methane combustion [J]. Materials Science and Engineering: B, 2011, 176(18): 1509-1512.

[103] Wei Y, Chen S, Su D, et al. 3D mesoporous hybrid $NiCo_2O_4$@graphene nanoarchitectures as electrode materials for supercapacitors with enhanced performances [J]. Journal of Materials Chemistry A, 2014, 2(21): 8103-8109.

[104] Uddin M E, Kim N H, Kuila T, et al. Preparation of reduced graphene oxide-$NiFe_2O_4$ nanocomposites for the electrocatalytic oxidation of hydrazine [J]. Composites Part B: Engineering, 2015, 79: 649-659.

[105] Zhu Y, Wu Z, Jing M, et al. Porous $NiCo_2O_4$ spheres tuned through carbon quantum dots utilised as Advanced Materials for an asymmetric supercapacitor [J]. Journal of Materials Chemistry A, 2015, 3(2): 866-877.

[106] Cai D, Wang D, Liu B, et al. Three-dimensional Co_3O_4@ $NiMoO_4$ core/shell nanowire arrays on Ni foam for electrochemical energy storage [J]. ACS applied materials & interfaces, 2014, 6(7): 5050-5055.

[107] Park S H, Lee W J. Coaxial carbon nanofiber/NiO core-shell nanocables as anodes for lithium ion batteries [J]. RSC Advances, 2015, 5(30): 23548-23555.

[108] Zhang X, Zhao Y, Xu C. Surfactant dependent self-organization of Co_3O_4 nanowires on Ni foam for high performance supercapacitors: from nanowire microspheres to nanowire paddy fields [J]. Nanoscale, 2014, 6(7): 3638-3646.

[109] Zhu Y, Guo H, Wu Y, et al. Surface-enabled superior lithium storage of high-quality ultrathin NiO nanosheets [J]. Journal of Materials Chemistry A, 2014, 2(21): 7904-7911.

[110] Kung C W, Cheng Y H, Tseng C M, et al. Low-temperature and template-free fabrication of cobalt oxide acicular nanotube arrays and their applications in supercapacitors [J]. Journal of Materials Chemistry A, 2015, 3(7): 4042-4048.

[111] Khairy M, El-Safty S A. Mesoporous NiO nanoarchitectures for electrochemical energy storage: influence of size, porosity, and morphology [J]. RSC Advances, 2013, 3(45): 23801-23809.

[112] Wang H W, Hu Z A, Chang Y Q, et al. Design and synthesis of $NiCo_2O_4$-reduced graphene oxide composites for high performance supercapacitors [J]. Journal of Materials Chemistry, 2011, 21(28): 10504-10511.

[113] Zhou W, Zhou K, Liu X, et al. Flexible wire-like all-carbon supercapacitors based on porous core-shell carbon fibers [J]. Journal of Materials Chemistry A, 2014, 2(20): 7250-7255.

[114] Wang X, Liu W S, Lu X, et al. Dodecyl sulfate-induced fast faradic process in nickel cobalt oxide - reduced graphite oxide composite material and its application forasymmetric supercapacitor device [J]. Journal of Materials Chemistry, 2012, 22(43): 23114-23119.

[115] Hao P, Zhao Z, Tian J, et al. Hierarchical porous carbon aerogel derived from bagasse for high performance supercapacitor electrode [J]. Nanoscale, 2014, 6(20): 12120-12129.

[116] Xia Y, Wang B, Wang G, et al. Easy access to nitrogen-doped mesoporous interlinked carbon/NiO nanosheet for application in lithium-ion batteries and supercapacitors [J]. RSC Advances, 2015, 5(120): 98740-98746.

[117] Hou J, Cao C, Idrees F, et al. Hierarchical porous nitrogen-doped carbon nanosheets derived from silk for ultrahigh-capacity battery anodes and supercapacitors [J]. ACS nano, 2015, 9(3): 2556-2564.